反刍动物消化系统及营养代谢病手册

郝力壮　拉　环　牛建章　主编

U0391259

青海人民出版社

图书在版编目（CIP）数据

反刍动物消化系统及营养代谢病手册 / 郝力壮，拉环，牛建章主编 . -- 西宁：青海人民出版社，2021.11
ISBN 978-7-225-06263-1

Ⅰ．①反… Ⅱ．①郝… ②拉… ③牛… Ⅲ．①反刍动物–消化系统疾病–防治–手册②反刍动物–代谢病–防治–手册 Ⅳ．①S858.23

中国版本图书馆CIP数据核字(2021)第227070号

反刍动物消化系统及营养代谢病手册

郝力壮　拉　环　牛建章　主编

出 版 人　樊原成

出版发行　青海人民出版社有限责任公司
　　　　　西宁市五四西路 71 号　邮政编码:810023　电话：(0971) 6143426 (总编室)

发行热线　（0971）6143516/6137730

网　　址　http://www.qhrmcbs.com

印　　刷　青海雅丰彩色印刷有限责任公司

经　　销　新华书店

开　　本　890mm × 1240mm　1/32

印　　张　10.375

字　　数　270 千

版　　次　2022 年 2 月第 1 版　2022 年 2 月第 1 次印刷

书　　号　ISBN 978-7-225-06263-1

定　　价　100.00 元

《反刍动物消化系统及营养代谢病手册》
编委会

顾　问：

刘书杰　马利青　蔡进忠　青海大学畜牧兽医科学院

（青海省畜牧兽医科学院）

罗增海　　　　　　　　青海省畜牧总站

主　编：

郝力壮　牛建章　　　　青海大学畜牧兽医科学院

（青海省畜牧兽医科学院）

拉　环　　　　　　　　青海省畜牧总站

副主编：

艾德强　　　　　　　　青海省种羊繁育推广服务中心

薛晓蓉　　　　　　　　青海省畜禽遗传资源保护利用中心

晁文菊　　　　　　　　湟源县农业农村局

李吉叶　　　　　　　　青海省牦牛繁育推广服务中心

（青海省大通种牛场）

李永钦　　　　　河南县畜牧兽医站

宋仁德　　　　　玉树州动物疫病预防控制中心

参　编：

新疆塔里木大学

周小玲

青海大学农牧学院

拜彬强

青海大学畜牧兽医科学院（青海省畜牧兽医科学院）

柴沙驼　王　迅　冯宇哲　张晓卫　简莹娜　项　洋

蔡其刚　崔占鸿　胡　勇　雷萌桐　金鑫燕　张学勇

李文浩　杨英魁　孙　璐　范玉霞

青海省畜禽遗传资源保护利用中心

杨桂梅

青海省种羊繁育推广服务中心

王　雷

青海省牦牛繁育推广服务中心（青海省大通种牛场）

保广才　许春喜　彭云飞　陈孝得

青海省饲草料技术推广站

杜雪燕

中科院西北高原生物研究所、青海省寒区恢复生态学重点实验室
周华坤

青海师范大学
马永贵

玉树州动物疫病预防控制中心
李淑玲　宋维茹　代青永措　马红艳　杨玉文

黄南藏族自治州动物疫病预防控制中心
王跃忠　赵　云　万　麻

海南州农牧业综合服务中心
三百顿珠　石　磊　陈有文　苏冰海

刚察县动物疫病预防控制中心
宋永武　才让周在　谭生魁　毛　宙

河南县畜牧兽医站
张　晶　马　杰

大通县畜牧兽医站
贺清林　刘虎守　杨绍娟

湟源县畜牧兽医站
王维忠

天峻县畜牧兽医站
王贵元　扎西东主　才旦卓玛

西藏自治区亚东县农牧综合服务中心
多吉欧珠

资金支持

一、科研项目支持

◆2021年青海省农牧业重大技术协同推广计划试点项目——河南县牦牛重大技术协同推广计划试点项目

◆第二次青藏高原综合科学考察研究专题《生物地球化学循环与环境健康》（2019QZKK0606）

◆科技部重点研发"科技助力经济2020"重点专项《牦牛舍饲高效生产专用配合饲料新产品开发与应用示范》

◆青海省重点研发与转化计划项目《新型高效牛羊矿物质舔砖产品研制与应用推广》（2021–NK–126）

◆青海省创新平台专项（2021–ZJ–Y01）

◆中科院三江源国家公园研究院——青海省人民政府联合专项（LHZX–2020–08）

二、人才计划支持

◆中国科协优秀中外青年交流计划

◆青海省科协中青年科技人才托举工程

◆青海大学三江源生态一流学科人才高地

◆青海省"昆仑英才·高端创新创业人才"拔尖人才

◆中科院"西部之光"人才培养引进计划"西部青年学者"

平台支持

◆ 青海牦牛产业联盟
◆ 牦牛研究开发联合实验室
◆ 青海省牛产业科技创新平台
◆ 青海省牦牛工程技术研究中心
◆ 国家牦牛标准化区域服务与推广平台
◆ 省部共建三江源生态与高原农牧业国家重点实验室
◆ 青海省高原放牧家畜动物营养与饲料科学重点实验室

前　言

　　动物生产涉及动物科学、动物医学等多个领域，在科研层面，大多科研从业者在本领域披荆斩棘、开疆拓土，精于本领域技术，但动物生产从来不是一个领域的技术就可以解决生产中的所有问题。青海省是反刍动物养殖大省，当前养殖模式正处于传统放牧向放牧、舍饲和半舍饲等多种形式共存的模式转变，现代化饲料工业产品已经渗透到牧区的角角落落，农区和农牧交错区兴起了大量集约化养殖场。政府、企业和农牧民长期以来的努力和投入，无论牧区的牧民，还是农区舍饲育肥的养殖场主，对饲料的认可程度达到了一个新的高度，养殖思想得到快速转变，这些都极大地推动着青海省牦牛和藏羊产业的蓬勃发展。在实际生产中，家畜疾病的防治是实现健康养殖的基础和盈利的保障，传染病、寄生虫病等疾病，要么感染后进行无害化处理，要么进行前期预防，要么大量使用药物，方能有较佳的防治效果，这些都不同程度影响了绿色有机畜产品生产。编者在做技术推广和服务基层广大养殖户时，经常碰到反刍动物在饲养过程中出现的消化系统疾病和营养代谢性疾病，而这类疾病一般经过紧急治疗后，往往预后良好。目前，遍览已出版的各类家畜疾病防治书籍，消化系统和营养性代谢病的篇幅较少，信息不足、零零散散、不系统，这给基层畜牧兽医技术人员和养殖一线的广大养殖者带来不便，往往亟需的技术信息不易找到，发生此类疾病的养殖场牛羊得不到及时救治，造成重大损失。基于此，编者组织广大畜牧兽医一线从业者，查阅大量资料，将分散于各类资料中的消化系统疾病和营养性代谢病病例搜集整理，按照"病因""临诊症状""诊断""防治"等的框架，重新编纂成书。为了确保本书的准确性和实用性，在编纂过程中，得到了畜牧兽医领域资深专家的指导。在成书后，编辑团队也对每个病例及治疗方法进行了认真校对。本书围绕着由饲养引起的消化系统和营养性代谢疾病，分为三大类"消化系统疾病""营养代谢性疾病""中毒性疾病"，合计六十二个常见病例，基本涵盖家畜生产中遇到的消化系统和营养性代谢病。为了力求本书的实用性，书中药品名称和单位尽量均用文字描述，便于阅读使用。同时，在书稿完成后，先行在一些养殖区进行了试用，取得了较好反响，编者们也虚心听取了广大基层畜牧兽医工作者的意见和建议，并对书稿进行了细致的校对和修改，提升了书稿质量。

本书从构思、搜集资料到编纂成册已过去三年有余，编纂过程中得到了编写团队成员的辛勤努力和付出，在繁忙的畜牧兽医技术推广工作的同时，发挥各自的实践经验和专业特长，为本书的准确性和实用性提供了保障。本书的出版，将改善实际生产中这一领域系统性、实用性资料缺乏的状况，为我省建设绿色有机畜产品示范省提供技术支持。本书的编纂得到了各级领导、各类实验技术平台、畜牧兽医技术推广站、推广中心和各类项目基金的支持，在此全体编者表达深深的谢意。本书编者们尽管努力确保本书的准确性、完整性和实用性，但毕竟这一领域属于学科交叉领域，挂一漏万，不可避免出现各类错误和遗漏，恳请读者提出修改建议，便于下一版修订时进一步完善提升。

编　者

2021 年 10 月

目　　录

第一部分　消化系统疾病

第二部分　营养代谢性疾病

第三部分　中毒性疾病

第一部分　消化系统疾病

一、口炎

口炎是口腔黏膜表层和深层组织的急性炎症，中兽医称口舌生疮，以舌和口腔黏膜发生红肿、水疱、溃烂、流涎、呈丝状带有泡沫、从口角流出、拒食或厌食为主要特征。口腔内温度高，舌苔厚腻，气味儿恶臭，大多数是因饲养不当，饲料粗硬或混有尖锐物（如木片、铁丝、铁钉、玻璃碴和麦芒等），或服用刺激性、腐蚀性药品，损伤口腔黏膜所引起的口腔炎症，以及误食草原毛虫后由该虫的毛刺引起，也可继发于牛口蹄疫、恶性卡他热、牛病毒性腹泻、牛传染性鼻气管炎及维生素 A 缺乏症等疾病。本病按炎症类型可分为卡他性口炎、水疱性口炎、溃疡性口炎、脓疱性口炎、蜂窝织炎性口炎、丘疹性口炎等，其中以卡他性口炎、水疱性口炎、溃疡性口炎较为常见；按其发生原因又可分为原发性口炎和继发性口炎。病演变过程有单纯性局部炎症和继发性全身反应。此病夏季比较多见，其他季节较少发生。

【病因】

（1）非传染性病因　原发性口炎主要是机械性刺激，多因采食粗硬或含芒刺类饲草（糜秸、麦芒等）；采食了粗糙和尖锐的饲料或异物（饲料中混有木片、玻璃碴或铁丝、铁钉等尖锐物所造成，以及动物本身牙齿磨灭不正或各种坚硬机械的刺激），刺伤舌体及口腔。

（2）温热性和化学性刺激 误食有刺激性或腐蚀性药物（如生石灰、冰醋酸、盐酸、酒石酸锑钾等，吃了有毒植物，误饮氨水等），食用过热的饲料或灌服过热的药液，以及核黄素、抗坏血酸、烟酸、锌等营养缺乏症。另外，饲喂霉败变质饲料或冰冻饲料，及过敏性反应也可引起本病。

（3）传染性病因 继发性口炎是由于舌伤、咽炎或某些传染病引起，见于微生物感染，如口蹄疫、羊痘、羊口疮、坏死杆菌病、牛黏膜病、牛流行性热、水疱性口炎、蓝舌病等特异病原性疾病。

【临诊症状】

（1）原发性口炎 病畜常采食减少或停止，咀嚼障碍，严重时不能采食，口腔黏膜斑纹状或弥漫性潮红、肿胀、温热疼痛、流涎，甚至糜烂、出血和溃疡，口臭，上腭、下腭、颊部、舌、齿龈等黏膜色泽鲜红或暗红，或有大小不等的溃烂面。继而分泌物增多，有白色泡沫附着于唇缘或蓄积于颊腔，有时呈牵缕状带有泡沫从口角流出。唾液内常混有草料屑、血丝。采食、咀嚼缓慢，严重者常吐出草团或食团，全身变化不大。多发生于夏季。

（2）继发性口炎 多见有体温升高等各种传染病固有的其他全身反应。另外，霉菌性口炎，经常有采食发霉饲料的病史，除口腔黏膜发炎外，还表现腹泻、黄疸等过程。

（3）过敏反应性口炎 多与突然采食或接触某种过敏原有关，除口腔有炎症变化外，在鼻腔、乳房、肘部和股部内侧等处见有充血、渗出、溃烂、结痂等变化，以及由草原毛虫引起口炎及溃疡。

【诊断】

原发性口炎根据病史及口腔黏膜炎症的变化进行诊断。主要依据口内流涎，疼痛、咀嚼困难或想吃不敢吃，口腔黏膜红肿，舌苔多量，有时吐草，而吞咽无异常等症状诊断。当细菌感染时，口腔有臭味。继发性口炎口腔黏膜发红、充血、肿胀、疼痛，口内恶臭，口腔内温度升高。临诊应注意鉴别诊断，要考虑到营养缺乏症、中毒、传染性等因素，特别要与口蹄疫、牛病毒性腹泻进行区分。

【防治】

（1）预防 由于非传染性原因引起的口腔炎症，平时加强饲养管理，精心喂养，供给质软而富有营养的饲草和清洁的饮水，对粗硬饲料可粉碎或氢化处理，不喂过热煮料、粗硬带芒的草料及霉变饲料，并严防易损伤口舌的刺激性异物进入口腔，如口腔内有芒刺等异物要及时取出，避免损伤口腔黏膜，防止由于口腔受伤而发生原发性口炎，定期检查口腔，及时修整不齐牙齿。在怀疑是传染性原因时，要迅速隔离病牛，防止通过饮水器或饲槽等的传染。经常宜用2%碱水刷洗消毒饲槽和水槽，饲喂青嫩或柔软的青干草。

（2）治疗 治疗原则是消除病因、加强护理、净化口腔，收敛和消炎。

急性卡他性口炎，应用刺激性的消毒收敛剂反复冲洗口腔，炎症轻时，一般用2%~3%食盐水或2%~3%硼酸溶液；炎症重而有口腔恶臭时，可用0.1%的高锰酸钾溶液或0.1%雷佛奴尔溶液，一日数次冲洗口腔；唾液分泌旺盛时，用2%~5%的硼酸溶液，或1%~2%明矾溶液或鞣酸溶液冲洗口腔，或涂以2%左右的甲紫溶液，或青霉素80万单位加适量蜂蜜混匀后，每日涂抹数次。

口腔黏膜溃烂或溃疡时，口腔洗涤后溃烂面涂10%左右的磺胺甘油乳剂或1：9碘甘油（5%碘酊1份、甘油9份）涂抹，每日1~2次。如炎症发展到深层肌肉，可用冰硼散（冰片1.5克、硼砂 15 克、米砂 3 克共研为末）涂于患部。还可用煅石膏 10 份、硼砂 3 份、青黛 2 份，共研末涂抹。

病情严重，体温升高，不能采食时，要静脉注射 10%~25% 葡萄糖溶液 1000~1500 毫升，并结合抗菌药物治疗。每日 2 次经胃管投入流质饲料。对传染病合并口腔炎症者，宜隔离消毒。

中药疗法 用青黛 9 克，黄连 6 克，薄荷 3 克，桔梗 6 克，儿茶 6 克，共研末，装布袋中濡湿噙入口内。或口衔冰硼散、青黛散，每日 1 次。也可用黄柏蜜炙研成细末撒于创面。

方剂一：冰硼散。 冰片 0.5 克，硼砂 15 克，元明粉 15 克，朱砂 0.6 克。共研为细末，每次取适量涂抹患部，每日 3 次。

方剂二：青黛散。 青黛、黄连、黄柏、薄荷、桔梗、儿茶各 10 克。共研为末，将药物放入用纱布做的袋中，让病牛含于口内。

方剂三：黄连解毒汤。 黄连 15 克，黄柏 20 克，黄芩 20 克，栀子 20 克，甘草 10 克，生石膏 30 克，牛蒡子 20 克，共煎水内服。

参考文献：

[1] 郭占方. 肉牛口炎的发病原因、临床表现、诊断与防治措施 [J]. 现代畜牧科技，2020(05)：80-81.

[2] 王伟萍. 中药治疗羊传染性脓疱口炎 [J]. 兽医导刊，2020 (07)：87.

[3] 石维. 奶牛口炎的诊治 [J]. 中国乳业，2020(02)：68-69.

[4] 苏奇飞. 牛羊口蹄疫的诊断与防治措施 [J]. 兽医导刊，2019 (21)：19.

[5] 武庭斌. 中西药结合防治牦牛水疱性口炎 [J]. 畜牧兽医杂志，2019，38(05)：87-88.

[6] 铁力克·叶力满. 羊口炎预防与治疗 [J]. 畜牧兽医科学（电子版），2019(11)：115-116.

[7] 郭小鹏. 中西药治疗牛的口炎病 [J]. 中兽医学杂志, 2019 (06): 113.

[8] 程维疆, 连晓春. 试论羊口炎的预防与治疗 [J]. 中国畜禽种业, 2019, 15 (05): 162-163.

[9] 任民昌. 牛口炎的辨证论治 [J]. 北方牧业, 2019 (08): 27-28.

[10] 白树刚. 中医治疗家畜口炎 [J]. 中兽医学杂志, 2019 (04): 122.

[11] 刘玉莲. 试论羊口炎的预防与治疗 [J]. 畜禽业, 2019, 30 (03): 53.

[12] 钢珠腊. 牛羊口蹄疫的发生、鉴别诊断及防治 [J]. 江西农业, 2018 (02): 38.

[13] 宋晓军. 家畜口炎的病因和诊疗方法 [J]. 现代畜牧科技, 2017 (10): 66.

[14] 周武全. 牛羊口蹄疫的鉴别诊断及防治 [J]. 湖北畜牧兽医, 2017, 38 (05): 28-29.

[15] 李化德. 牛口炎的中西医治疗方法 [J]. 中国草食动物科学, 2017, 37 (02): 72-73.

[16] 黄福庭, 徐睿, 许英松. 奶牛口炎的诊断和防治措施 [J]. 现代畜牧科技, 2016 (05): 148.

[17] 冯世泉. 家畜口炎防治 [J]. 四川畜牧兽医, 2016, 43 (03): 49.

[18] 贾超超. 动物消化系统疾病口炎的诊治 [J]. 现代农村科技, 2015 (24): 43.

[19] 李春霞. 黄牛口炎的诊断与常规防治措施 [J]. 现代畜牧科技, 2015 (03): 105.

[20] 牛海艳. 畜禽口炎的病因、症状与防治 [J]. 养殖技术顾问, 2014 (12): 207.

[21] 辛学. 羊患口炎快防治 [J]. 乡村科技, 2014 (19): 31.

[22] 董福彪.牛口炎的诊断与防治[J].中国畜牧兽医文摘，2014,30(09):158.

[23] 任民昌.羊口炎的防治[N].河北科技报，2014-06-12(B07).

[24] 蓝泽清.疑似牛传染性口炎的诊治[J].福建畜牧兽医，2014,36(02):34.

[25] 王国防，张惠霞，薛伟，韩百玲.家畜口炎防治技术要点[J].畜禽业，2013(04):91-92.

[26] 李贵阳.牛口炎的中西医诊治方法[J].养殖技术顾问，2010(08):163.

[27] 王鹤欣，王国红，祖全成，孙博.山羊霉菌性口炎的诊治[J].畜牧兽医科技信息，2009(05):19.

[28] 宋玉奎，王静，孙耀华.中药治疗羊传染性脓疱口炎[J].现代畜牧兽医，2004(12):33.

[29] 陈锡哲.治疗家畜口炎二方[J].养殖技术顾问，2004(05):37.

[30] 孟繁荣，郭亚学.引羊之后防口炎[J].农村养殖技术，2003(19):27.

[31] 张雪梅，熊焕章，何博宏.中药治疗牛、羊口炎[J].黑龙江畜牧兽医，2003(09):78.

[32] 陈关祥.治疗牛马卡他性口炎有新法[J].贵州畜牧兽医，2003(01):30.

[33] 唐来珍.中西药治疗水牛水泡性口炎[J].畜牧与兽医，2000(05):43.

[34] 王积禄.牦牛水泡性口炎[J].中国牦牛，1986(03):59-60.

[35] 王积禄，潘光炎，冯大刚.羊传染性口炎[J].甘肃农业大学学报，1962(01):49-53.

二、食道阻塞

食道阻塞是指食道被饲料或异物所堵塞而以咽下障碍为特征的疾病。由于吞咽物过于粗大和（或）咽下机能紊乱所致的一种急性食道疾病。俗称"草噎"，是由于反刍动物吃了粗硬草料或过大根茎类饲料，如萝卜、马铃薯、山芋等未打碎或未浸软的豆饼块等，未经充分咀嚼而吞咽，堵塞在食管内，其临床特征是突然发病，以吞咽障碍、口鼻流出泡沫性液体、饮食反流、并发瘤胃臌气为特征的疾病。也有因误食混于饲料中的碎砖、卵石、木块及其他异物而发生的。各种动物均可发生，多发生于牛、马、猪、犬，羊偶尔发生。若不及时治疗，会引起食道麻痹、发炎甚至穿孔，或者窒息死亡。

【病因】

主要是因饲料加工处理不当，饲喂过大的块状饲料，或饲料中混入异物，未经咀嚼，即行吞咽，特别是在饥饿状态下阻塞于食道。按其程度，可分为完全阻塞和不完全阻塞。按其部位，可分为咽部食道阻塞、颈部食道阻塞和胸部食道阻塞。阻塞物除日常饲料外，还有马铃薯、甜菜、萝卜等根块茎，还可能有西瓜皮、玉米棒、包心菜根及落果等。亦见有误食塑料袋、地膜等异物造成食道阻塞的。原发性阻塞常发生在饥饿、抢食、采食受惊等应激状态下或麻醉复苏之后。继发性阻塞常伴随于异嗜癖（营养缺乏症）、脑部肿瘤以及食道的炎症、痉挛、麻痹、狭窄、扩张、窒息等疾病。

【临诊症状】

牛发生食道阻塞，流涎、瘤胃臌胀是其特征性症状。发病前，牛一切正常，一旦发生食道阻塞，患畜突然停止采食，反刍、嗳气停止，口腔和鼻腔大量流涎；头颈伸直，惊慌不安或晃头缩脖，屡做吞咽动作或哽噎动作，屡屡咳嗽，不断咀嚼。完全阻塞时可在食道阻塞部位的上方积满液体，手触有波动感。唾液无法顺利咽下，会发生流涎、瘤胃臌胀、呼吸急促、咳嗽等症状。几番吞咽或试饮水后，随着一阵颈项挛缩和咳嗽发作，有大量的饮水和（或）唾液从口腔和鼻孔喷涌而出。若出现头颈部食道阻塞，可在左颈沟部摸到阻塞物。当发生在胸部食道阻塞，牛的唾液集中在阻塞部位的上方，用手压住牛左颈沟的食管，发现其有波动感。食道积满唾液时，由于不能排出嗳气（打嗝），伴发瘤胃臌胀，出现呼吸困难。病牛疼痛明显，易继发瘤胃臌气。不完全阻塞，液体可以通过食道，而食物不能下咽。

【诊断】

根据病史和大量流涎，呈现吞咽动作等症状，结合食道外部触诊，胃管探针或 X 射线等检查可获得正确诊断。

本病一般发生在采食过程中，采食时突然发生，病畜表现恐惧不安，触诊或探诊可确定阻塞部位。临诊上根据详细询问饲喂饲料的种类、性质，在采食中突然发生咽下障碍并结合临诊检查即可初步诊断。如依据病畜咽下障碍、流涎、饮水返流、并发瘤胃臌气等进行诊断。颈部食道阻塞时，可直接触摸到坚硬的阻塞物，用胃管涂以油脂类插入食管探诊可确定梗塞部位。胸部食道阻塞时，因食道上部积满唾液，触压能感到波动，食管探子插入可触到阻塞部位受阻，进行强行探入时，病牛表现不安、疼痛，灌水不下，若阻塞物被捅入瘤胃时，臌气立即消失，病牛安静。当为不完全食道阻塞时，病牛尚能咽下部分唾液、水、流质食物，这个时候的呼吸急促、瘤胃臌胀、流涎症状不明显。

食道阻塞与口炎、舌伤、咽炎、食道炎等病均具有咀嚼和咽下障碍及流涎等共同症状，诊断时应注意与下列疾病鉴别。

（1）口炎的特点　不愿采食，不敢咀嚼，口腔黏膜红肿疼痛，而咽下基本正常。舌伤的特征是不敢咀嚼，舌部有创伤存在。咽炎的主要特征咀嚼缓慢，咽下困难或不能咽下，触压咽部有增温、疼痛及肿胀。

（2）食道阻塞　多由于采食时突然发生，病畜表现恐惧不安，触诊或探诊可确定阻塞部位。如有异物吸入气管可发生异物性气管炎和异物性肺炎。

（3）食道狭窄　常因慢性食道炎而发生，其临床特点是采食初期，不见咽下障碍，至狭窄部上方的食道填满草料以后，才从口鼻逆出食块，饮水一般能咽下，粗胃管不能通过狭窄部，而细的胃管则可能通过。

（4）食道炎　多因食道受机械或化学性刺激而引起。临床特点是：局限性食道炎，当胃管插入或拔出通过发炎局部时，动物剧烈骚动，表现疼痛，待胃管通过发炎局部后则疼痛消失，动物恢复平静；弥漫性食道炎，则在胃管插入的整个过程中，均呈现剧烈的骚动不安。消炎疗法有一定的效果。

（5）食道痉挛　临诊特点是食道痉挛呈阵发性发作，食道痉挛时，食道粗硬如索状，胃管无法通过，食道痉挛缓解后，则胃管可自由通过。

（6）食道麻痹　临诊特点是胃管插入时无阻力。

（7）食道窒息　食道窒息是食道壁的一侧扩张，临诊特点是当胃管插抵窒息壁时，胃管不能前进，胃管未抵窒息壁则可顺利通过。

【防治】

（1）预防 为了预防该病的发生，应加强饲养管理，定时定量饲喂。防止牛、羊因饥饿采食过急，偷食未加工的块根、块茎类饲料；做好饲料保管和加工调制工作；块根、块茎类饲料须切碎后再喂，饼块类饲料宜浸软弄碎，饲料中不可混入异物，防止因贪食、误咽而发生食道阻塞。补喂家畜生长素制剂或饲料添加剂，清理牧场、厩舍周围的茎刺类植物及塑料等废弃杂物。此外，还应防止牛羊采食时受到惊吓。

（2）治疗 治疗原则是早期确诊，及时排出阻塞物，消除炎症，加强护理和预防并发症的发生。

牛发生食道阻塞后应立即进行抢救治疗，迅速诊断出阻塞的类型以及部位，采取合适治疗方法，主要从除去阻塞物着手，即将阻塞物推送到胃中或将其取出，使牛尽快恢复健康。治疗要点是润滑管腔，缓解痉挛，清除堵塞物，并以1%~2%普鲁卡因溶液混以适量液状石蜡油或植物油灌入食道。然后依据阻塞部位和堵塞性状，选用下列方法疏通食道。

①口内取出法 阻塞物如果离牛的咽部不远，可使用开口器或钳子，深入咽部附近，掏出阻塞物。若干硬圆滑的块根茎饲料在颈部食管阻塞，可投入少量润滑油，沿侧食管隔着皮肤把阻塞物向上挤压到咽部附近，再将阻塞物取出。如发生食管痉挛时，可用5%普鲁卡因溶液20~50毫升注入食管内，然后将阻塞物自口中取出。

②送入瘤胃法 当牛的食管阻塞不严重时，干硬圆滑的团块饲料较小，若阻塞牛食管偏下段或胸部食管时，先将牛头吊起并固定好，然后可将胃导管或软胶管经口腔或鼻腔插入食管，直接到达阻塞部位。这时先灌入1%普鲁卡因50毫升，过一

会儿再灌入200毫升石蜡油或植物油100~150毫升，缓缓推动胃导管，将阻塞物缓慢推进胃中。若推送过程中出现较大阻力，可在胃导管顶端接好打气筒有节奏的向内打气，利用空气压力促使食管阻塞部位肌内活动和扩张，推动阻塞物下移，再用食管探子缓缓把阻塞物推进瘤胃内。另外，还可以在胃导管的外端接一个灌肠器，连续往食道中灌入30℃~45℃的温水，使阻塞物随着水的流动和导管的推动作用缓慢进入胃中。胃导管推送过程中，若出现较大阻力时，不得随意强行推送，以免对牛的食道产生损伤、破裂等损害，造成阻塞物推送到胸腔位置后不再前进，无法进入胃中。

③砸碎法 当阻塞物易碎、表面光滑并阻塞在颈部食道时，可在阻塞物两侧垫上软垫，将牛侧卧保定，在另一侧用木槌或拳头砸（用力要均匀），使阻塞物破碎后顺利咽入瘤胃中。

④吸取法 阻塞物如为草料食团，可将牛羊保定好，送入胃管后用橡皮球吸取水，注入胃管，在阻塞物上部或前部软化阻塞物，反复冲洗，边注入边吸出，可反复操作，直至食道畅通。

⑤手术法 当阻塞物较大，且坚硬难除如毛球、铁片、干饼等锐利异物阻塞牛食管时，切勿强行拉取、推送，以防止食管破裂。可以采用食管切开术：一是直接食道推送，将阻塞位置的皮肤和皮下组织切开，显露出食管，然后用胃导管将阻塞物推送到胃中。二是瘤胃切开法，适用于阻塞部位在贲门附近的病症，切开瘤胃，取出阻塞物后缝合。然后用碘酊或酒精棉球消毒即可。

⑥穿刺法 异物完全阻塞时，易发生牛瘤胃臌气，可用套管针穿刺瘤胃缓缓放气，缓解瘤胃臌气，以防窒息。

参考文献：

[1] 李万金. 牛羊食道阻塞治疗方法分析 [J]. 湖北畜牧兽医, 2020, 41 (01): 23-24.

[2] 邓道永, 蒲华, 何津平, 罗仕洪, 蒋礼英, 姚容. 一例牛食道异物阻塞急救治疗 [J]. 畜牧兽医科技信息, 2019 (05): 66.

[3] 哈丽亚·铁恩孜. 羊食道阻塞的原因、临床症状、鉴别诊断及综合疗法 [J]. 现代畜牧科技, 2018 (09): 64.

[4] 杨延才. 浅析牛羊食道梗塞的诊治 [J]. 当代畜禽养殖业, 2018 (07): 46.

[5] 曹谦, 彭马. 家畜食道阻塞的防治 [J]. 山东畜牧兽医, 2016, 37 (09): 44.

[6] 高咏梅, 刘华. 肉牛食道阻塞的诊断与治疗 [J]. 中国畜牧兽医文摘, 2014, 30 (09): 155.

[7] 孟建明, 赵生筠. 一例奶牛食道阻塞的诊治体会 [J]. 畜牧兽医科技信息, 2014 (06): 28.

[8] 柳光明. 牛食道阻塞的诊治 [J]. 中国畜牧兽医文摘, 2014, 30 (02): 129-130.

[9] 常树军. 牛羊食道阻塞的治疗体会 [J]. 中国畜禽种业, 2013, 9 (02): 96.

[10] 王小红. 防止羊食道阻塞 [J]. 中国畜禽种业, 2012, 8 (11): 37.

[11] 陈绍梅, 刘春芬, 吕大明, 闻秋章, 吴柳锋. 牛羊食道阻塞的治疗与预防 [J]. 中国畜牧兽医文摘, 2012, 28 (02): 141.

[12] 左秀峰. 牛食道阻塞的治疗 [J]. 中国草食动物, 2011, 31 (05): 79-80.

[13] 白建新, 杨志国, 范艳梅. 牛食道异物阻塞的手术治疗 [J]. 现代畜牧兽医, 2010 (10): 26.

[14] 王光勇. 动物食道阻塞的辨证施治 [J]. 畜牧市场, 2010 (10): 40-41.

[15] 李进德, 李建荣, 韩兆玲, 王文芬. 牛食道梗塞的临床诊治 [J]. 养殖技术顾问, 2010 (08): 154-155.

[16] 张春杰, 钱秀云. 针对牛食道阻塞的治疗技术 [J]. 农村实用科技信息, 2009 (06): 25.

[17] 罗生金. 牛食道阻塞的诊疗体会 [J]. 中国兽医杂志, 2009, 45 (05): 74.

[18] 孙高军, 吕华. 牛食道阻塞的治疗 [J]. 山东畜牧兽医, 2009, 30 (01): 50-51.

[19] 葛旭元, 初小华, 史宝来. 牛食道阻塞的两种简易治疗方法 [J]. 吉林畜牧兽医, 2008 (12): 56.

[20] 李艳彩. 牛食道阻塞病例 [J]. 中国兽医杂志, 2008 (07): 74-75.

[21] 朱景来. 牛食道阻塞的综合疗法 [J]. 北方牧业, 2008 (08): 23.

[22] 李中艳, 孙德荣. 羊食道阻塞的诊断及救治 [J]. 畜牧兽医科技信息, 2007 (12): 57.

[23] 许秉礼. 治疗牛食道阻塞的体会 [J]. 上海畜牧兽医通讯, 2007 (05): 95.

[24] 陈春光, 关百石, 洪嘉振, 邓巍, 张秀娟, 焦俊英, 王春玲. 牛食道阻塞现场急救措施 [J]. 现代畜牧兽医, 2007 (10): 42.

[25] 鲁必均, 李元容, 陈霞. 奶牛食道阻塞诊治 [J]. 畜牧兽医杂志, 2006 (01): 55+57.

[26] 于海涛, 孙颖, 陈功元. 治疗牛食道阻塞的简便方法 [J]. 黑龙江畜牧兽医, 2005 (06): 95.

[27] 姚亚军, 邢书军, 王自珍, 李忠阳. 牛食道阻塞的治疗 [J].

郑州牧业工程高等专科学校学报，2004(02):108-109.

[28]王训林，赵喜宝.手术方法治疗牛食道阻塞[J].黑龙江畜牧兽医，2003(08):79.

[29]宋顺强，肖峰.牛食道阻塞的治疗体会[J].黑龙江畜牧兽医，2002(08):64.

[30]郑延平.秋季注意防治牛食道阻塞病[J].畜牧兽医科技信息，2001(10):17.

[31]姚德隆，于晓辉，赵恒治.牛食道阻塞治疗二法[J].辽宁畜牧兽医，1999(04):35.

[32]冯乃仁，郭喜来，赵希奎，付崇军，胡延巍.治疗牛食道阻塞一法[J].农技服务，1997(07):31.

[33]赵艳芳.牛食道阻塞简易疗法[J].当代畜禽养殖业，1997(01):19.

[34]王明理.一起黄牛急性食道阻塞的治疗[J].黄牛杂志，1996(01):52.

[35]孙志敏，王力群，曲永生.牛食道下部阻塞的一种治疗方法[J].黑龙江畜牧兽医，1996(03):35.

[36]胡永樟，夏齐培.手术治疗黄牛食道阻塞一例[J].浙江畜牧兽医，1995(04):46.

[37]杨必顺，傅祥林.手术治愈耕牛罕见食道阻塞[J].中国兽医杂志，1993(03):40-41.

[38]刘守怀.牛食道阻塞52例的治疗[J].四川畜牧兽医，1991(02):34-35.

[39]马文福.牛食道阻塞的有效疗法[J].甘肃畜牧兽医，1988(02):19.

[40]张其祥.对牛食道阻塞治法的改进与体会[J].中兽医医药杂志，1988(02):58-59.

[41] 胡明康 . 牛食道阻塞的简易疗法 [J]. 浙江畜牧兽医 , 1987 (04) : 27.

[42] 郑天然 . 牛食道胸段阻塞的简易治疗 [J]. 畜牧与兽医 , 1984 (01) : 44-45.

[43] 蒋田玉 . 奶牛胸部食道全阻塞的手术治疗 [J]. 兽医科技资料 , 1979 (03) : 45.

三、翻胃吐草

翻胃吐草是指家畜脾胃受寒或脾胃虚弱，肾阳不足，久致脾肾阳虚，以吐草为特征的病证。常因外感风寒，内伤阴冷，或因使役过重，饲喂霉败草料损伤胃腑，致使胃不受纳，上逆而吐草的一种慢性病证。

【病因】

（1）由于日常饲养管理不善，精料过多、饲料霉变、外感风寒或内伤阴冷，如夜露风霜，久卧湿地，阴雨淋漓，或过饮冷水，喂冰冻草料，以致寒邪侵伤脾胃而发生本病。

（2）多因牲畜使役无节，过度劳役，饲养失调，久之使牲畜身体瘦弱，气血亏虚而致成其病。

【临诊症状】

病畜身体消瘦，气血亏虚，或寒伤脾胃，致使脾胃阳气虚弱，脾虚不能运化水湿和水谷之精微，胃弱不能腐熟草料与不能收藏纳料，胃失和降，浊气上逆，故发生翻胃吐草。

（1）病状　临床分为寒邪犯胃型和脾胃虚寒型两种。

①寒邪犯胃型　病畜精神不振，被毛竖立，毛无光泽，耳鼻俱凉，食欲减退，反刍减少，鼻镜汗不成珠，口流清涎，出现吐草，口色淡白。

②脾胃虚寒型　病畜身体消瘦，精神倦怠，耳耷头低，行走

缓慢，毛焦肷吊，经常伸颈弓背，食后不久常吐草，粪便稀而粗糙，有时鼻眼浮肿，口涎黏滑，口色淡白带黄。

（2）证候分析　寒邪侵犯胃腑，胃不主纳，脾健运失权，湿痰外泄，浊气上逆，故口流清涎，出现吐草、食欲、反刍减少。胃中寒冷，卫阳被遏，故被毛竖立，耳鼻俱凉，鼻镜汗不成珠。口色淡白，脉沉迟，乃为寒邪内盛之象。病情进展，脾胃虚弱，中虚有寒，中阳不振，胃弱不能化导和容纳，胃气上逆，故食后不久常吐草。久吐伤气，累及胃阳亦虚，食物不能生化精微，脾虚运化失职，故身体消瘦，神疲无力，鼻眼浮肿，排粗糙稀粪。口色淡白带黄，乃为脾胃虚寒之征。

【诊断】

本病根据病史和病状，如口流清涎，食后吐草，吐出的草呈圆团状，鼻眼浮肿，身瘦体弱，口色淡白等，即可确诊。临诊应与误食毒物而吐者区别。误食毒物而吐者，则多为突然发病，吐势急迫，口眼赤红或略带黄色。

【防治】

（1）预防　冬春季节厩舍应防寒保温，防止阴雨苦淋和夜露风霜，放牧或劳役后，不可暴饮冷水或立即下水。放于温暖厩舍，喂饲富有营养易消化的草料，每日给以温水自饮，忌食冰冻饲料，忌风寒。

（2）治疗　寒邪犯胃型宜以健脾暖胃、理气止吐为治则，内服益智散(方一)或暖胃温脾散(方二)。脾胃虚寒型宜以温中健脾、和胃降逆为治则，内服六君子汤加减（方三）或八珍汤加减（方四）。并针刺脾俞、丹田、山根、牙关、苏气、六脉、百会、交巢、垂珠等穴，针后并用艾卷火灸脾俞、苏气、六脉、百会、交巢等穴。也可电针关元俞、六脉、交巢等穴。

方剂一：益智散。益智仁20克，肉豆蔻20克，五味子20

克，木香 20 克，细辛 15 克，肉桂 15 克，砂仁 20 克，白芷 15 克，当归 15 克，枳壳 70 克，甘草 15 克，生姜 15 克，共煎水内服。

方剂二：暖胃温脾散。砂仁 20 克，益智仁 20 克，白豆蔻 20 克，白术 20 克，陈皮 25 克，厚朴 25 克，大腹皮 25 克，当归 25 克，山药 25 克，炮姜 25 克，法半夏 25 克，公丁香 20 克，甘草 10 克，食盐 60 克，共研末，加大枣 10 个，热水冲服。

方剂三：六君子汤加减。党参 50 克，白术 30 克，茯苓 30 克，陈皮 30 克，砂仁 25 克，姜半夏 30 克，吴茱萸 20 克，公丁香 20 克，生姜 25 克，益智仁 25 克，共煎水内服。若耳鼻俱凉，四肢不温者，加附子、干姜，以温阳散寒。

方剂四：八珍汤加减。党参 60 克，炒白术 30 克，茯苓 30 克，甘草 25 克，当归 30 克，白芍 30 克，熟地 60 克，黄芪 60 克，红豆蔻 60 克，砂仁 30 克，煨生姜 30 克，法半夏 30 克，共煎水内服。

参考文献：

[1] 孙忠. 中医治疗牛翻胃吐草 [J]. 中兽医学杂志, 2019 (05): 29.

[2] 高宏霖. 牛翻胃吐草辨证论治 [J]. 中兽医学杂志, 2016 (04): 34.

[3] 李雪，蔡亚南，李盼，杨桂连，穆国东，孙亮，赵权. 一例山羊翻胃吐草症的中西医结合诊治 [J]. 吉林畜牧兽医, 2014, 35 (05): 49+51.

[4] 陈学民，杨洲. 中药治疗家畜呕吐病三则 [J]. 中兽医学杂志, 2014 (01): 35-36.

[5] 熊胜远. 加味四君子汤治疗奶牛翻胃吐草 [J]. 四川畜牧兽医, 2013, 40 (10): 52.

[6] 魏青娟. 香附黄连汤治疗牛翻胃吐草 [J]. 山东畜牧兽医,

2013, 34 (09): 97.

[7] 马俊儒, 马相斋. 羊翻胃吐草病的诊治 [J]. 中兽医学杂志, 2013 (02): 52.

[8] 朱立刚, 秦喜斌, 姚婷, 耿元福, 刘庆才. 中西医结合诊治黄牛翻胃吐草 [J]. 吉林畜牧兽医, 2012, 33 (07): 48.

[9] 刘阳. 治牛翻胃吐草方 2 则 [J]. 农村新技术, 2011 (13): 27.

[10] 张翔, 杨武, 呼延尧, 李海红, 贾维生. 延安地区山羊翻胃吐草病的诊治及病例介绍 [J]. 养殖技术顾问, 2010 (07): 195.

[11] 杨兴东, 张传师, 邱世华, 马建山, 刘长松. 益智散加减方治疗奶牛翻胃吐草 [J]. 中兽医学杂志, 2007 (01): 16.

[12] 蔡守溪. 牛翻胃吐草辨证论治 [J]. 中兽医医药杂志, 2005 (01): 45-46.

[13] 沈荣华. 中药治疗山羊翻胃吐草 [J]. 动物保健, 2004 (06): 39.

[14] 邢国军. 牛翻胃吐草的诊治 [J]. 吉林畜牧兽医, 2004 (06): 55.

[15] 于金玲, 李光金. 中药治牛翻胃吐草 [J]. 四川畜牧兽医, 2002 (01): 47.

[16] 侯治平. 中草药治牛翻胃吐草 [J]. 四川农业科技, 1997 (03): 33-34.

[17] 徐好民. 黄牛顽固性翻胃吐草的治疗 [J]. 中国兽医科技, 1997 (03): 32.

[18] 仇如自, 李平. 治牛翻胃吐草验方 [J]. 当代畜禽养殖业, 1996 (02): 15-16.

[19] 傅登海, 杨润香, 张科仁, 杨志强, 张平成, 毛嗣岳, 周宗田. "绵（山）羊吐草病"病因调查及防治的研究 [J]. 中国兽医科技, 1993 (07): 14-16+49.

[20] 李树行. 治牛翻胃吐草土方 [J]. 新疆畜牧业, 1992 (06): 54.

[21] 高如东.《元亨疗马集》方剂临床应用（二）[J]. 郑州牧业工程高等专科学校学报, 1989 (01): 52-57.

[22] 陈惠普. 水牛翻胃吐草的诊治 [J]. 广西畜牧兽医, 1987 (02): 62-63.

[23] 郑长永. 理中汤加味治疗牛翻胃吐草 [J]. 中兽医学杂志, 1987 (01): 48-49.

[24] 高光照. 从调理脾胃入手治疗家畜久病不愈的探讨 [J]. 中兽医学杂志, 1982 (04): 16-17.

[25] 张荣堂. "降逆止呕汤" 治疗牛翻胃吐草初探 [J]. 中兽医学杂志, 1980 (03): 40-42.

四、前胃弛缓

前胃弛缓又称脾胃虚弱，是由各种原因导致的前胃兴奋性降低、收缩机能减弱或缺乏，微生物区系失调，产生大量发酵和腐败的物质，从而引起瘤胃内容物运转迟滞的一种消化功能障碍和全身机能紊乱的一种疾病。其特征为精神沉郁，食欲减退或不食、反刍紊乱，前胃蠕动机能减弱或异常，故又称前胃虚弱。临诊上以水草迟细、食欲减退，前胃蠕动机能减少或停止，反刍、嗳气减少或丧失为特征。本病是反刍动物的常见病，尤以舍饲牛、老龄牛及使役过重的牛较多发。

【病因】

分为原发性前胃弛缓（亦称单纯性消化不良）和继发性前胃弛缓。前者多因饲养管理不善，如谷物或其他精饲料喂量过多、饲料过于单一、草料质量低劣、饲料变质、矿物质和维生素缺乏、饲料调制不当、饲料霉变、饱后即役，或炎天重役，饮喂失宜、管理不当、应激反应等因素造成。后者由胃肠道疾病，如宿草不转、气膨胀，口腔疾病、产后诸病、营养代谢疾病、某些传染病和寄生虫病、治疗中用药不当引起菌群失调、慢性中毒等因素亦可继发本病。在冬末、春初粗饲料缺乏时最为常见。

【临诊症状】

前胃弛缓在临诊上可分为急性和慢性两种类型。

（1）急性型　多呈现急性消化不良，食欲减退或废绝，精神委顿，表现为应激状态。反刍无力，次数减少，甚至停止。体温、呼吸、脉搏一般无明显异常，瘤胃蠕动音减弱或消失，蠕动次数减少或正常，网胃和瓣胃蠕动音低沉，泌乳量下降，时而嗳气，有酸臭味，病初一般粪便变化不大，随后粪便干硬、呈深褐色，被覆黏液。继发肠炎时，排出棕褐色粥样或水样粪便。瘤胃触诊，其内容物松软，有时出现间歇性臌胀；由变质饲料引起的，瘤胃收缩力消失，轻度或中度臌胀、下痢；由应激反应引起的，瘤胃内容物黏硬，而无臌胀现象。一般病例病情较轻，容易康复。如果继发前胃炎或酸毒症可使病情急剧恶化，病畜呻吟、磨牙，食欲、反刍废绝，排棕褐色糊状恶臭粪便，精神高度沉郁，皮温不整。体温下降，鼻镜干燥，眼球下陷，黏膜发绀，发生脱水现象。

（2）慢性型　多为继发性因素引起或由急性转变而来。症状与急性相似，但病程较长，病畜食欲不定，时好时坏，病牛精神沉郁，鼻镜干燥，食欲减退或拒食、偏食，常常空嚼磨牙，发生异嗜。舔砖、吃土，或采食被粪尿污染的垫草污物，反刍不规则，间断无力或停止，嗳气减少，嗳出的气体常带臭味。病情时好时坏，水草迟细，日渐消瘦，被毛干枯、无光泽，皮肤干燥、弹性减退；无神无力，体质虚弱。瘤胃蠕动音减弱或消失，其内容物松软或黏硬。网胃与瓣胃蠕动音减弱或消失，瘤胃轻度臌胀。腹部听诊，肠蠕动音微弱或低沉。便秘，粪便干硬、呈暗褐色、附着黏液；下痢，或下痢与便秘互相交替。排出糊状粪便，散发腥臭味；潜血反应往往呈阳性。病后期伴发瓣胃阻塞，精神沉郁，鼻镜龟裂，不愿移动，或卧地不起，食欲不振、反刍停止，瓣胃蠕动音消失，继发瘤胃臌胀，脉搏快速，呼吸困难。眼球下陷，结膜发绀，全身衰竭、病情危重。

【诊断】

根据临床症状，查看发病史，饲养管理不当或其他疾病都可引发本病，根据食欲异常、反刍减少、前胃蠕动减弱等临床症状作出初步判断。触诊：按压瘤胃时柔软或黏硬，有时出现轻度瘤胃臌胀。如果因摄入粗硬或刺激性食物引起的弛缓，触摸瘤胃有痛感。必要时结合检测瘤胃内容物 pH 和纤毛虫计数，一般容易诊断。临诊时应注意与下列疾病进行鉴别诊断。

（1）酮血症　主要发生于产犊后 1~2 个月内的奶牛，尿中酮体明显增多，呼出气体带酮味（大蒜味）。

（2）创伤性网胃腹膜炎　泌乳量下降，姿势异常，体温中等度升高，腹壁触诊有疼痛反应，白细胞数升高。

（3）皱胃移位　常在产后立即发病，伴发酮尿，于左侧腹侧下部可听到皱胃蠕动音，病程持久，通常数月。左腹胁上方倒数第二肋间隙叩诊结合听诊可听到特殊的钢管音。

（4）皱胃扭转　病初与前胃弛缓不易区别，但很快表现腹痛，心率增数，每分钟达 100 次以上，粪软色暗，后变血样乃至呈黑色。最后多数死亡或转归。

（5）瘤胃积食　多因过食，瘤胃内容物充满、坚硬，腹部膨大，瘤胃扩张。

（6）迷走神经消化不良　无热症，瘤胃蠕动减弱或增强，肚腹膨胀。

【防治】

（1）预防　应做到及时诊治原发疾病；防止长期饲喂劣质粗硬难以消化的草料或长期饲喂柔软的饲料；加强饲养管理，全面安排日粮。防止饲喂霉败变质和过粗、过细（粉质）、过热或冰冻的饲料；还要避免突然变更饲料。日粮供应中要注意营养配比，防止营养代谢病的发生。役牛在大忙季节，不能劳役过度，休闲时期注意适当运动；圈舍保持安静，避免光、声、色等不利因素的刺激和干扰，引起应激反应；注意圈舍清洁卫生和通风保暖；

提高牛羊群健康水平，防止本病发生。

（2）治疗　　治疗原则是改善饲养管理，消除病因，增强前胃机能，改善瘤胃内环境，恢复正常微生物区系，增强神经体液调节机能，强脾、健胃、止酵、消导、防止脱水和自体中毒。

①原发性急性前胃弛缓　　病初禁食1~2日，给予充足的清洁饮水，然后饲喂适量富有营养、容易消化的优质干草或放牧，同时进行瘤胃按摩，每次20~30分钟，每日3~5次。轻症病例可在1~2日内自愈。促进瘤胃蠕动、增进消化功能:可用氨甲酰甲胆碱，牛1~2毫克，羊0.25毫克。或者灌服10%硫酸镁溶液（剂量为500~1000克/头），以达到促进瘤胃蠕动的目的，但对病情危急、心脏衰弱、妊娠母牛和母羊，则需禁止应用，以防虚脱和流产。

②防腐止酵剂　　牛可用稀盐酸15~30毫升，酒精100毫升，来苏尔溶液10~20毫升，水500毫升；或用鱼石脂15~20克，酒精50毫升，水1000毫升，一次内服，每日1次。但在病的初期，宜用硫酸钠或硫酸镁300~500克，鱼石脂10~20克，温水6000~10000毫升，一次内服；或用液体石蜡1000~3000毫升，复方龙胆酊（苦味酊）20~30毫升，一次内服。以促进瘤胃内容物运转与排出。对于采食多量精饲料而症状又比较重的病牛，可采用洗胃的方法，排除瘤胃内容物，洗胃后应先向瘤胃内接种纤毛虫，重症病例应先强心、补液，再洗胃。成年羊可用硫酸镁或人工盐20~30克，液状石蜡油100~200毫升，马钱子酊（番木鳖酊）2毫升，大黄酊10毫升，加水500毫升，一次内服。或用胃肠活2包，陈皮酊10毫升，姜酊5毫升，龙胆酊10毫升，加水混合，一次内服。

③增强前胃机能　　应用"促反刍液"，通常用5%葡萄糖生理盐水注射液500~1000毫升，氯化钠注射液100~200毫升，5%氯化钙溶液200~300毫升，安钠咖注射液10毫升，一次静脉注射；

或用10%氯化钠溶液100毫升，5%氯化钙溶液200毫升，20%安钠咖溶液10毫升，静脉注射，可促进前胃蠕动，提高治疗效果。

④应用缓冲剂　调节瘤胃内容物pH值，恢复其微生物群系的活性及其共生关系，增强前胃消化功能。当瘤胃内容物pH值降低时，宜用氧化镁（或氢氧化铝）200~400克，配成水乳剂，并用碳酸氢钠50克，常水适量，一次内服。反之，pH值升高时，可用稀醋酸（牛20~100毫升），或食醋（牛300~1000毫升、羊50~100毫升），加水适量，一次内服。必要时，采取健康牛的瘤胃液4000~8000毫升，经口灌服接种，对更新微生物群系、提高纤毛虫存活率，效果显著。采取健康牛瘤胃液的方法：先用胃管给健康牛灌服生理盐水10000毫升，酒精50毫升，然后以虹吸引流的方法取出瘤胃液。

对伴发瓣胃阻塞的病牛，可先用液体石蜡1000毫升，内服，同时应用新斯的明，或氨甲酰甲胆碱兴奋副交感神经药物，连用数天若不见效，可用手术冲洗瓣胃。

晚期病例，瘤胃积液，伴发脱水和自体中毒时：可用25%葡萄糖溶液500~1000毫升，静脉注射；或用5%葡萄糖生理盐水1000~2000毫升，40%乌洛托品溶液20~40毫升，20%安钠咖注射液10~20毫升，静脉注射。并用胰岛素100~200单位，皮下注射。此外，还可用樟脑酒精注射液（或撒乌安注射液）100~200毫升，静脉注射；并配合应用抗生素药物，防止败血症。

中药疗法　根据辨证施治原则，对于脾胃虚弱、水草迟细、消化不良的病牛，应着重健脾和胃、补中益气为主，宜用加味四君子汤；对于久病虚弱、气血双亏的病牛，应以补中益气为主，宜用加味八珍散；对口色淡白、耳鼻惧冷、口流清涎、水泻的病牛，温中散寒补脾燥湿为主，宜用加味厚朴温中汤；也可用红糖250克，生姜200个（捣碎），开水冲，内服，具有和脾暖胃、温中散寒的功效。

方剂一：扶脾散。茯苓 30 克，泽泻 18 克，白术（土炒）、党参、苍术（炒）、黄芪各 15 克，青皮、木香、厚朴各 12 克，甘草 9 克。共研为细末，温水调服，连服数剂。

方剂二：参苓白术散。白扁豆 60 克，党参、白术、茯苓、甘草、山药各 45 克，莲子肉、薏苡仁、砂仁、桔梗各 30 克。共研为末，开水冲服或水煎服。

方剂三：补中益气汤加减。炙黄芪 90 克，党参、白术、陈皮各 60 克，炙甘草 45 克，升麻、柴胡各 30 克。水煎服。

参考文献：

[1] 张文义. 中西医治疗牛前胃弛缓疗效比较 [J]. 兽医导刊, 2020 (05): 95.

[2] 杨武连. 牛前胃弛缓的发病原因及防治对策 [J]. 中国动物保健, 2020, 22 (02): 30+35.

[3] 门宝江. 羊前胃弛缓的诊断与治疗 [J]. 饲料博览, 2020 (01): 72.

[4] 李季滨. 中西医结合治疗牛瘤胃弛缓 [J]. 兽医导刊, 2019 (23): 67.

[5] 姜波. 牛常见消化系统疾病的诊疗 [J]. 兽医导刊, 2019 (23): 29.

[6] 高建明. 不同方法治疗牛前胃弛缓疗效比较 [J]. 畜牧兽医科学（电子版）, 2019 (21): 33-34.

[7] 杨静竹, 陈云明, 刘忠艳. 牛前胃疾病的治疗效果 [J]. 畜牧兽医科技信息, 2019 (10): 123.

[8] 张才旦卓玛, 杜梅卓. 羊前胃弛缓发病原因、临床症状及治疗措施 [J]. 畜牧兽医科学（电子版）, 2019 (19): 133-134.

[9] 张仁峰, 李金岭. 中西医结合治疗奶牛前胃弛缓 [J]. 中国乳

业，2019(07)：57-58.

[10]潘峰．我国东北地区黄牛前胃弛缓病的预防与治疗[J]．当代畜牧，2019(09)：66-67.

[11]苏妮，曲晓亮．肉牛前胃迟缓的鉴别诊治[J]．中国畜禽种业，2019，15(07)：144.

[12]包仁富．羊前胃弛缓的发病原因、临床症状及治疗措施[J]．现代畜牧科技，2019(07)：112-113.

[13]郝会明．中药分型治疗牛前胃弛缓[J]．中兽医学杂志，2019(05)：51.

[14]陆宗伟．羊前胃弛缓诊断与治疗[J]．畜牧兽医科学（电子版），2019(06)：132-133.

[15]徐世虎．反刍动物前胃弛缓的中西医结合治疗[J]．中兽医学杂志，2019(03)：80.

[16]李荣超．牛前胃弛缓的中西医治疗方法[J]．现代农村科技，2019(01)：42.

[17]卢德福．肉牛前胃弛缓的发病原因、临床症状和防治措施[J]．现代畜牧科技，2018(09)：70.

[18]张志刚．中西医结合治疗天祝白牦牛前胃弛缓[J]．中兽医学杂志，2018(04)：53.

[19]于海滨．羊前胃弛缓的病因、症状、实验室诊断和中西医疗法[J]．现代畜牧科技，2017(06)：90.

[20]许志涛．羊前胃弛缓的诊断与治疗[J]．甘肃畜牧兽医，2017，47(03)：86-87.

[21]张文明．羊前胃弛缓的病因、症状及中西药治疗[J]．现代畜牧科技，2016(11)：132.

[22]赵允平．杜泊羊前胃弛缓的病因及中西药治疗[J]．湖北畜牧兽医，2016，37(11)：20-21.

[23] 韩冰.牛羊前胃弛缓的防治 [J].当代畜禽养殖业,2015 (01):37-38.

[24] 董福彪.羊前胃弛缓的病因解析及诊治要点 [J].农业开发与装备,2014(10):144.

[25] 任宏文.牛羊前胃疾病的鉴别诊断方法 [J].当代畜牧,2014 (17):56-58.

[26] 鲜永奇.浅谈牛羊前胃弛缓的防治 [J].甘肃畜牧兽医,2014, 44(01):60-61.

[27] 范志.羊前胃弛缓的病因与诊治 [J].养殖技术顾问,2013 (12):121.

[28] 李丰跃.羊前胃弛缓的临床治疗 [J].中兽医学杂志,2013 (03):35.

[29] 张守印.羊前胃弛缓症状与治疗 [N].吉林农村报,2011-09- 23(003).

[30] 武朝霞,徐占云.羊前胃弛缓的防治 [J].今日畜牧兽医,2008 (01):54-55.

[31] 谢振兵.圈养牛羊常见胃部疾病及防治 [J].河北农业科技, 2006(11):27.

[32] 杜顺丰.无角多赛特种公羊前胃弛缓的治疗 [J].北方牧业,2003(13):13.

[33] 王玉清,李玉群,陈淑才,段建永.辨证施治牛羊前胃弛缓 [J].山东畜牧兽医,1995(04):44-45.

[34] 潘梅珠.羊前胃弛缓症的防治技术 [J].福建农业,1995 (02):17.

五、瘤胃积食

瘤胃积食又称瘤胃食滞、急性瘤胃扩张或第一胃阻塞，中兽医称为"宿草不转""食胀"，系因牛贪食过多难消化、易膨胀的草料或脾胃虚弱，劳役过度或饮水不足，缺乏运动等，造成瘤胃内容物过量，引起瘤胃体积增大，过度充盈，瘤胃壁扩张，神经麻痹，瘤胃正常的消化和运动机能减弱甚至消失，瘤胃蠕动功能和消化功能紊乱的一种疾病。也可继发于其他前胃疾病或矿物质代谢障碍等。致使草料停滞胃中，瘤胃壁伸张，容积增大，胃壁受压，左腹胀满，无法运化的一种病证。本病牛、羊均可发生，以牛为多见，尤其舍饲、老龄、体弱的牛发病较多。

【病因】

（1）过食是引发该病的主要原因，使役或饥饿后，一次贪食过多粗纤维饲料，或易于膨胀发酵的草料，如豆类、谷物等不易反刍、消化的饲草，或食后大量饮水、运动不足，或饲料中混有泥沙或喂养失调，致使脾胃无力腐熟运化，瘤胃积滞过多食物，停积于胃内而引起瘤胃壁扩张、瘤胃运动障碍、消化机能紊乱而引发本病。

（2）突然更换饲料，由适口性差的饲料改喂可口饲料，特别是由粗饲料转换精饲料，饲料又不限量，会导致牛食欲大增因而贪食过多。或劳役过度，饮水不足，缺乏运动，消化力减弱，致使胃纳太过，脾胃受伤，或长期疏忽管理，饲料单纯，久喂粗硬干草，亦可由于过食而致病。此外，异食大量的垫草和塑料等异物也可引发该病。

（3）久病体虚、外感诸病，均可使畜体消瘦、胃脾虚弱，加之长期饲养管理不善，如久喂粗硬干草，久渴失饮，以致草料停滞于胃，腐熟运化无力，宿草难消，停于胃中而致此患。

（4）继发于前胃迟缓、瓣胃阻塞、创伤性网胃炎，以及真胃炎、积食伤胃等病过程中，亦可继发。

【临诊症状】

常在饱食后数小时内发病，一般可见病牛腹部臌胀，左肷窝部平满或突出，少食或不食，鼻镜干燥，反刍、嗳气减少或停止，嗳气酸臭，空嚼、流涎，有时出现腹痛不安，弓背低头，回头望腹，或后肢踢腹，不愿行走或行走时两后肢下蹲，随着病情加重，呼吸变得困难，有时呻吟。按压瘤胃，胀满结实，重压留有压痕，或坚硬如板，拍打呈实音，脉象沉涩。病重者痛苦呻吟，口色青紫，站立时，四肢张开，时作排粪状，肚腹显著胀大。病牛呼吸困难，最后可因窒息死亡。

【诊断】

本病根据病史和典型病状不难诊断。在病史上总有饲养管理不当之处，常由于采食过多，或饲料突然改变而致。在病状上表现在腹胀大，外部触诊与直肠检查，均可证明瘤胃充满、坚实或坚硬。叩诊实音或半浊音。听诊蠕动减弱或消失，反刍减少或停止。但需与牛急性瘤胃臌气和前胃弛缓病相区别。急性瘤胃臌气发病迅速，腹部显著膨胀，瘤胃内充满气体，叩诊呈鼓音，触诊不坚实或坚硬。前胃弛缓发病缓慢，瘤胃常有慢性间歇性臌气，触诊不坚实，也不过分充满。

【防治】

（1）预防　平时应加强饲养管理，防止突然改变饲料或过食，日粮要按照牛不同生长阶段的营养需求提供，饲喂时一定要定时定量，添加饲料时要勤添少量，防止贪食过多豆类、玉米等易膨胀的干料及干豆秸、麦秸等难以消化的饲料导致积食，饼块类饲料要软化后再饲喂。另一方面在食前食后要给予一定时间休息，特别是在大忙季节，应提前饲喂。不宜单纯饲喂如病因中所列的那些饲草，这类饲草须与其他饲草混合或事先加工调制。此外，应注意在饲养、劳役、运动等方面要有节制，防止久役过劳。清洁饮水，合理使役。当发现病例时，应尽快除去瘤胃内容物。

（2）治疗　应消导下泻，止酵防腐，纠正酸中毒，健胃补充体液。

①排除胃内积滞　可使用盐类泻剂，硫酸镁 500~1000 克，加入鱼石脂 15~20 克，溶于大量水中一次灌服。液状石蜡油或植物油 500~1000 毫升，75% 酒精 50~100 毫升，饮用水 6000~10000毫升，一次灌服。

②禁食并进行瘤胃按摩　治疗前停饲 1~2 日，进行瘤胃按摩，在牛的左腹位置用手由前向后推按瘤胃部位，每次按摩 5~10 分钟，每隔 1 小时 1 次，连续 5~7 次。按摩时给牛灌服大量温水，再按摩，效果较好。也可以用酵母粉 500~1000 克，一天分 2 次灌服。

③消导下泻、止酵防腐　用 300~500 克的硫酸镁或硫酸钠，液体石蜡或植物油 500~1000 毫升，鱼石脂 15~20 克，75% 酒精 50~100 毫升，水 6000~10000 毫升，一次给牛灌服，可加快牛瘤胃排出积食。还可用 10% 氯化钠溶液 100~200 毫升，静脉注射；或先用 1% 温食盐水洗涤瘤胃，再用促反刍液静脉注射；羊内服人工盐或硫酸钠或硫酸镁，成年羊剂量 50~80 克，加水 500~1000毫升，一次内服；或液体石蜡 100~200 毫升，苦味酊 4~10 毫升，一次内服。

④纠正酸中毒　用 5% 碳酸氢钠溶液静脉注射 30~50 毫升。

必要时，可用维生素 B_1 静脉注射。如果反复注射碱性药物，出现碱中毒症状，呼吸疾速，全身抽搐时，宜用稀盐酸内服。

⑤健胃补充体液对症治疗　晚期病牛，除了反复洗涤瘤胃外，宜用 5% 葡萄糖生理盐水 2000~3000 毫升，20% 安钠咖注射液 10 毫升，维生素 C 0.5~1 克，静脉注射，每天 2 次。羊心脏衰弱时，可用 10% 樟脑磺酸钠 4 毫升，静脉或肌内注射；呼吸系统和血液循环系统衰竭时，可用尼可刹米注射液 2 毫升，肌内注射。

⑥促蠕动疗法　用 10% 高渗氯化钠 300~500 毫升，静脉注射。病牛数日不排粪，投服泻剂硫酸镁（钠）500~600 克配成 8%~10% 溶液，加适量鱼石脂，一次灌服；或用液状石蜡油或植物油 1000~1500 毫升，一次灌服。用药后牵牛溜达活动，促进瘤胃运动。

针刺疗法　针刺脾俞、苏气、人中、尾尖、百会等穴。

中药疗法　以消积化滞，健脾开胃为主。

方剂一：食胀方。灵仙 15 克，大黄 20 克，朴硝 15 克，川朴 15 克，山楂 15 克，六曲 25 克，桃仁 40 克，枳壳 15 克，草果 15 克，防风 15 克，荆芥 25 克，炒莱菔子为引煎服。或用三仙汤加味方：神曲、麦芽、焦山楂各 90 克，槟榔、青皮、陈皮、苍术各 30 克，厚朴、枳壳、大黄各 45 克，牵牛子（二丑）、芒硝（后入）各 60 克，煎水去渣，加生萝卜汁与香油灌服。

方剂二：三仙硝黄散。山楂 100 克，麦芽 100 克，神曲 100 克，芒硝 120 克，大黄 60 克，炒牵牛子 60 克，枳壳 30 克，槟榔 45 克，郁李仁 60 克，共煎水内服。若大便色黑量少，排粪艰难者，加猪油 500~750 克同服。或用速验方：六曲 40 克，山楂 100 克，麦芽 100 克，陈皮 30 克，菖蒲 40 克，木通 40 克，滑石 75 克，大黄 50 克，枳实 40 克，甘草 20 克，加酒饼 50 克，共煎水灌服。

方剂三：马尾松嫩梢 0.5~1 克，打烂取汁，同酒曲 5 个研末灌服；

或用新鲜榆树根白皮 1~1.5 千克，煎汁去渣灌服。

方剂四：推车汉（雄的）10 只（打碎）、清油 250 毫升（熬热），混合待温一同灌服。

护理　在治疗时间内，停止使役，停喂草料，饮水不宜过多，每日牵至平坦地方，慢慢走动，并配合按摩瘤胃。待反刍后，喂给少量易消化的饲料，如青草、青菜、米汤等。

治疗牛食胀时应注意：

①只可缓润，不可急攻，上润下导。

②牛偷食过量干料（如豆类、米糠、干红薯片、干红薯藤等）胀肚不能让它立即饮大量的水，因干料遇水膨胀，体积增大，有可能胀破瘤胃。可灌服润滑的植物油，耕牛可让其拖一空耙，只有在胃肠蠕动增强，草料运行后才可正常饲喂。

③牛误食毛团、尼龙绳、铁质异物等引起草料不通，在诊治时要考虑到这些情况，症状似普通食胀，按常规治法往往难以奏效，只有切开瘤胃取出异物，或用铁质异物恒磁吸取器吸取铁质异物。

手术疗法　瘤胃积食严重，危及病牛生命，应及时进行瘤胃切开术，取出瘤胃积存的食物。

附：瘤胃切开术

在严重瘤胃积食、保守疗法无效，以及取出网胃内异物时可进行此术。

【保定与麻醉】

有条件的可进行六柱栏站立保定，也可利用篮球架或两根并列的树木，在一树干侧方再埋上一根桩进行站立保定，必要时也可以采取横卧保定。麻醉采用电针麻醉或局部浸润麻醉，或腰部脊旁麻醉。

【手术步骤】

（1）躯干短的牛，沿最后肋骨后方 3~4 厘米，距腰椎横突游离端下方 10~12 厘米，做长 15~20 厘米的垂直切口。躯干长的牛，距腰椎横突游离端下方 20~22 厘米。体格特大的牛，为便于触摸网胃，可在左侧 11 肋骨的下方，横膈膜附着线之下，沿肋骨切开皮肤 15~20 厘米暴露 11 肋骨，I 型切开并剥离肋骨骨膜后切除 12~15 厘米长肋骨一段（以术者手能自由通过为原则），由此通向瘤胃。

（2）手术部位用温肥皂水刷洗后剃毛，再用 3% 来苏儿溶液清洗消毒，拭干，涂布 5% 碘酊消毒，最后涂布 75% 酒精脱碘，铺上带孔手术巾，四角用创布钳或用数个结节缝合固定在皮肤上。直线一次切开皮肤和皮肌，长约 20 厘米，钝性分离腹外、腹内和腹横肌。助手用大腹钩向左右扩大创口暴露腹膜，然后用镊子提起腹膜，剪开，暴露瘤胃。

（3）如为了诊断和取出网胃异物，先不进行瘤胃切开，术者消毒手臂，伸入腹壁与瘤胃之间，探摸网胃表面与膈间有无粘连及异物，若有粘连应仔细分离，发现并取出异物。

（4）将切口内的瘤胃，部分拉出至切口外面。助手在左右创缘各做三个，上下创角各做一个结节缝合，将瘤胃壁假缝合在皮肤创缘上进行固定。

（5）预先结扎瘤胃壁切口径路上的大血管，然后切开瘤胃，切开后助手将灭菌纱布卷放在要翻转的瘤胃创缘和皮肤之间，术者立即向外翻转瘤胃壁的创缘，将上述灭菌纱布包埋在内，助手用数个结节缝合，将瘤胃创缘暂时固定在皮肤上。有条件的可用灯伞状隔离橡胶布（制法：用 50 厘米见方的橡胶布一块，中心造一圆孔，圆孔周边镶一厚胶管的环状圈，环高约 10 厘米，环口大小以能通过手臂为适宜），装在瘤胃切口内，用数针假缝合将胶布固定在瘤胃切口周围的胃壁上，避免胃内容物漏入腹腔。

（6）术者戴上橡胶手套或直接用手取出瘤胃内积食，然后将手伸入网胃仔细找寻异物。病期较长，刺入处黏膜多肿胀增厚，异物被结缔组织所包围，应用手指分离结缔组织，找到异物并取出。若异物已进入网胃壁内面，或被脓肿较厚结缔组织包围无法触到时，可用刀小心切开包围异物的组织，再触摸取出异物。此外，对网胃、瘤胃中尚未造成损伤的异物，应一并取出，也可利用吸铁石吸出。

（7）术者和助手清洗、消毒手臂后，再拆除瘤胃创缘与皮肤之间的结节缝合（或灯伞状胶布与胃壁之间的假缝合，取出胶布）。然后用 0.1% 雷佛奴尔溶液消毒创口，仔细除去残留在创角内的胃内容物。

（8）避开瘤胃黏膜层连续缝合肌层和浆膜层，闭合瘤胃切口，涂布青霉素油剂并撒上消炎粉后，进行胃壁第一道间断内翻缝合（针距 1~1.5 厘米），将前道连续缝合包埋于下。涂布青霉素油剂后，进行第二道间断内翻缝合，将第一道间断内翻缝合包埋于下。再用 0.1% 雷佛奴尔溶液和灭菌生理盐水，仔细洗涤消毒创口，再在瘤胃壁上涂布 10% 樟脑油或青霉素油剂，防止胃壁与腹膜发生粘连。最后拆除胃壁与创缘皮肤间的假缝合，腹腔内注入 10% 樟脑油 10~20 毫升及青霉素溶液 80 万单位。

（9）助手用止血钳或镊子夹住两侧腹膜，比齐对正，术者进行连续缝合，闭合腹腔。再用 0.1% 雷佛奴尔溶液仔细清洗消毒创口，均匀撒上消炎粉。先后结节缝合腹横肌、腹内和腹外斜肌，每层缝毕均应按上述方法消毒和撒上消炎粉。最后，彻底消毒撒上消炎粉，以结节缝合闭合皮肤切口，创口外涂布 5% 碘酊，装上保护绷带。

【术后护理】

术后 3 天，每天肌内注射青霉素油剂 300 万单位，静脉注入 5% 或 25% 葡萄糖液 100 毫升。第 1 天禁食，第 2~6 天，逐日增加给以柔软易消化的青饲料，第 7 天恢复正常饲喂。经常注意创口，每天涂布碘酊 2 次，防止感染化脓。一周后拆除保护绷带及皮肤结节缝合。

参考文献：

[1] 王小霞．牛瘤胃积食的防治 [J]．兽医导刊，2020（03）：37.

[2] 邵善红．牛瘤胃积食发病原因与防治 [J]．畜牧兽医科学（电子版），2020（02）：109-110.

[3] 李国辉．一例牛瘤胃积食导致酸中毒的诊疗 [J]．养殖与饲料，2020（01）：82.

[4] 乔向莲．牦牛瘤胃积食治疗措施 [J]．畜牧兽医科学（电子版），2019（23）：116-117.

[5] 杜洪云．牛瘤胃积食的发生及防治 [J]．畜牧兽医科技信息，2019（11）：74.

[6] 阿不地克热木·吐尔逊．牦牛瘤胃积食的原因及治疗 [J]．畜牧兽医科技信息，2019（11）：78.

[7] 何正治．羊瘤胃积食的病因及防治措施 [J]．畜禽业，2019，30（11）：82.

[8] 蔡梅芳，许奎．瘤胃切开术治疗牛瘤胃积食的方法与体会 [J]．中国牛业科学，2019，45（06）：86-87.

[9] 才仁它次．牦牛瘤胃积食病因与中西医结合治疗 [J]．中国畜禽种业，2019，15（11）：132.

[10] 李景山．羊瘤胃积食的临床症状、鉴别和防治措施 [J]．现代畜牧科技，2019（11）：137-138.

[11] 杨露玉．高原牦牛瘤胃积食的中西医治疗 [J]．畜牧兽医科技信息，2019（10）：94-95.

[12] 万丽艳．羊瘤胃积食发病原因、临床症状及防治方法 [J]．畜牧兽医科学（电子版），2019（19）：125-126.

[13] 杨玉诚.中西医结合治疗肉牛瘤胃积食 [J].中兽医医药杂志,2019,38(05):85-86.

[14] 赵都,吕战峰,龚宏智,卢宗太,刘建武.食用酵母对奶牛过食精料型瘤胃积食的治疗 [J].兽医导刊,2019(17):76.

[15] 于小林.牛瘤胃积食的诊断与治疗 [J].中国动物保健,2019,21(09):11-12.

[16] 严浩辉.羊瘤胃积食的病因及防治方法 [J].畜牧兽医科技信息,2019(08):76.

[17] 李景梅,惠振兴.羊瘤胃积食的病因及防治策略 [J].畜牧兽医科技信息,2019(07):75.

[18] 柯大伟.羊瘤胃积食的发病原因、临床症状及防治方法 [J].甘肃畜牧兽医,2019,49(03):49-50+53.

[19] 李方璞.山羊瘤胃积食的综合诊治 [J].畜禽业,2019,30(03):55+58.

[20] 田耕.奶牛瘤胃积食的病因与综合诊治 [J].当代畜禽养殖业,2019(03):25-26.

[21] 沈佳.牛瘤胃积食促反刍疗法的应用分析 [J].当代畜牧,2019(02):47-48.

[22] 陈世霞.中药复方制剂治疗牛瘤胃积食 [J].中兽医学杂志,2019(01):29.

[23] 马滨宽.奶牛瘤胃积食的发病原因、临床症状、鉴别诊断与防治措施 [J].现代畜牧科技,2019(01):108-109.

[24] 孟凡刚.肉牛瘤胃积食的综合防治 [J].现代畜牧科技,2019(01):116-117.

[25] 铁成.牦牛瘤胃积食的诊疗建议 [J].农业开发与装备,2018(12):233.

[26] 刘顺勇.肉牛瘤胃积食的治疗 [J].当代畜牧,2018(29):20-

21.

[27] 朱思泰. 瘤胃切开术治牛瘤胃积食 [J]. 四川畜牧兽医, 2018, 45 (07): 59.

[28] 刘艳. 牛瘤胃积食特点及中兽医辨证施治分析 [J]. 中兽医学杂志, 2018 (03): 67.

[29] 化希龙. 反刍家畜瘤胃积食的中兽医诊治临床研究 [J]. 中兽医学杂志, 2018 (03): 68.

[30] 肖冲, 孙强, 高超. 用瘤胃切开术治疗羊瘤胃积食 [J]. 吉林畜牧兽医, 2018, 39 (03): 38+41.

[31] 黄婷. 牛瘤胃积食肚胀诊断与预防措施 [J]. 中国畜禽种业, 2018, 14 (02): 106.

[32] 李芳, 马元. 中西药结合治疗奶牛瘤胃积食 [J]. 中兽医学杂志, 2018 (01): 27.

[33] 张永山. 中西医结合治疗肉羊瘤胃积食 [J]. 中兽医学杂志, 2018 (01): 88.

[34] 刘昊鹏. 山羊瘤胃积食的综合诊治 [J]. 甘肃畜牧兽医, 2017, 47 (10): 86-87.

[35] 李文菊. 牛瘤胃积食的中西医治疗措施 [J]. 中兽医学杂志, 2016 (06): 48.

[36] 孙淑东. 浅谈牛瘤胃积食综合防治技术 [J]. 中国畜禽种业, 2016, 12 (11): 90-91.

[37] 宋尚莲. 一例山羊瘤胃切开手术 [J]. 中国畜禽种业, 2016, 12 (09): 108.

[38] 谢守荣. 中西医结合治疗牛瘤胃积食 [J]. 中兽医学杂志, 2016 (04): 27.

[39] 梁振平, 张宝宏, 于昌义. 羊瘤胃积食的发病原因、临床症状及其疗法 [J]. 现代畜牧科技, 2016 (08): 95.

[40] 王学婷, 洪芬, 于青莲. 中西医结合治疗牛瘤胃积食 [J]. 畜禽业, 2016(07): 92-93.

[41] 杨子惠. 中西医结合治疗奶牛瘤胃积食 [J]. 中兽医学杂志, 2016(03): 28.

[42] 桑巴. 高原牦牛瘤胃积食的治疗 [J]. 中国畜牧兽医文摘, 2016, 32(06): 165.

[43] 宋镇, 张咏梅. 促反刍疗法治疗牛瘤胃积食 [J]. 中国畜牧兽医文摘, 2014, 30(10): 162.

[44] 郎达波. 中西医治疗牛瘤胃积食 [J]. 贵州畜牧兽医, 2010, 34(04): 45.

[45] 谌春湘, 王军, 丁彪元. 绵羊瘤胃积食的诊断与防治 [J]. 畜牧兽医科技信息, 2010(08): 61-62.

[46] 兰罗勋, 韦宏干, 陈红. 水牛瘤胃积食的手术治疗报告 [J]. 湖北畜牧兽医, 2008(08): 25-26.

[47] 包俊青, 孙志强. 羊瘤胃积食有效治疗 [J]. 农村实用科技信息, 2007(09): 31.

[48] 蔡福厚. 绵羊瘤胃积食的诊治 [J]. 现代畜牧兽医, 2007(05): 43.

[49] 梁醒. 中西医结合治疗牛瘤胃积食 58 例 [J]. 中国畜牧兽医文摘, 2006(04): 56.

[50] 林昌明, 石晓东, 刘永昶. 中药治疗瘤胃积食 [J]. 黑龙江动物繁殖, 2004(04): 37.

[51] 张福利. 绵羊瘤胃积食和臌胀的诊治 [J]. 北方牧业, 2004(02): 19.

[52] 成翠丽, 鲁改儒. 奶牛瘤胃积食、瘤胃臌胀与瘤胃酸中毒的鉴别诊断 [J]. 四川畜牧兽医, 2004(01): 52.

[53] 车振华, 窦建翠, 王运新. 牛羊瘤胃积食的几种简易治疗

方法 [J]. 广东畜牧兽医科技,2003(02):46.

[54] 熊革进,傅桂林,李海东. 中西医结合治疗牛瘤胃积食 [J]. 中兽医学杂志,2002(02):5-6.

[55] 刘德良. 中西医诊治牛羊瘤胃疾病 [J]. 四川畜牧兽医, 2001(06):42.

[56] 马发顺. 黄牛瘤胃积食的中西医结合治疗 [J]. 内蒙古畜牧科学,2000(01):42.

[57] 刘庆才,孙政刚,耿元福. 瘤胃积食的诊治 [J]. 黄牛杂志, 1999(02):41.

[58] 李桂叶. 手术治愈奶山羊急性瘤胃积食伴臌气 [J]. 云南畜牧兽医,1998(01):46.

[59] 尹凤岐,李红卫,王春华. 用洗胃法治疗奶牛瘤胃积食和瘤胃臌气 [J]. 黑龙江畜牧兽医,1998(02):29.

[60] 吕惠序. 奶山羊瘤胃积食防治十法 [J]. 农村养殖技术,1996 (07):21.

[61] 李建军. 中西药结合治愈牛纤维性瘤胃积食一例 [J]. 上海畜牧兽医通讯,1993(02):34.

[62] 周仕胜. 中药治愈牛瘤胃积食 [J]. 江西畜牧兽医杂志,1990 (04):62-63.

[63] 刘炳昌,许小明. 中西医结合治疗牛瘤胃积食多例体会 [J]. 江西畜牧兽医杂志,1990(01):46-47.

[64] 邹潮深,梁斌,张国洪,车洪超. 中西结合治疗孕牛瘤胃积食验案 [J]. 中兽医学杂志,1986(03):23-24.

[65] 张大轩,罗守富,姬国政. 瘤胃冲洗术治疗牛急性瘤胃积食 [J]. 中国兽医杂志,1985(09):42-43.

[66] 牛胃病科研协作组. 中西兽医结合诊疗牛瘤胃弛缓和瘤胃积食的研究 [J]. 兽医科技杂志,1980(01):12-15.

六、瘤胃臌气

瘤胃臌气统称"气臌胀"，俗称"肚胀"，是反刍动物采食了大量的新鲜幼嫩、多汁、易发酵的青饲草和豆科牧草，在瘤胃和网胃内发酵，以致瘤胃和网胃内迅速产生并积聚大量气体，而使瘤胃急剧臌气的疾病。临诊上以呼吸极度困难及黏膜发绀，腹围急剧膨大，触诊瘤胃紧张而有弹性为特征。瘤胃内气体多与液体和固体食物混合存在，形成泡沫臌气。本病按病因分为原发性瘤胃臌气和继发性瘤胃臌气；按病的性质分为泡沫性臌气和非泡沫性或自由气体性臌气。本病多发于牛和绵羊，山羊少见。夏季草原上放牧的牛羊，可能有成群发生瘤胃臌气的情况。常发生于春末、夏初放牧的牛羊群。

【病因】

（1）原发性瘤胃臌气 因饱食易发酵的饲草饲料引起，如开花前的幼嫩、多汁的豆科植物，如苜蓿、紫云英、三叶草、野豌豆，或新鲜干红薯、萝卜缨子、白菜叶等所引起，或食入腐败的干草、被真菌污染的饲草、霜冻饲料、分解的块根及品质不良的青贮料而引发。特别是舍饲转为放牧的牛羊群，最容易导致急性瘤胃臌气的发生。此外，牛在饱食后久役得不到休息，没有反刍机会，也会造成胃壁急剧扩张引起臌气。或者因大量食入粉状谷物引起。有时也和瘤胃内的一些细菌代谢产物有关，唾液分泌少的羊容易发生本病。

（2）继发性瘤胃膨气　主要是由于前胃机能减弱，嗳气机能障碍。常继发于瘤胃积食、前胃弛缓、食道阻塞、瓣胃阻塞、迷走神经性消化不良、食道痉挛、创伤性网胃炎、真胃炎及慢性腹膜炎等疾病。

【临诊症状】

（1）原发性瘤胃膨气　多在采食中或采食后不久突然发病，多为急性突然发生，病畜表现不安、呻吟、四肢张开、站立不安、回顾腹部、摇尾、后肢踢腹及背腰拱起等腹痛症状。食欲、反刍和嗳气很快废绝。腹围迅速膨大，肷窝凸出，左侧更为明显，常可高至髋结节或背中线。此时，触诊左侧肷窝紧张而有弹性，叩诊瘤胃声如鼓响音。听诊瘤胃蠕动音初期强，以后减弱或完全消失。呼吸极度困难，表现头颈伸直，前肢张开，张口伸舌、口内流涎、频尿、眼球突出，甚至张口呼吸，舌脱出。可视黏膜呈蓝紫色。心搏动增强，脉搏细弱增数，每分钟达 120~140 次，静脉怒张，但体温一般正常。患病后期病畜因呼吸高度困难，血液循环障碍，心力衰竭，静脉怒张，黏膜发绀，目光恐惧，大量出汗，步样不稳或卧地不起，出现痉挛、抽搐，常因窒息或心脏停搏而于 1~2 小时内痉挛死亡。

（2）继发性瘤胃膨气　一般发生发展缓慢，膨气也较轻，对症施治，症状暂时减轻，但原发病不愈，时胀时消，病程可达几周，甚至拖延数月，通常是为非泡沫性膨胀，穿刺排气后，继而又膨胀起来，瘤胃收缩运动正常或减弱，穿刺针随同瘤胃收缩而转动。病畜逐渐消瘦、衰弱，可能便秘和腹泻交替发生。犊牛排出的气体，具有显著的酸臭味。食欲、反刍减退，水草迟细，生产性能降低，奶牛泌乳量显著减少。

【病理变化】

死后立即剖检的病例，瘤胃壁过度扩张，充满大量气体及还有泡沫的内容物。死后数小时剖检，瘤胃内容物无泡沫，间或有瘤胃或膈肌破裂。瘤胃腹囊黏膜有出血斑，甚至黏膜下瘀血，角化上皮脱落。肺脏充血，肝脏和脾脏被压迫呈贫血状态，浆膜下出血等，很像窒息病变。

【诊断】

原发性瘤胃臌气，根据采食易发酵草料后迅速发病，腹围急剧膨大等，容易诊断。继发性瘤胃臌气，主要分析发病原因，确定原发病，通常应考虑创伤性网胃炎、瓣胃阻塞、迷走性神经消化不良、皱胃疾病等。急性瘤胃臌气，病情急剧，根据病史，采食大量易发酵性食料发病，腹部臌胀，左侧肷窝部凸出，敲打瘤胃有鼓音，血液循环障碍，呼吸极度困难，可确诊。慢性臌气病情弛张，反复产出气体。随原发病而异，通过病因分析，也能确诊。

【防治】

（1）预防　预防本病主要在加强饲养管理，做好饲料保管和加工调制工作，保证饲料质量。防止贪食过多幼嫩、多汁的豆科牧草，尤其由舍饲转为放牧时，应先喂些干草或粗饲料，适当限制在牧草幼嫩茂盛的牧地和霜露浸湿的牧地放牧时间。继发性瘤胃臌气，早期积极治疗原发病。

（2）治疗　治疗原则是排气减压，制止发酵，恢复瘤胃的正常生理功能。

病牛急救贵在及时，应迅速排除瘤胃内气体，并制止食物继续发酵为原则。治疗原则是排气、止酵、泻下。急性病例或有窒息危险时，必须急救治疗。对急性病例，用套管针直接穿刺瘤胃放出气体，必要时可通过套管针向瘤胃内灌服松节油、鱼石脂等止酵剂，抑制瘤胃内容物继续发酵；或者将胃管经口腔插入瘤胃、促使气体排出。对臌气不严重的病例，可用消气灵 30 毫升，液状石蜡油 500 毫升，水 1000 毫升，混匀后灌服。

初发或病情轻的病例

①羊应立即单独灌服来苏儿 2.5 毫升，或鱼石脂 2~5 克（先加少量酒精溶解），或硫酸镁或硫酸钠 30 克，加水适量，一次内服。中药可用萝卜籽 30 克，芒硝 20 克，滑石 10 克，煎水，另加清油 30 毫升，一次灌服；或用陈皮、香附各 9 克，干姜、神曲、麦芽、山楂各 6 克，肉豆蔻、砂仁、木香、萝卜籽各 3 克，水煎，去渣后灌服。在放牧过程中，发现羊患病时，可把臭椿、山桃、山楂、柳树等枝条衔在羊口内，将羊头抬起，利用咀嚼枝条以咽下唾液，促进嗳气发生，排出瘤胃内的气体。

②牛病初期使病牛头颈抬举，按摩瘤胃，促进瘤胃内气体排除。同时应用松节油 20~30 毫升，鱼石脂 10~15 克，95% 酒精 30~50 毫升，加适量温水，或用 8% 氧化镁溶液 600~1000 毫升，一次内服；或消胀片 30~60 片，一次内服；或应用菜籽油、豆油、花生油或香油 300 毫升，温水 500 毫升，制成油乳剂，内服。病情轻的牛，使牛立于斜坡上，保持前高后低姿势，不断牵引其舌，或用涂有煤酚皂溶液或植物油的木棒，或用椿木棒，木棒两端用绳子固定在牛角上，给牛衔在口内，同时按摩瘤胃。或在牛口内放一些食盐，引起咀嚼以咽下唾液。

病情较重的病例

①羊用液体石蜡、鱼石脂、酒精，加水适量，一次内服。必要时于 15 分钟后再用药 1 次。对急性病例，应立即插入胃导管放气，以缓解瘤胃内的压力，后灌服药液。泡沫性臌气，应先使用杀沫剂，如二甲硅油，或消胀片；也可用松节油（3~10 毫升），液体石蜡，常水适量，一次内服；或者食用油，温水制成油乳剂，一次内服。对急性者必要时可进行瘤胃穿刺放气；首先在羊的左

侧肷部剪毛，用5%碘酊消毒，然后以细套管针或兽用16号针头刺破皮肤，向前右侧肘部方向插入瘤胃内进行放气。在放气过程中要压紧腹壁，使之与瘤胃壁紧贴，边放气边用力下压，以防胃内容物流入腹腔造成腹膜炎。

②发生窒息的病牛，首先应用套管针进行瘤胃穿刺放气。操作方法：在瘤胃外部隆起最高的部位剪毛，用5%碘酊消毒，将穿刺点皮肤稍向前移，用套管针或16号针头，向对侧肘头方向刺入，使瘤胃内气体缓慢放出。放气后向瘤胃内注入稀盐酸10~30毫升；或鱼石脂15~25克,95%酒精100毫升,水1000毫升；或0.25%盐酸普鲁卡因50~100毫升，青霉素100万单位。皮下注射毛果芸香碱或新斯的明，同时强心补液。

中药疗法（牛） 枳实120克，香附研末加植物油250毫升，一次灌服。肉桂、青皮、陈皮、槟榔、牵牛子（二丑）各15克，木香24克，公丁香15~30克，藿香15克，共研末，加植物油250毫升，一次灌服。瘤胃实胀，用莱菔子90克，芒硝120克，滑石60克，共研末加菜油、醋各1碗灌服。胃弱虚胀，用党参、白术、茯苓各45克，炙甘草、陈皮、半夏各30克，水煎候温灌服。受冷寒胀，用桂心、滑石、牵牛子、青皮、香附、广陈皮、广砂仁、六曲各30克，枳壳、木香、苍术、赤茯苓、川朴各20克，天台乌药15克，姜酒为引，煎水灌服。

方剂一：白萝卜2500克，大蒜50克，榨汁，加糖150克，醋500毫升，灌服。

方剂二:莱菔子90克，芒硝120克，大黄45克，滑石60克，研末，加食醋500毫升、食用油500毫升共调，一次灌服。

方剂三：木香40克，槟榔30克，青皮40克，陈皮40克，厚朴45克，芒硝5克，枳壳30克，牵牛子（二丑）30克，香附30克，大黄30克，黄柏30克，三棱30克，莪术30克，煎水灌服。

参考文献：

[1] 张连超，李守华．牛消化系统疾病的发病原因及治疗 [J]．兽医导刊，2020(07)：29．

[2] 刘文娟．羊瘤胃臌气的病因、症状、诊断、鉴别及防治措施 [J]．现代畜牧科技，2020(04)：116-117．

[3] 赵云．牛瘤胃臌气的治疗方法 [J]．畜牧业环境，2020(07)：93．

[4] 香金盆．中西兽医结合治疗牛瘤胃臌气的疗效分析 [J]．吉林畜牧兽医，2020，41(01)：120-121．

[5] 李文伟．牛羊瘤胃臌气的治疗与效果初探 [J]．畜牧兽医科技信息，2019(11)：99．

[6] 李继坤．中兽医治疗牛瘤胃臌气的应用探究 [J]．当代畜牧，2019(12)：46．

[7] 逯登伟．中西医结合治疗牦牛瘤胃臌气的方式与效果分析 [J]．当代畜禽养殖业，2019(08)：44+43．

[8] 苏亮东．中医治疗牛瘤胃臌气 [J]．中兽医学杂志，2019(05)：115．

[9] 赵克峰．中医治疗牛急性瘤胃臌气 [J]．中兽医学杂志，2019(05)：114．

[10] 许太平．中西医结合治疗羊瘤胃臌气 [J]．中兽医学杂志，2019(05)：38．

[11] 蒋宏林．中西医治疗牛瘤胃臌气方法及效果 [J]．畜牧兽医科学（电子版），2019(08)：136-137．

[12] 包庆虎．瘤胃简易手术切开治疗家畜泡沫性瘤胃臌气 [J]．中兽医学杂志，2019(02)：58．

[13] 孙秉孝．中西医治疗牛瘤胃臌气的方法 [J]．中兽医学杂志，2019(01)：51．

[14] 车明俊，罗艳芸．羊瘤胃臌气的诊断与防治 [J]．当代畜禽

养殖业，2019 (01)：26.

[15] 何芳．中西医结合诊治牛瘤胃臌气 [J]．当代畜禽养殖业，2018 (09)：40.

[16] 梁文娟．中西医结合治疗羊原发性瘤胃臌气 [J]．中兽医学杂志，2018 (07)：26.

[17] 陈银宗，李强，毛力权．山羊瘤胃臌气的诊断和治疗措施 [J]．现代畜牧科技，2018 (05)：70.

[18] 孙国峰．中兽医治疗牛瘤胃臌气的分析与研究 [J]．中兽医学杂志，2018 (02)：57.

[19] 何少梅，李志龙．中西兽医结合治疗牛瘤胃臌气的效果研究 [J]．今日畜牧兽医，2018，34 (03)：85.

[20] 郭星财．探讨牛瘤胃臌气运用中西医治疗的方法与效果 [J]．中兽医学杂志，2017 (06)：12-13.

[21] 张智勇．13 例牛瘤胃臌气的发病原因及治疗 [J]．畜禽业，2017，28 (10)：77-78.

[22] 史玉萍．中西医结合治疗牛瘤胃臌气 [J]．中兽医学杂志，2017 (05)：62.

[23] 王卓才．牦牛瘤胃臌气病诊治 [J]．中国畜禽种业，2017，13 (06)：114.

[24] 戴祖国，詹成平．牛羊瘤胃臌气的治疗与效果初探 [J]．农技服务，2017，34 (10)：125.

[25] 张建元．牛瘤胃臌气的诊治与探讨 [J]．当代畜牧，2016 (35)：71.

[26] 杨杰．山羊瘤胃臌气的诊治 [J]．贵州畜牧兽医，2016，40 (05)：40.

[27] 董瑞．牛瘤胃臌气的兽医治疗及分析 [J]．中兽医学杂志，2016 (04)：23.

[28] 高大伟 . 奶牛瘤胃臌气的症状、诊断及其中西疗法 [J] . 现代畜牧科技 , 2016 (07) : 146.

[29] 纪银鹏 . 牦牛瘤胃臌气的诊治 [J] . 中兽医学杂志 , 2016 (03) : 41-42.

[30] 李元生 . 肉牛瘤胃臌气病的治疗方法和防治措施 [J] . 当代畜牧 , 2016 (11) : 103.

[31] 赵富明，罗仕立 . 中西兽医结合对牛瘤胃臌气的治疗效果分析 [J] . 当代畜牧 , 2016 (05) : 102.

[32] 段彬 . 水牛瘤胃臌气治疗 [J] . 四川畜牧兽医 , 2016, 43 (02) : 51.

[33] 普会忠 . 中西兽医结合治疗牛瘤胃臌气的疗效 [J] . 北京农业 , 2016 (03) : 141-142.

[34] 任作宝，王选慧 . 中西医结合治疗一例牛瘤胃臌气 [J] . 中兽医学杂志 , 2015 (09) : 91.

[35] 韩勇 . 育肥黄牛急性瘤胃臌气的诊治 [J] . 畜牧兽医科技信息 , 2014 (07) : 3.

[36] 曾雪铃 . 一起水牛瘤胃臌气的诊治报告 [J] . 福建农业 , 2014 (07) : 79.

[37] 王文志 . 中药两方治疗奶牛瘤胃臌胀的体会 [J] . 中兽医学杂志 , 2007 (04) : 9-10.

[38] 张昇，刘金平 . 奶牛异物性瘤胃臌气怎么办 [J] . 北方牧业 , 2005 (17) : 20.

[39] 孙凤发 . 奶牛瘤胃臌气的治疗 [J] . 内蒙古畜牧科学 , 2003 (05) : 43.

[40] 郑延平 . 夏季牛"急性瘤胃臌气病"的诊治 [J] . 北方牧业 , 2003 (14) : 17.

[41] 杨再明 . 中草药治疗牛瘤胃臌气 [J] . 贵州畜牧兽医 ,

2001 (06): 21.

[42] 黄秀莲. 羊瘤胃臌气的诊治 [J]. 福建农业, 1999 (07): 21.

[43] 莫千亮. 水牛急性瘤胃臌胀的诊治 [J]. 广西畜牧兽医, 1998 (04): 39-40.

[44] 刘际强. 治疗 284 例牛瘤胃臌气的体会 [J]. 中兽医医药杂志, 1988 (06): 5.

[45] 杨代春, 崔国章. 治疗犊牛瘤胃臌气 85 例 [J]. 中国兽医杂志, 1987 (03): 30-31.

[46] 王青云. 21 例耕牛瘤胃臌气的临症处理 [J]. 四川畜牧兽医, 1983 (01): 40-42.

[47] 广西兽医研究所. 插枝治疗牛眼病、瘤胃臌胀病 1337 例的验证情况 [J]. 中兽医科技资料, 1977 (02): 24-26+56.

七、创伤性网胃腹膜炎

创伤性网胃腹膜炎是反刍动物采食时随饲料吞下尖锐的异物（特别是金属异物），进入瘤胃、网胃内，损伤网胃并刺伤网胃壁而引起的网胃功能障碍和实质性器官变化的一种疾病。临床上以顽固的前胃弛缓症状和触压网胃表现疼痛为特征，常发生于牛，特别是舍饲的奶牛多发。

【病因】

本病的主要原因是饲养管理疏忽，饲料加工不当，由于牛采食迅速，并不咀嚼，以唾液裹成食团，囫囵吞咽，又有舔食习惯，往往将随同食料的坚硬异物，特别是尖锐的金属异物，如碎铁丝、铁钉、大头针、缝衣针、别针、发卡、玻璃、木片、碎铁片以及硬质塑料等异物，吞咽落进网胃，随着网胃的强烈收缩，使尖锐的异物刺损网胃而导致发病，有时可穿透网胃壁而刺伤附近器官，并引起创伤性网胃炎、腹膜炎及附近器官（横膈膜、心包、肺脏、肝脏、脾脏）等脏器的炎症。最常发生的如牛创伤性（网胃）心包炎。单纯刺伤胃壁的病牛，病情较轻且发展缓慢。

【发病机理】

反刍动物特别是牛，采食快，不咀嚼，喜舔食，口腔黏膜上有大量锥状乳头，在饲养管理粗放的情况下，金属异物混杂在饲草饲料中，可随同采食咽下。金属异物所导致的病理损害与异物的形状大小有关。一般而言，较长的金属异物，在大多数情况下，都落入网胃，所造成的危害性最大。因为网胃体积小收缩力强，胃前壁与后壁接触，落入网胃的金属异物，即使短小，也容易刺入胃壁，并以胃壁为金属异物的支点，向前可刺伤膈、心、肺，向后可刺伤肝、脾、瓣胃、肠和腹膜，而使病情显得复杂。最常见的是慢性损伤创伤性网胃腹膜炎，由于迷走神经损伤，并发网胃或肝、脾脓肿，大量纤维蛋白渗出，腹腔脏器粘连，特别是耕牛，由于胃肠功能紊乱，呈现慢性前胃弛缓，周期性瘤胃臌气，以及瓣胃阻塞、皱胃阻塞，甚至继发感染，引起脓肿败血症，病情加重。

【临诊症状】

单纯的创伤性网胃炎，在早期其症状表现不明显，症状轻微，难以发现。病牛呈现顽固性的前胃弛缓症状，精神沉郁，食欲减退或绝食，反刍缓慢或停止，鼻镜干燥，经常磨牙、呻吟。瘤胃蠕动减弱，次数减少，触压瘤胃，感觉内容物松软或黏硬。按原发性前胃弛缓治疗，尤其是应用前胃兴奋剂后，病情不但不轻，反而加重，甚至突然恶化，并有慢性瘤胃臌气的症状。有的患畜，一发病就呈现慢性前胃弛缓症状，病情轻微而发展缓慢。随着病情的进展，当尖锐异物穿透网胃刺伤隔膜、腹膜引起腹膜炎，甚至发展到迷走神经性消化不良；或刺伤心包引起创伤性心包炎的中后期，出现严重前胃弛缓、间歇性瘤胃臌气，甚至颈静脉隆起，颈下、胸前水肿，食欲减少或废绝，反刍停止，才怀疑本病发生。创伤性网胃炎的特征症状是疼痛引起的异常姿势，如头颈前伸，肘头开张，磨牙，拱背摇尾，缓慢小心的步态，拒绝下坡，卧地时后躯先卧，起立时前躯先起等反常现象。进食时往往前肢站在食槽上，或者后肢退到排粪沟内；触压网胃时，多数病牛表现疼痛不安，后肢踢腹，呻吟，或躲避检查。病情时好时坏，呈慢性消耗性消瘦。

【诊断】

本病的诊断应根据饲养管理情况，结合病情发展过程进行。病牛突然发生严重的消化机能紊乱，呈现典型的前胃弛缓症状。姿态与运动异常，食欲废绝，反刍缓慢或停止，鼻镜干燥、磨牙、呻吟。顽固性前胃弛缓、瘤胃臌气反复发作，逐渐消瘦，肘关节外展，呈拱背状，触诊瘤胃内容物坚实，敲击网胃区时，病牛有疼痛感，有不安、呻吟、躲避或退让行为。

【防治】

（1）预防 预防本病的关键是加强饲养管理。首先给予营养全价的饲料，防止异食，注意饲料选择、加工和保存，防止饲料中混杂金属异物。在加工饲料的铡草机上，应增设清除金属异物的电磁筛或磁性板装置，除去饲料、饲草中的异物，牛场内严防铁丝、铁钉、发针、注射针头等散失，以防本病的发生。请兽医人员应用金属探测器进行定期检查，必要时再应用金属异物打捞器从瘤胃和网胃中摘取异物。不用铁丝捆扎草料，不要在工厂或垃圾场附近堆放草料，还要防止牛进入这种场地。当出现网胃炎症状时，要设法尽快除去异物。

（2）治疗 对无其他并发症的病牛，患病早期可采用手术法，切开瘤胃，从网胃内取出异物。对病情轻微的牛，可采用保守疗法，使病牛站在前高后低的斜坡上，持续数日，可使异物退出网胃壁；也可向胃内投入用合金制成的磁棒，并放置一段时间，使异物吸附在磁棒上，再将磁棒取出。同时，为防止继发感染，可肌内注射400万单位青霉素和4~5克链霉素，每天3次，连续3~5天。对于确诊为并发创伤性心包炎的病牛多无治疗价值，应直接淘汰。

参考文献：

[1] 马国占，李化德.奶牛创伤性网胃腹膜炎的病因与诊治 [J].

畜牧兽医科学（电子版），2017(09)：25.

[2] 关洪涛．肉牛创伤性网胃腹膜炎的临床表现、类症鉴别和治疗 [J]．现代畜牧科技，2017(06)：123.

[3] 刘维德．牛创伤性网胃-心包炎的防治 [J]．养殖与饲料，2016 (11)：39-40.

[4] 张慧．牛创伤性网胃腹膜炎的综合防治方法 [J]．中国畜牧兽医文摘，2016，32(06)：168.

[5] 龚明江．牛创伤性网胃腹膜炎的防治 [J]．养殖与饲料，2014 (07)：45-46.

[6] 赵毅，宋凡．反刍家畜常见前胃疾病的鉴别与诊断 [J]．中国动物保健，2014，16(06)：52-54.

[7] 孙延鸣，周林，李大明．9例奶牛创伤性网胃腹膜炎的诊断与治疗 [J]．畜牧与兽医，2012，44(S2)：152-153.

[8] 杜守仕．奶牛创伤性网胃腹膜炎和心包炎的综合防治 [J]．云南畜牧兽医，2011(02)：25-26.

[9] 徐伟明，吴平，李鸿学．奶牛创伤性网胃腹膜炎一例的剖检报告 [J]．青海畜牧兽医杂志，2008(05)：61.

[10] 武道留．奶牛急性弥漫性网胃-腹膜炎的临床特征与治疗 [C]．中国畜牧兽医学会兽医外科学分会、中国畜牧兽医学会小动物医学分会．全国兽医外科学第13次学术研讨会、小动物医学第1次学术研讨会暨奶牛疾病第3次学术讨论会论文集．中国畜牧兽医学会兽医外科学分会、中国畜牧兽医学会小动物医学分会：中国畜牧兽医学会，2006：763-764.

[11] 肖定汉．奶牛疾病防治专题讲座（十二）创伤性网胃-腹膜炎 [J]．动物保健，2006(04)：17.

[12] 赵有礼，张福杰，鲁慧英．乌鲁木齐地区奶牛创伤性胃腹膜炎的临床报道 [J]．新疆畜牧业，1998(01)：21-23.

[13] 凌清标 . 如何防治耕牛创伤性网胃腹膜炎 [J]. 福建农业 , 1995 (06)：17.

[14] 宋明德，杨必顺，黄德基，国永周 . 牛创伤性网胃腹膜炎的诊治 [J]. 畜牧兽医杂志 , 1988 (02)：21-25.

[15] 孙治家 . 创伤性网胃腹膜炎继发第四胃食滞的病例报告 [J]. 黑龙江畜牧兽医 , 1986 (01)：47.

[16] 张士荣，张若兰 . 八例牛创伤性网胃腹膜炎的诊治 [J]. 中国兽医杂志 , 1985 (09)：34-35.

[17] 何纪稳，赖群策，陈素贞 . 水牛外伤及创伤性网胃腹膜炎临床诊疗体会 [J]. 畜牧兽医科技 , 1983 (03)：75-77.

[18] 钟伟熊，瞿自明，何国耀，李志敏，苏普，刘端庄 . 牛创伤性网胃炎及其继发症 [J]. 兽医科技杂志 , 1981 (07)：33-39.

[19] 张邦杰，潘光炎，张庆斌，肖志国，王应文，王超人，张志良 . 牛前胃疾病的研究概况（续）[J]. 甘肃农业大学学报 , 1963 (02)：51-66.

八、创伤性网胃心包炎

创伤性网胃心包炎是由心包受到机械性损伤所致，主要由网胃而来的金属异物刺伤引起，是创伤性网胃腹膜炎的一种主要并发症。病初显现固执性前胃弛缓症状和创伤性网胃炎症状，以后才逐渐出现心包炎的特有症状，即心区触诊疼痛，叩诊浊音区扩张，听诊有心包摩擦音或心包拍水音，心搏动显著减弱。体表静脉怒张，颌下及胸前水肿，体温升高，脉搏增数，呼吸加快。

【病因】

因牛采食快速，囫囵吞咽和口腔结构的生理特点，极易将混在草料中的尖锐器物（如铁丝、别针、缝针、图钉、大头针等）吞入网胃，由于网胃的体积小，收缩强有力，又由于网胃与心包仅以膈相连，尖锐异物常可刺破网胃和膈直穿心包和心脏，胃内的微生物随之侵入，因而引起创伤性心包炎。由于异物刺入心包的同时细菌也侵入心包，异物和细菌的刺激作用和感染使心包局部发生充血、出血、肿胀、渗出等炎症反应。渗出液初期为浆液纤维性，继而变为化脓性、腐败性。在腹压增高的情况下，本病的发生概率更高。临床上导致病牛死亡的原因主要是发生创伤性心包炎或心肌炎。

【临诊症状】

本病主要表现为消化机能紊乱和前胃弛缓，有的出现慢性瘤胃臌气和磨牙现象。网胃及心区多表现疼痛，尤其在侧卧、起立、排粪尿、走下坡路与转弯时，疼痛尤为明显。因此在行动上表现步态强拘，喜走上坡路。当站立时前肢张开，肘部外展，以减轻疼痛。此外，还表现精神沉郁，鼻镜干燥，呻吟，听诊瘤胃蠕动减弱、次数减少，触诊网胃时表现不安，躲避检查。如并发心包炎或心肌炎时，初期体温短暂升高，脉搏增数，以后体温恢复正常，但脉搏反而增数、减弱，心区触诊、叩诊疼痛不安，抗拒检查。心脏听诊，初期可听到心包摩擦音，以后可听到心包拍水音，心音和心搏动明显减弱。体表静脉怒张，颈静脉膨隆呈索状，颌下、肉垂、胸下及胸前等处水肿。

【诊断】

本病可根据特殊的临床表现，采用金属探测器可发现胃内有金属异物等作出诊断。在诊断上应着重注意以下几点，病畜有创伤性网胃炎的某些特征，可作为诊断本病的参考。从病史中了解到创伤性网胃炎经过，是提示心包炎的主要启示。心包摩擦音为本病初期的特征，拍水音是特征性根据。心跳急速，心浊音区扩大是本病最常见的症状。本病后期多出现静脉怒张和颌下、胸垂水肿，最终可根据心包穿刺液的性状确定诊断。

【防治】

（1）预防 本病的预防极为重要，该病一旦发生，治疗效果不佳。预防的关键是防止尖锐的金属异物混入饲草饲料。饲养人员要经常检查和清除饲料中和运动场内的金属异物，如饲草过筛，也可用吸铁磁棒吸除金属异物。牛舍内外禁放金属器物，不到金属厂矿附近放牧。奶牛可用小块永久磁铁投留于网胃内，吸取网胃内金属异物。也可定期用金属探测器检查网胃内是否有铁质异物，如有发现，应使用铁质异物吸取器吸出，吸出铁质异物后数天内，应限制牛只运动，使牛站立在前高后低的斜坡上，降低网胃的承受压力。

（2）治疗 辅以抗菌消炎药物，如青霉素 320 万单位，连用5~7 天。有些病例可获痊愈。

创伤性心包炎时,如有心包积液,可进行心包穿刺,排出积液。穿刺部位在左侧第6肋骨前缘,肘突水平线上。抽空心包积液后,再用生理盐水反复冲洗,直至抽出液变为透明为止,再灌注抗生素,每隔3天冲洗一次。

确诊铁质或其他金属等异物仍存在网胃内时,在牛体况尚好情况下,可采用手术疗法,最好是采用瘤胃切开术,病牛自然站立,保定确实,按常规手术法切开瘤胃,掏出一部分内容物,再从网胃中仔细寻找并拔除刺入胃壁的异物,术后加强护理,酌情给予中西药物。创伤性网胃心包炎治愈希望极小,一般确诊后应及早采取淘汰方式处理病牛。

参考文献:

[1] 刘小纯,刘媛媛.奶牛创伤性网胃心包炎的患病表现与综合防治措施 [J].现代畜牧科技,2020(01):147-148.

[2] 孙红艳.牛创伤性心包炎分析诊断和防治 [J].饲料博览,2019(04):67.

[3] 土丁才仁.浅谈牛创伤性心包炎诊断与治疗 [J].中国畜禽种业,2018,14(11):144.

[4] 张守印.羊创伤性网胃心包炎防治方法 [N].吉林农村报,2018-06-29(003).

[5] 刘继伟.奶牛创伤性网胃心包炎的防控 [N].河北科技报,2018-05-29(B07).

[6] 李晓辉,郑树博,张旭明.肉牛创伤性心包炎的病因、临床表现、诊断与防治 [J].现代畜牧科技,2017(04):138.

[7] 李学岐.肉牛创伤性网胃心包炎的临床症状及治疗措施 [J].现代畜牧科技,2016(06):144.

[8] 张守印,羊创伤性网胃心包炎的预防 [N].吉林农村报,2015-

07-10 (003).

[9] 兰年子呷. 水牛创伤性网胃心包炎的临床症状及病理变化 [J]. 中国畜禽种业, 2010, 6 (07): 115.

[10] 赵克平, 张保明, 杨佳昌. 创伤性网胃心包炎致死黄牛一例 [J]. 云南畜牧兽医, 2009 (04): 27.

[11] 王立辉, 冉立英, 尚英锁. 手术治疗奶牛创伤性网胃心包炎一例 [J]. 养殖技术顾问, 2007 (11): 66-67.

[12] 李卫东. 规模化奶牛场创伤性网胃——心包炎发生的新特点与防治对策 [J]. 中国奶牛, 2007 (04): 26-29.

[13] 王公臻, 宋金金. 牛创伤性网胃心包炎的临床诊断 [J]. 吉林畜牧兽医, 2007 (04): 44-45.

[14] 温呈祥, 高少华. 一例黄牛创伤性网胃心包炎的诊疗报告 [J]. 黄牛杂志, 2005 (04): 105-106.

[15] 马志军. 奶牛创伤性网胃——心包炎的手术疗法 [J]. 河北畜牧兽医, 2001 (01): 28-29.

[16] 王桂英, 敖玉亮, 宁淑兰. 腹腔手术治疗创伤性网胃心包炎 [J]. 当代畜禽养殖业, 1999 (07): 12.

[17] 姜遵义. 小尾寒羊创伤性网胃——心包炎 [J]. 青海畜牧兽医杂志, 1992 (06): 41.

[18] 高金宝. 水牛创伤性网胃——心包炎 [J]. 中国兽医杂志, 1986 (09): 40-41.

[19] 熊三友, 庄自新, 李文化. 牛创伤性网胃炎及心包炎的手术疗法 [J]. 兽医科技杂志, 1980 (04): 42-45.

[20] 王运亨. 乳牛创伤性心包炎手术治愈一例 [J]. 中国兽医杂志, 1979 (09): 26-27.

[21] 周维翰. 家畜异物在胃及其继发症——十七例分析报告 (综合国内报道八例) [J]. 安徽农业科学, 1963 (04): 4-9.

九、瓣胃阻塞

瓣胃阻塞又称瓣胃秘结，中兽医称之为百叶干、百叶干燥或津枯胃结，牛有四个胃，第三个叫瓣胃，瓣胃黏膜皱襞有大小瓣叶104片构成，故称"百叶"。当食物通过百叶时，便分散在所有瓣叶之间，由瓣胃磨细，并停留较长时间。由于瓣叶的吸水能力很强，特别在冬、春季节，青草缺乏或饲喂粗硬干燥饲料过多，或机体长期过度疲劳及饮水不足，或饲料内泥沙过多等，致使胃中津液耗损过甚，致使瓣胃的蠕动收缩力减弱，大量干涸性内容物积滞，不能推送到真胃，而网胃的内容物却不断进来，形成过量而滞留，使瓣胃内容物干涸燥结，形成百叶干枯而引起的一种阻塞性疾病。本病的病程经过较为缓慢，多发生于冬末春初之际。原发性瓣胃阻塞比较少见，多继发于前胃弛缓、瘤胃积食、皱胃积食或阻塞、生产瘫痪和血液原虫病等病。主要发生于牛。

【病因】

（1）多因青饲料缺乏，长期过多地饲喂含粗纤维多、未经粉碎的粗糙干硬的饲料，以及稻草、秸秆、糠麸、高粱、豆类或混有大量泥沙的草料，再加上运动不多，且又饮水不足，以致胃内津液耗损，收缩力减弱，食物停滞百叶，不能排入皱胃，水分被吸收变干，以致百叶干燥而致成其病。

（2）长期劳役过度，饲喂失宜，草料不足，经常不得吃饱，营养缺乏，以致牲畜身体消瘦，日久气血两亏，百叶津枯，均可导致发病。此外，热病伤津、汗出伤阴、宿草不转及皱胃和小肠疾患，亦可伤津耗液而继发本病。

【临诊症状】本病初期，病牛精神沉郁，食欲减退，反刍减少或废绝，空嚼磨牙，瓣胃蠕动减弱，排粪减少，常出现中度胀气，呈现前胃弛缓及慢性臌胀的一般症状。随着瓣胃的阻塞程度加剧，病牛食欲减少或废绝，反刍停止，嗳气减少，常伴有前胃迟缓、瘤胃积食、臌气，鼻镜干燥无汗珠，甚至有龟裂纹，眼结膜发绀，口色赤干，不愿饮水，舌苔黄，唾液黏稠而臭，尿少而色黄，粪便秘干，少或完全无粪便排出。听诊瘤胃蠕动音减弱，瓣胃蠕动音消失，病牛常站立而不愿卧下，回头顾腹，有腹痛不安现象。病牛后期，粪似碳泥，恶臭，被毛松乱，皮肤焦躁，呈现干枯失水的状态。衰弱消瘦，肷窝深陷，结膜发绀，鼻镜干裂，由于病后期重瓣胃小叶坏死和败血症，则体温升高，呼吸、脉搏加快，头贴胸腹，卧地不起。本病在7~10日以上，全身症状恶化衰竭而死亡。若能早期确诊，及时治疗，则预后良好。

【诊断】牛瓣胃阻塞在早期诊断比较困难，临诊时应分清原发与继发。对本病的诊断应根据病状，排粪减少或停止，粪便干硬，色黑，呈球状或扁薄硬块状，有时附着黏液和血液，叩诊瓣胃蠕动音消失、浊音区扩大，触诊瓣胃部位敏感性增高，鼻镜干燥龟裂等可作初步诊断。同时，应注意同前胃迟缓、瘤胃积食、创伤性网胃腹膜炎、皱胃阻塞、肠便秘等病进行鉴别诊断，以免误诊。

【防治】

（1）预防　加强饲养管理，饲喂富有营养且宜消化的青绿多汁饲料。防止长期饲喂麸糠及混有泥沙的饲料，勿喂粗硬藤蔓饲料。清洁饮水，适当增加运动，合理使役。切勿重役过劳。

（2）治疗　主要是兴奋瓣胃的运动机能，软化和排出胃内积聚物。可用泻剂。

西药疗法　瓣胃穿刺注射药液一次注入液状石蜡油750~1000毫升，加3~4倍水混悬液；或用10%硫酸钠（也可用硫酸镁）500~1000毫升一次瓣胃注射。注射泻剂时应一次用量充足，忌反复应用，防止大泻不止。另外，根据病情进行强心、补液、解毒等对症疗法。操作时要严格消毒。轻症病牛内服泻剂和使用促进前胃蠕动的药物，如硫酸镁或硫酸钠500~800克，加水10000~15000毫升，或液状石蜡油1000~2000毫升，或植物油500~1000毫升，一次灌服。同时应用10%氯化钠溶液300~500毫升、10%氯化钠100~200毫升、20%安钠咖注射液10~20毫升，一次静脉注射；也可用氨甲酰甲胆碱1~2毫克，皮下注射。但需注意，体弱、妊娠母牛、心肺功能不全的病牛，忌用这些药物。可用硫酸钠400~600克，士的宁（番木鳖碱）15~30毫升，大蒜油80毫升，槟榔末40克，大黄末50克，水6000~10000毫升，一次内服。服药后要勤饮水，如不饮水时，可灌服1%盐水，每次5000毫升，每天2~3次。

重症病牛进行瓣胃内注射。注射部位在右侧第8肋间与肩关节水平线相交点，略向前下方刺入10~12厘米，如判断针头是否刺入瓣胃内，可先注入少量注射用水或生理盐水，能抽出少量混有草料碎渣的液体，表明针头已刺入瓣胃内，方可注入药物。一般可用10%硫酸钠溶液2000~3000毫升，液体石蜡或甘油300~500毫升，普鲁卡因2克，盐酸土霉素3~5克，配合一次瓣胃内注入。也可用硫酸镁400克，普鲁卡因2克，呋喃西林3克，甘油200毫升，水3000毫升，溶解后一次注入。如注射一次效果不明显时，次日或隔日再注射一次。也可静脉注射10%浓盐水250~500毫升，10%安钠咖20毫升，并适当配合补碱、补液等治疗措施。

中药疗法 以清热润燥，通利两便为原则。大黄、二丑各等分，加熟猪油 500 克，共研末，候温灌服。生石膏 50~80 克，芒硝 100~200 克，滑石 50~80 克，生二丑 50~80 克，当归 50~80 克，番泻叶 50~60 克，枳壳 50~60 克，苍术 15~20 克，厚朴 15~20 克，陈皮 15~20 克，甘草 10~15 克，熟猪油 0.5~1 千克为引（孕牛除去芒硝、滑石、生二丑，加郁李仁 70~100 克），共研成末，开水冲药，候温灌服。大黄、酒曲各 60 克，枳实、醋香附各 30 克，麻仁 120 克，芒硝 200 克，厚朴 25 克，青木香 15 克，木通 10 克，水煎，候温灌服。大黄 120 克，芒硝 500 克，枳实 500 克，开水冲调，候温灌服。芒硝 180 克，火麻仁 120 克，玄参、生地黄、麦冬、大黄、杏仁、瓜蒌仁、当归、肉苁蓉各 60 克，水煎去渣，灌服。

方剂一：加味大承气散。大黄 120 克，芒硝 500 克，枳实 500 克，开水冲调，候温灌服。

方剂二：猪膏散。大黄 60 克，滑石、牵牛子各 30 克，甘草 25 克，续随子 20 克，官桂、甘遂、大戟、地榆各 15 克，白芷 10 克。共研为细末，开水冲调，加熟猪油 500 克，蜂蜜 200 克，一次灌服。

方剂三：芒硝 180 克，火麻仁 120 克，玄参、生地黄、麦冬、大黄、杏仁、瓜蒌仁、当归、肉苁蓉各 60 克。水煎去渣，灌服。

验方 豆油 250 毫升，蜂蜜 250 克，鸡蛋清 7 个，混合后加适量温开水一次灌服。麻籽 1000~1500 克炒黄，炒食盐 10 克共研细末，开水冲调，候温灌服，大牛日服 2 次。用芝麻 500~1000 克磨碎，以白萝卜汁调匀投服，然后再用去皮壳的大麦仁煮汤给病牛自饮。

手术疗法 对比较顽固的病例若用上述疗法未见好转，可用手术疗法。

一是通过瘤胃切开术清除瘤胃内部分积聚的内容物，并插入导管经网胃插入瓣胃，用生理盐水冲洗瓣胃；二是通过真胃切开术（术部位于右肋弓区）经过真胃，掏出瓣胃内容物。

参考文献：

[1] 夏道伦. 牛瓣胃阻塞防治 [J]. 四川畜牧兽医, 2019, 46 (12): 41.

[2] 刘晓龙. 冬末春初牛瓣胃阻塞的中西医结合疗法 [J]. 江西饲料, 2019 (05): 38-40.

[3] 邱光野. 奶牛瓣胃阻塞的病因、临床症状及综合防治措施 [J]. 现代畜牧科技, 2019 (09): 137-138.

[4] 张荣霞. 一起牛瓣胃阻塞的诊断与治疗 [J]. 中兽医学杂志, 2019 (06): 60.

[5] 马玉林. 一例牦牛瓣胃阻塞诊断与治疗 [J]. 畜牧兽医科学（电子版）, 2019 (10): 141-142.

[6] 任宝玺. 牛瓣胃阻塞的治疗措施 [J]. 中兽医学杂志, 2019 (05): 59.

[7] 刘雨婷. 中医治疗牛瓣胃阻塞 [J]. 中兽医学杂志, 2019 (05): 48.

[8] 夏道伦. 牛常见四种消化道疾病的中药疗法 [J]. 农村新技术, 2019 (05): 32-33.

[9] 罗晓燕. 中西医结合治疗羊瓣胃阻塞 [J]. 中兽医学杂志, 2019 (02): 33.

[10] 许忠. 中医对牛瓣胃阻塞的诊断与防治 [J]. 中兽医学杂志, 2019 (01): 56.

[11] 看着吉. 牛瓣胃阻塞的防治 [J]. 当代畜牧, 2018 (29): 34-35.

[12] 段宝玲. 牛瓣胃阻塞的诊断与治疗技术 [J]. 浙江畜牧兽医, 2018, 43 (05): 37-38.

[13] 加那尔别克·再那尔汗. 牛瓣胃阻塞的病因、临床症状、诊断及防治措施 [J]. 现代畜牧科技, 2018 (10): 93.

[14] 阿米娜·霍乃, 古丽沙拉·哈力阿斯哈. 绵羊瓣胃阻塞的诊治 [J]. 当代畜牧, 2018 (18): 29.

[15] 杨世珍. 牛瓣胃阻塞的诊断与防治分析 [J]. 农民致富之友, 2018 (11): 120.

[16] 贾立达. 肉牛瓣胃阻塞的临床症状、诊断与综合疗法 [J]. 现代畜牧科技, 2018 (04): 97.

[17] 刘晟. 中西医结合治疗牛瓣胃阻塞 [J]. 甘肃畜牧兽医, 2017, 47 (12): 64-65.

[18] 扎西卓玛. 一例牦牛瓣胃阻塞的诊断与治疗 [J]. 当代畜牧, 2017 (23): 47-48.

[19] 孙含放, 肖喜东. 羊常见消化系统疾病的防控 [J]. 养殖与饲料, 2017 (03): 63-65.

[20] 李树辉. 中兽医治疗牛重瓣胃阻塞 [J]. 中国畜禽种业, 2016, 12 (12): 117.

[21] 张光辉, 陈得福. 中西医结合防治白牦牛瓣胃阻塞 [J]. 中兽医学杂志, 2016 (04): 61.

[22] 张守印. 羊瓣胃阻塞咋防治 [N]. 吉林农村报, 2016-05-20 (003).

[23] 温生成, 徐斌海, 马正文. 中西结合对反刍家畜重瓣胃阻塞的辨证施治 [J]. 中兽医学杂志, 2015 (05): 75.

[24] 李树国. 瓣胃阻塞的治疗方法 [J]. 中国畜禽种业, 2012, 8 (11): 96.

[25] 张红霞. 牛瓣胃阻塞的中西医治疗 [J]. 中国牛业科学, 2012, 38 (04): 96.

[26] 张文光, 李庆飞, 严兴西. 绵羊瓣胃阻塞的诊断与治疗 [J].

畜牧兽医杂志 ,2012,31 (03): 133.

[27] 胡爱华 . 综合疗法治疗牛瓣胃阻塞 [J]. 中兽医学杂志 ,2011 (06): 26-27.

[28] 韩鑫 . 手术治疗牛瓣胃阻塞一例 [J]. 山东畜牧兽医 ,2011, 32 (11): 78-79.

[29] 牛百叶干 [J]. 北方牧业 ,2011 (17): 23.

[30] 汪春莲 , 才项加 . 牛羊瓣胃阻塞的治疗 [J]. 中国兽医杂志 , 2011,47 (08): 88.

[31] 郭凤兰 , 韩力 , 郑伟安 , 李永海 , 王振邦 . 黄牛瓣胃阻塞综合诊治报告 [J]. 吉林畜牧兽医 ,2011,32 (05): 30.

[32] 张斌 , 魏余刚 , 郑贤锋 , 孙传连 . 中西医结合治疗牛瓣胃阻塞的体会 [J]. 云南畜牧兽医 ,2011 (02): 23-24.

[33] 岩旺 , 杨家亮 , 赵家贤 , 濮兴杰 , 杨必有 , 和平 . 水牛瓣胃阻塞的诊治体会 [J]. 中国畜禽种业 ,2011,7 (03): 114.

[34] 杨胜月 . 中西药结合治疗山羊重瓣胃阻塞 [J]. 农技服务 , 2011,28 (03): 324+364.

[35] 刘强 , 徐金良 . 中西医结合治疗黄牛瓣胃阻塞 [J]. 中国畜禽种业 ,2011,7 (01): 61.

[36] 肖均 . 中西医结合治疗牛瓣胃阻塞 [J]. 畜牧市场 ,2010 (10): 48-49.

[37] 徐京平 , 许文兵 , 徐雷 . 中西药结合治疗奶牛瓣胃阻塞 [J]. 中兽医学杂志 ,2009 (06): 13-14.

[38] 叶志强 , 魏一能 , 魏三贵 , 李玉祥 . 中西药结合治疗耕牛重瓣胃阻塞 [J]. 山东畜牧兽医 ,2009,30 (05): 38.

[39] 安春堂 . 奶牛百叶干的诊断与防治 [J]. 北方牧业 ,2008 (02): 23.

[40] 干金光 , 盛昭军 , 刘鹏 . 瓣胃注射中药煎剂治疗奶牛瓣胃阻

塞的体会 [J]. 中国畜牧兽医, 2007 (01): 51-52.

[41] 赵春生. 中西医结合治疗牛瓣胃阻塞 [J]. 畜牧兽医科技信息, 2006 (11): 44-45.

[42] 祁鹤民. 中西药结合治疗牛百叶干 [J]. 青海畜牧兽医杂志, 2006 (03): 54.

[43] 梁醒. 中西医结合治疗牛重瓣胃阻塞症 [J]. 甘肃畜牧兽医, 2005 (06): 28-29.

[44] 龚福兰. 奶牛瓣胃阻塞的治疗 [J]. 北方牧业, 2005 (16): 21.

[45] 王谦, 王新芳, 王翠芝. 牛瓣胃阻塞的诊治 [J]. 河北畜牧兽医, 2005 (05): 13.

[46] 姜凯, 徐春阳. 中西药结合治疗奶牛瓣胃阻塞 [J]. 养殖技术顾问, 2005 (05): 32.

[47] 印明哲, 程亚辉. 治疗牛羊瓣胃阻塞的验方 [J]. 养殖技术顾问, 2004 (06): 34.

[48] 中草药治疗牛瓣胃阻塞 [J]. 北方牧业, 2004 (04): 13.

[49] 刘永昌. 简诊简治牛瓣胃阻塞 [J]. 江西畜牧兽医杂志, 2001 (03): 24.

[50] 刘明洲. 治疗黄牛瓣胃阻塞 21 例 [J]. 中国兽医科技, 2001 (04): 42.

[51] 江亚辉. "反药"治牛顽固性瓣胃阻塞 [J]. 四川畜牧兽医, 2000 (07): 41.

[52] 姚昌汉, 蔡荣珍, 周首雄. 中医结合治疗牛瓣胃阻塞 [J]. 贵州畜牧兽医, 2000 (01): 22-23.

[53] 陈声权, 陈(林鸟)英, 杨仲清, 梅国清. 瓣胃阻塞的手术治疗 [J]. 中国兽医杂志, 1990 (02): 41.

[54] 朱忠孝, 班霞, 刘立恒. 治疗耕牛瓣胃阻塞 142 例的体会 [J]. 贵州畜牧兽医科技, 1987 (04): 28-29+35.

[55] 强世和.《牛经》中胃腑积滞方药的规律及运用体会 [J].
中兽医医药杂志 , 1987 (03) : 48-49.

[56] 戴国成 . 读《瓣胃阻塞的分型治疗》之后 [J]. 中兽医医药
杂志 , 1985 (03) : 62-63.

十、皱胃变位与扭转

皱胃变位是奶牛最常见的皱胃疾患。皱胃变位可分为左方变位和右方变位。左方变位是指皱胃由腹中线偏右的正常位置，经瘤胃腹囊与腹腔底壁间潜在空隙移位于腹腔左壁与瘤胃之间的位置改变，是临诊常见病型。右方变位又称为皱胃右方不全扭转，指位于腹低正中线偏右的皱胃，向前或向后发生位置的变化引起的疾病。皱胃扭转是皱胃围绕自己的纵轴做180~270度扭转，导致瓣皱孔和幽门口不完全或完全闭锁，是一种可致奶牛较快死亡的疾病。其特征是中度或重度脱水，低血钾，代谢性碱中毒，皱胃机械性排空障碍。

【病因】

其确切病因目前仍不清楚，可能与以下因素有关。

饲养不当，日粮中含谷物，如玉米等易发酵的饲料较多，以及喂饲较多的含高水平酸性成分饲料，如玉米青贮等。粗饲料食入太少，或缺乏运动，胃内停留不易消化的食物和气体等诸多因素。由此，导致挥发性脂肪酸量产生增加，其浓度过高可引发皱胃和（或）胃肠弛缓，导致皱胃弛缓、膨胀和变位。高精料日粮可引起气体产生增加，促进变位或扭转的发生。一些营养代谢性疾病或感染性疾病，如酮病、低钙血症、生产瘫痪、牛妊娠毒血症、子宫炎、乳腺炎、胎膜滞留和消化不良等，也会引起胃肠弛缓。

为获得更高的产奶量，在奶牛的育种方面，通常选育后躯宽大的品种，从而腹腔相应变大，增加了皱胃的移动性，增加了发生皱胃变位的机会。

【临诊症状】

本病较多发生在分娩后，一般症状出现在分娩数日至1~2周（左方变位）或3~6周（右方变位）。发生皱胃变位的患病奶牛主要表现食欲减退，厌食谷物饲料而对粗饲料的食欲降低或正常，产奶量下降30%~50%，精神沉郁，瘤胃蠕动减弱，左腹壁呈扁平状隆起，在疑为皱胃变位处可听到金属音，排粪量减少并含有较多黏液，有时排粪迟滞或腹泻，但体温、脉搏和呼吸正常。

发生左方变位的牛，视诊腹围缩小，两侧肷窝部塌陷，左侧肋部后下方、左肷窝的前下方显现局限性凸起，有时凸起部由肋弓后方向上延伸到肷窝部，对其触诊有气囊性感觉，叩诊发鼓音。听诊左侧腹壁，在第9~12肋弓下缘、肩–膝水平线上下听到皱胃音，似流水音或滴答音，在此处做冲击式触诊，可感知有局限性振水音。用听–叩诊结合方法，即用手指叩击肋骨，同时在附近的腹壁上听诊，可听到类似铁锤叩击钢管发出的共鸣音——钢管音（砰音）；钢管音区域一般出现于左侧肋弓的前后，向前可达第8~9肋骨部，向下抵肩关节–膝关节水平线，大小不等，呈卵圆形，直径10~12厘米，或35~45厘米。发生右方变位的病牛，在右侧9~12肋，或7~10肋肩关节水平线上下叩诊结合有钢管音。时有磨牙，腹围膨大不显，病程长者腹围变小。有的右方变位病牛无明显临诊症状，食欲旺盛，产奶量变化不大，在做检查时被发现钢管音；有的病牛食欲与产奶量均不正常，检查时可能正好听不到钢管音，需间隔一段时间再做检查方能发现。

发生皱胃扭转的病牛，突然表现腹痛不安，回头顾腹，后肢踢腹。食欲废绝，眼深陷，中度或重度脱水，泌乳急剧下降，甚至无乳。大便多呈深褐色，有的稀而臭，有的少而干，严重者甚至无大便；排尿少。体温多低于正常或变化不明显，心率52~130次/分钟，重度碱中毒时，呼吸次数减少，呼吸浅表，末梢发凉。腹围膨大，右侧腹尤为明显。膨胀的皱胃前缘最多可达膈部（逆时针扭转时），后缘最多可达右肷部，在右肷部可发现或触摸到半月状隆起。在右侧7~13肋及肋后缘叩、听诊结合，可听到音质高朗的钢管音。右腹冲击触诊有明显振水音；直肠检查较易摸到膨大的皱胃。严重内出血者，可视黏膜、乳头皮肤及阴户黏膜苍白。多数病牛多立少卧，或难起难卧，个别病牛卧地不起。

【诊断】

根据分娩后不久发病、瘤胃蠕动减弱、左腹壁呈扁平状隆起、左侧腹下叩诊有金属音等临诊症状，结合穿刺检查、直肠检查等较易确诊。要注意皱胃扭转与皱胃右方变位的鉴别，皱胃扭转发病急，腹痛明显，腹围增大快，脱水严重，食欲废绝，奶量急剧下降，直肠检查较易摸到膨大的皱胃，右侧腹壁叩、听诊结合有大范围的钢管音，音质高朗。皱胃右方变位发病较缓，腹痛较轻，腹围变化不明显，有一定程度的食欲和奶量。较皱胃扭转右侧叩、听诊结合钢管音的范围小，音质低沉，有时不易听到，需要多次反复听诊，防止漏诊、误诊。

【防治】

（1）预防　预防本病应加强牛的饲养管理，合理配合日粮，日粮中的谷物饲料、青贮饲料和优质干草的比例适当；严格控制妊娠后期母牛精饲料的采食量，加强运动，防止低血钙、酮病的发生。对发生乳腺炎或子宫炎、酮病等疾病的病牛应及时治疗；当出现病症时，要尽快使变位的皱胃复位。在奶牛的育种方面，应注意选育既要后躯宽大，又要腹部较紧凑的奶牛。

（2）治疗　皱胃左方变位的病例多采用保守疗法，对顽固性病例可采用手术疗法。皱胃右方变位早期的病例可采用保守疗法，后期病例和复发病例宜采用手术疗法。皱胃扭转病例如能确诊，应及时手术。

保守疗法之一：可用药物治疗。使用健胃剂辅以消导剂，增强胃肠运动，消除真胃弛缓，促进真胃气液排空。如口服风油精（或薄荷油），配合应用大黄苏打片、酵母片、复合维生素 B 口服液等。或静脉注射促反刍液，配合补糖、补液、强心等，维护动物的体液和电解质平衡；或肌内注射硫酸新斯的明，或用其他平滑肌兴奋药。或 2% 普鲁卡因溶液 200 毫升配在 1000 毫升生理盐水中静脉注射，每日 1 次，连用 3~5 天。或中药按前胃弛缓处方治疗兼消导。用四君子汤、平胃散、补中益气汤、椿皮散加减。若存在并发症，如酮病、乳腺炎、子宫炎等，应同时治疗，否则药物疗法治疗效果不佳。

保守疗法之二：可用翻滚疗法。翻滚疗法是治疗单纯性皱胃左方变位的常用方法，运用巧妙时，可以痊愈，治愈率达 70%。让动物绝食 1 天以上，并限制饮水 2 天后，使瘤胃容积变小。让牛在有一定倾斜度的坡地（最好是草地或较松软平整的地方）上，将其四蹄绑住，进行滚转。具体的方法是使牛右侧横卧 1 分钟（背脊朝高面、蹄向低面），然后转成仰卧（背部着地，四蹄朝天）1分钟，随后以背部为轴心，先向左滚转 45 度，回到正中；再向右滚转 45 度，再回到正中；如此来回地向左右两侧摆动若干次，每次回到正中位置时静止 2 分钟后，突然一次以迅猛有力的动作摆向右侧，使病牛呈右横卧姿势，至此完成一次翻滚动作，直至复位为止。如尚未复位，可重复进行。

经药物治疗、翻滚疗法治疗或药物与翻滚疗法相结合的治疗后，让动物尽可能地采食优质干草，以增加瘤胃容积，从而达到防止左方变位的复发和促进胃肠蠕动的作用。

手术疗法　将病牛保定好，切开腹壁，在左腹部腰椎横突下方 25~35 厘米，距第 13 肋骨 6~8 厘米处，作垂直切口，导出皱胃内的气体和液体。然后，牵拉皱胃寻找大网膜，将大网膜引致切口处，用长约 1 米的肠线，一端在真胃大湾的大网膜附着部作一褥式缝合并打结，剪去余端；带有缝针的另一端放在切口外备用。纠正皱胃位置后，右手掌心握着带肠线的缝针，紧贴左内腹壁伸向右腹底部，并按助手在腹壁外指示真胃正常体表位置处，将缝针向外穿透腹壁，由助手将缝针拔出，慢慢拉紧缝线。然后，缝针从原针孔刺入皮下，距针孔 1.5~2 厘米处穿出皮肤，引出缝线，将其与入针处留线在皮肤外打结固定，剪去余线；腹腔内注入青霉素和链霉素溶液，最后缝合腹壁。

中药疗法

方剂一：风油精 2 瓶，加适量水稀释后一次灌服。也可用薄荷油代替风油精。

方剂二：黄芪 250 克，沙参 30 克，当归 60 克，白术 100 克，甘草 20 克，柴胡 30 克，升麻 20 克，陈皮 60 克，枳实 100 克，赭石 100 克，川楝子 30 克，沉香（另包）15 克。赭石先煎 30 分钟，后加入其他药煎汤取汁，候温，一次灌服，连用 2~3 剂。

参考文献：

[1] 赵永会，李淑艳，卞振东，崔彦申，马晋 . 奶牛皱胃右方变位的手术整复方法 [J]. 中国奶牛，2020（02）：41-44.

[2] 孙勇 . 奶牛皱胃变位的发病因素、临床症状及手术治疗 [J]. 现代畜牧科技，2019（05）：40-41.

[3] 石磊 . 牛皱胃变位的综合诊治 [J]. 畜牧兽医科技信息，2018（08）：59-60.

[4] 滕丽好 . 牛皱胃变位的发病原因、临床症状及其治疗 [J]. 现

代畜牧科技，2018 (08)：71.

[5] 戴丙亮，倪迪，和平．一例水牛皱胃变位误诊为前胃弛缓的病例分析 [J]．养殖与饲料，2018 (06)：73-74.

[6] 丛艳锋．奶牛皱胃右方变位的手术治疗与注意事项 [J]．现代畜牧科技，2016 (03)：115.

[7] 杨必顺，宋战胜．奶牛皱胃变位的防治措施 [J]．北方牧业，2015 (11)：31.

[8] 赵福强，廖旭．奶牛皱胃移位及手术治疗 [J]．四川畜牧兽医，2010, 37 (10)：50-51.

[9] 侯雷，高立鹏．奶牛皱胃变位的治疗技术 [J]．农村实用科技信息，2010 (06)：30.

[10] 赵金怀．一例牛皱胃扭转的诊治 [J]．畜牧兽医科技信息，2009 (11)：34-35.

[11] 傅春泉，麻延峰．奶牛产后子宫套叠并发皱胃扭转 1 例 [J]．畜牧与兽医，2008, 40 (11)：53.

[12] 吕长荣，乔海莲，杨必顺．128 例奶牛皱胃变位分析 [J]．中国兽医杂志，2008 (01)：48-50.

[13] 傅春泉，骆生虎，王科健．奶牛皱胃变位的治疗体会 [J]．畜牧与兽医，2008 (01)：67-69.

[14] 赵立成，陈景权．牛皱胃变位的临床诊断及手术方法 [J]．畜牧兽医科技信息，2007 (12)：65.

[15] 傅春泉，曹伟，王科健．奶牛皱胃变位的病因分析及手术法治疗体会 [J]．中国奶牛，2007 (10)：48-50.

[16] 徐占云，秦睿玲，刘兵．奶牛皱胃变位病因机理研究进展 [J]．中国奶牛，2007 (02)：27-29.

[17] 许忠柏．奶牛皱胃变位的发病机理及治疗 [J]．吉林畜牧兽医，2007 (02)：33-34+38.

[18] 邓建明，耿青水，徐秋东.10例奶牛皱胃变位的诊治 [J].
畜牧与兽医，2006(12)：47-48.

[19] 孙英杰，孙洪梅，张宏伟，李东齐.奶牛皱胃变位诊断及手术方法的研究 [J].中国畜牧兽医，2006(11)：101-102.

[20] 张立志，李敬双.奶牛皱胃变位的诊治 [J].中国牛业科学，2006(04)：85.

[21] 吕长荣，乔海莲，杨必顺，亢兆麟.奶牛皱胃变位不同治疗方法的比较与应用 [J].中国兽医杂志，2006(04)：16-18.

[22] 陈鸿雁，张亚君，唐政权.手术治疗44例奶牛皱胃变位 [J].中国兽医杂志，2005(09)：27-28.

[23] 侯继勇.奶牛皱胃右方变位诊疗分析 [J].畜牧兽医科技信息，2005(05)：41.

[24] 傅春泉，徐苏凌.浅谈奶牛皱胃变位治疗的体会 [J].畜牧与兽医，2003(10)：34.

[25] 徐松，欧阳謇.奶牛皱胃变位的保守疗法 [J].农村养殖技术，2003(13)：20-21.

[26] 贺普霄.皱胃左方变位与饲养管理 [J].饲料与畜牧，2000(02)：5-6.

[27] 冷青文，宋良生.奶牛皱胃变位的临床诊治 [J].新疆畜牧业，1999(04)：21-22.

[28] 李千石.牛皱胃变位整复手术径路探讨 [J].西南科技大学学报（哲学社会科学版），1988(02)：64.

[29] 彭代国.牛皱胃变位 [J].辽宁畜牧兽医，1985(05)：36-40.

十一、皱胃炎

皱胃炎是指各种原因引起的皱胃黏膜及黏膜下层的炎症，是牛消化系统的常发病。临床上以不食、腹痛、腹水、皱胃病变为特征。多见于犊牛和成年牛。

【病因】

原发性皱胃炎多由于饲喂粗硬、冰冻、发霉变质的饲料或长期饲喂糟粕、粉渣等引起。当饲喂不定时，时饥时饱，饲料突然改变或劳役过度，经常调换饲养员，或者因长途运输，精神恐惧引起应激等反应，因而影响到消化机能，而导致皱胃炎的发生。继发性皱胃炎，常继发于前胃疾病、营养代谢疾病、口腔疾病、肠道疾病、寄生虫病（如血矛线虫病）和某些传染病（如牛病毒性腹泻、牛沙门氏菌病等）。

【临诊症状】

（1）急性皱胃炎　病畜精神沉郁，鼻镜干燥，皮温不整，结膜潮红、黄染，泌乳量降低甚至完全停止，有时空嚼、磨牙；口黏膜被覆黏稠唾液，舌苔白腻，口腔散发甘臭，有的伴发糜烂性口炎；瘤胃轻度臌气，收缩力减弱；触诊右腹部皱胃区，病牛疼痛不安；便秘，粪呈球状，病的后期，病情急剧恶化，往往伴发肠炎，全身衰弱，脉率增快，脉搏微弱，精神极度沉郁甚至昏迷。

（2）慢性皱胃炎　病畜呈长期消化不良，异嗜。口腔甘臭，黏膜苍白或黄染，唾液黏稠，有舌苔，瘤胃收缩力减弱；便秘，粪便干硬。后期，病畜衰弱，贫血，腹泻。

【诊断】

牛皱胃炎属临床多发病，病初主要表现前胃弛缓和消化功能障碍，缺乏特征性症状，且多为继发性。病牛拱背，喜卧，磨牙，卧地后嘴放于地上或头颈回顾腹部，排少量带黏液的稀便，尿短赤，眼结膜潮红，鼻镜干燥，口津黏稠，舌苔白腻，口臭，瘤胃蠕动次数减少，力量微弱，皱胃蠕动音增强，触诊右腹部皱胃区敏感，表现后肢踢腹、躲闪、呻吟，饮欲减少，不爱采食精饲料，反刍次数减少或饮食废绝。精神沉郁，眼窝下陷，皮肤弹性降低，被毛缺乏光泽，消瘦。心音亢进、加快、心律失常，排粪干硬而量少，表面光滑或附有黏液，个别牛表现腹泻。对皱胃区进行触压或解压之后有疼痛反应，个别病牛表现腹痛不安，叩诊倒数第一、第二肋骨呈现钢管音。

【防治】

（1）预防　加强饲养管理，饲喂质量良好的饲料，饲料搭配合理；搞好畜舍卫生。

（2）治疗　清理肠胃，抑菌消炎，重症病例，则应强心、输液，促进新陈代谢。慢性病例，应注意清肠消导，健胃止酵，增进治疗效果。

急性皱胃炎，在病的初期，先绝食 1~2 天，并内服植物油（500~1000 毫升）或人工盐（400~500 克）。同时静脉注射安溴索注射液 100 毫升。

慢性皱胃炎，主要是健胃消导。可服用人工盐，酵母片，复方龙胆酊 60~80 毫升，橙皮酊 30~50 毫升等健胃剂。清理胃肠，可给予盐类或油类缓泻剂。

犊牛，绝食 1~2 天，在绝食期间，喂给温生理盐水。绝食结束后，先给予温生理盐水，再给少量牛奶，逐渐增量。离乳犊牛，可饲喂易消化的优质干草和适量精料，补饲少量氯化钴、硫酸亚铁、硫酸铜等微量元素。瘤胃内容物发酵、腐败时，可用四环素10~25毫克/千克内服，每日1~2次，或者用链霉素1克内服，每日1次，连续应用3~4次。必要时给予新鲜牛瘤胃液500~1000毫升，更新瘤胃内微生物，增进其消化机能。

对病情严重，体质衰弱的成年牛应及时用抗生素，防止感染；同时用5%葡萄糖生理盐水2000~3000毫升，20%安钠咖注射液10~20毫升，40%乌洛托品注射液20~40毫升，静脉注射。

中药疗法 中兽医认为本病是胃气不和，食滞不化，应以调胃和中，导滞化积为主。宜用加味保和丸（焦三仙200克，莱菔子50克，鸡内金30克，延胡索30克，川楝子50克，厚朴40克，焦槟榔20克，大黄50克，青皮60克）。水煎去渣，内服。若脾胃虚弱，消化不良，皮温不整，耳鼻发凉，应以强脾健胃，温中散寒为主。宜用加味四君子汤（党参100克，白术120克，茯苓50克，肉豆蔻50克，广木香40克，炙甘草40克，干姜50克），共研为末，开水冲调，候温灌服。

①湿热型 清热解毒，渗湿利水。

方药 白头翁汤加减。白头翁100克，黄柏、黄连、秦皮各50克，苦参50克，猪苓、泽泻各25克。水煎去渣温服，或研为末稍煎，温服。

②实热型 清热解毒，导滞通便。

方药 郁金香散加减。郁金、大黄各75克，黄连25克，茵陈、厚朴、白芍各25克，黄柏、黄芩各50克，芒硝200克。共研为末，开水冲调，候温灌服。也可水煎服。

③热毒型 清热解毒，凉血止血。

方药一：凉血地黄汤加减。水牛角50克，生地黄100克，牡丹皮 50 克，栀子 40 克，金银花 40 克，连翘 35 克，槐花 25 克，钩藤 50 克，水煎去渣温服，或研为末稍煎，温服。

方药二：饱和金铃散。焦三仙（焦麦芽、焦山楂、焦神曲）各 200 克，大黄 50 克，川楝子 50 克，延胡索 40 克，陈皮 60 克，厚朴 40 克，槟榔 20 克，莱菔子 50 克。共研为末，温水灌服。

方药三：乌贼骨散。海螵蛸 90 克，川贝母 45 克，木香、香附、红花、桃仁、延胡索各 30 克，白芍 40 克，丁香 25 克。共研为末，开水冲调，候温灌服。

参考文献：

[1] 范素菊，李嘉，李森，杨兴东.1 例奶牛皱胃炎的诊治 [J]. 养殖与饲料，2019（04）：82-83.

[2] 贾斌. 中西医结合治疗羊皱胃炎 [J]. 中兽医学杂志，2018（06）：49.

[3] 梅桂如. 一例藏羊皱胃炎的诊治 [J]. 甘肃畜牧兽医，2017，47（12）：62-63.

[4] 李金霞. 牛皱胃炎病防治 [J]. 中国畜禽种业，2017，13（10）：127-128.

[5] 赵秀宇. 母牛真胃炎的病因、临床症状、类症鉴别和治疗措施 [J]. 现代畜牧科技，2017（06）：76.

[6] 项凤喜. 奶牛皱胃阻塞和皱胃炎的防治 [J]. 中国畜牧兽医文摘，2017，33（04）：172.

[7] 哈连贵. 大通县西门塔尔肉牛皱胃炎和皱胃溃疡的诊疗 [J]. 畜牧兽医科技信息，2017（01）：63.

[8] 马秀琴. 数例荷斯坦奶牛皱胃炎的诊治体会 [J]. 当代畜牧，2017（02）：71.

[9] 吴铁人.12 例荷斯坦奶牛皱胃炎的诊治体会 [J]. 青海畜牧兽

医杂志, 2016, 46 (06): 72.

[10] 温寒, 肖喜东, 杨建. 奶牛皱胃炎成功治疗病例的经验介绍 [J]. 中国乳业, 2016 (08): 44-46.

[11] 南进忠. 中西结合对真胃疾病的疗效观察 [J]. 中兽医学杂志, 2016 (02): 44-45.

[12] 李翠艳. 奶牛真胃炎的发生与诊治 [J]. 现代畜牧科技, 2016 (03): 116.

[13] 李永红. 中西结合治疗牛真胃炎 [J]. 中兽医学杂志, 2015 (05): 36.

[14] 于春梅. 奶牛真胃炎的防治 [J]. 黑龙江畜牧兽医, 2015 (06): 94-95.

[15] 康金海. 中西兽医结合治疗牛真胃炎 [J]. 中国畜牧兽医文摘, 2013, 29 (09): 120-121.

[16] 祁生旺, 孙建萍. 中药对不同程度奶牛真胃炎的治疗试验 [J]. 中国兽医杂志, 2013, 49 (04): 41-43.

[17] 徐景波. 28例奶牛真胃炎的诊治 [J]. 养殖技术顾问, 2013 (02): 111.

[18] 薛新梅, 孙建国, 呼尔查. 犊牛真胃炎的诊治 [J]. 上海畜牧兽医通讯, 2012 (04): 93.

[19] 白光彦, 杨艳玲, 盛雪玲, 陈峙峰, 王兴龙. 奶牛真胃炎的发病情况调查及诊治 [J]. 中国畜牧兽医, 2010, 37 (10): 219-221.

[20] 陈生锦. 中西医结合治疗奶牛真胃炎 [J]. 中兽医学杂志, 2009 (01): 23-24.

[21] 赵保生. 中西医结合治疗奶牛皱胃炎 [J]. 中兽医学杂志, 2008 (05): 23-24.

[22] 汪国东, 鞠佳龙, 张俊久. 中西医结合治疗奶牛皱胃炎 [J]. 养殖技术顾问, 2005 (08): 35.

[23] 王维恩. 中西医结合治疗奶牛真胃溃疡 [J]. 中兽医医药杂志, 2005 (02): 43-44.

[24] 史兴山, 吴增辉, 王颖, 王相坤. 奶牛真胃炎 100 例的诊治与分析 [J]. 黑龙江畜牧兽医, 2001 (05): 48.

[25] 杜文章, 杜翼虎. 中草药治疗牛真胃炎 [J]. 中兽医医药杂志, 1999 (03): 27.

[26] 孙树民. 犊牛真胃炎的中西药结合治疗 [J]. 中兽医学杂志, 1998 (01): 46.

[27] 邱德隆, 李朝龙. 黄牛真胃炎的诊治 [J]. 青海畜牧兽医杂志, 1992 (04): 32.

[28] 李伟民. 反刍动物的真胃炎 [J]. 甘肃畜牧兽医, 1989 (04): 28-29.

[29] 王世银. 中西医结合治疗牛真胃炎 [J]. 甘肃畜牧兽医, 1985 (05): 11.

十二、皱胃积沙

牛的胃肠积沙，在中兽医又叫沙石积，是牛长时间采食混有泥沙等不洁净的饲草、饲料，或患有异食癖的病牛长时间舔食墙土、泥沙等，从而导致胃肠积沙，消化功能受到扰乱，食欲减退，反刍减少或变弱。病牛的症状因食入沙土的多少不同而异，食入较少的仅表现食欲下降和消化不良；积沙较多的可表现食欲废绝、产奶量锐减，有的病牛顽固性腹泻(水泻)，很快消瘦，但腹围不减，尤其是下腹部较宽，形成所谓的"梨形腹"。

【病因】

本病多因管理失宜，饲养粗放，牧区放牧的牛，春季啃食矮草，或饮河坑内的不洁之水，将沙石带入胃肠，损伤脾胃，使脾失运化，中气受阻，大肠传运不利，沙石不断沉积，聚而成结，沙粒积于胃肠。

【临诊症状】

病牛患皱胃积沙，病初表现状态良好，各项体征正常，只有达到一定的积沙后，会出现消化不良、胃部不适、腹部下沉，以及厌食等症状。严重时，下腹变宽、侧看似梨形、倒梯形；病初粪渣粗糙，排粪干稀不定或混有泥沙，时有轻微腹痛。随着病情的加重，病牛毛焦欣吊，精神倦怠，食欲渐减，肠音减弱，有轻度或中度腹痛。其突出特点是频频努责做排粪姿势。直肠检查小肠或大肠内有坚硬结块，多沉于腹底部。

【诊断】

首先了解病史，经过对病牛粪便进行清水过滤粪便检查，可看到泥沙是否存在，以及是否在常规量范围之内或高出；通过直肠检查，对粪便进行观察，通常呈现为煤焦油色，而且，在手感觉之下可探查到是否存在沙粒可确诊。听诊病牛的左侧倒数1到2肋骨位置偏上位置当听到钢管音时，可判定为疑似皱胃积沙。然后触诊牛真胃，根据体积变大、内容物坚实而明确诊断。

【防治】

（1）预防　加强日常饲养管理，饲料营养配比均衡，防止日粮中缺乏矿物质元素，尤其是钙、磷比例要适当。从而减少可能导致牛舔食沙土等异食行为的发生，造成皱胃积沙。

（2）治疗　静脉注射10%氯化钠注射液1000毫升，5%葡萄糖氯化钠1500毫升，庆大霉素每千克体重2000~3000单位，维生素C3~4克，静脉注射，每天1次，连用3~4天。灌服液状石蜡油2000~3000毫升，硫酸镁500~1000克，每天1次。若灌服后36小时仍不能排出积沙可再灌服一次。经两次灌服泻剂无效时，应采取手术治疗。

中药疗法

治则　消积去坚，健脾和胃，润肠攻下，滑肠利便。

方剂一：导沙散。大黄、芒硝各25克，滑石、皂荚、木通、茯苓、瞿麦、萹蓄、小茴香、白术、吴茱萸、牵牛子、枳实、车前子、猪苓各20克，木香、黄连、肉桂、干姜、甘草各15克，生猪油250克。共研为末，开水冲调，温服。体虚者加黄芪；内热盛者去肉桂、干姜，加黄芩；肠音弱者加槟榔、枳壳。

方剂二：榆白盐苏汤。干榆白皮2500克，食盐、碳酸氢钠各30克。先将榆白皮切碎，水煎后和食盐一同灌下，经4~5小时后再灌碳酸氢钠,再过 5~6 小时将病牛捆好放倒,使其腹部向上,用脚蹬踩,使腹内肠管的沙石破散、活动,以便排出。

方剂三:榆白黄硝散。芒硝 250 克,大黄 90 克,榆白皮 45 克,牵牛子 21 克,枳壳、油炸头发各 15 克。共研为细末,开水冲调,候温加植物油 120 克、食醋 250 毫升,同调灌服。

方剂四:猪膏散加减。榆白皮 200 克,大黄 60 克,牵牛子、黄芩、滑石各 30 克,续随子 25 克,大戟、甘遂各 20 克,白芷、桂皮各 15 克,甘草 10 克。上药共研为末,用沸水 2 升冲烫,候温后加猪板油 500 克,蜂蜜 100 克灌服后,牵牛慢步行走 1 小时,禁喂草料。另用老面、白砂糖各 200 克,食盐 25 克,碳酸氢钠 20 克,加温水 1 升灌服。

参考文献:

[1] 庞小平. 奶牛皱胃积沙的防治 [J]. 河套学院学报,2015,12 (02):98-99.

[2] 任洪武,顾丽. 奶牛皱胃积沙的病因、诊断与治疗 [J]. 养殖技术顾问,2014(12):142.

[3] 周立君. 奶牛疾病常规诊断的程序 [J]. 养殖技术顾问,2014 (05):198.

[4] 白利军. 奶牛盲肠积沙继发皱胃扭转的诊治 [J]. 中国兽医杂志,2012,48(03):79-80.

[5] 丛培强. 奶牛皱胃左方变位并发皱胃积沙的手术治疗 [J]. 当代畜牧,2011(09):16.

[6] 孙景友,孙爱丽,盛昭军,刘鹏. 奶牛腹痛病的诊断要点与鉴别诊断 [J]. 湖北畜牧兽医,2006(10):18-20.

[7] 唐丽红,李术星. 牛胃肠积沙的诊治 [J]. 黑龙江畜牧兽医,2004(10):51.

[8] 张建芳. 绵羊皱胃积沙 [J]. 中国兽医杂志, 1993 (12): 36.

[9] 张建芳. 绵羊皱胃积沙死亡报告 [J]. 郑州牧业工程高等专科学校学报, 1991 (03): 38.

[10] 杨中齐. 牛胃肠积沙症的中药治疗 [J]. 畜牧兽医简讯, 1979 (04): 19.

十三、皱胃阻塞

皱胃阻塞也称皱胃积食，主要由于迷走神经调节机能紊乱，导致皱胃内容物积滞、胃壁扩张而形成阻塞的一种消化机能障碍疾病。常继发瓣胃阻塞、瘤胃积食、自体中毒和脱水，常发生死亡。多发于2~8岁的黄牛和牦牛，水牛少见。

【病因】

皱胃阻塞发生的原因，主要是由于饲养或管理不当而引起的。长期偏喂营养单纯、多纤维和加工不好、带皮壳或混有泥沙及其他杂物的饲料，如冬春缺乏青绿饲料，用谷草、麦秸、玉米秸、豆秸、高粱秸、甘薯蔓、麦糠或铡碎的稻草等喂牛；牛饥饱不均，饮水不足；使役后立即饲喂，或饱后立即重役；或负载过重，奔走过急，役闲不均；或突然更换饲料或饲养方式；或饲喂冰冻草料，暴饮冷水，以及使役中突然被风寒暴雨侵袭等；或牛体脾胃素虚，运化功能减退；或老龄牛牙齿不齐，磨灭不整，咀嚼不全，草料难以消化等。另外，由于机械阻塞。如成年牛吞食胎盘、毛球、破布或塑料等，都能引起皱胃阻塞。犊牛与羔羊，因误食破布、木屑、刨花以及塑料布等，引起机械性皱胃阻塞，根据临诊观察，皱胃阻塞常继发于前胃弛缓、创伤性网胃炎、皱胃炎、皱胃溃疡、迷走神经性消化不良、脾脓肿或纵隔疾病等。

【临诊症状】

病牛食欲废绝，反刍减少或停止，有的患畜则喜饮水，肚腹显著膨大，右侧更为明显。右肷窝部触诊有波动感，并发出振水声，或瘤胃内充满，腹部膨胀或下垂，瘤胃与瓣胃蠕动音消失，在肷窝部结合叩诊肋骨弓进行听诊，呈现叩击钢管清朗的铿锵音。肠音微弱，有时排出少量黏液或血丝和凝血块。尿量少而浓稠，呈深黄色，具有强烈的臭味。重症患畜，触击右侧腹部皱胃区病牛躲闪，皱胃增大，坚硬。若对阻塞的皱胃进行穿刺，穿刺针可感到有阻力，回抽注射器，则抽不出内容物。直肠检查时，直肠内有少量粪便和成团黏液，体格较小的牛，检手伸入骨盆腔前缘右前方，于瘤胃的右侧能摸到向后伸展扩张呈捏粉样硬度的皱胃体。体型较大的牛直肠内不易触诊。全身症状表现精神沉郁，结膜黄染，被毛逆立，鼻镜干燥，眼球下陷，中后期体温升高达 40℃ 左右，心率每分钟可达 100 次以上，心音低沉，心律不齐，脉搏微弱。此外，犊牛和羔羊的皱胃阻塞，也同样具有部分的消化不良综合征，特别是犊牛，由含有多量的酪蛋白牛乳所形成的坚韧乳凝块而引起的皱胃阻塞，持续下痢，体质瘦弱，腹部膨胀而下垂，用拳冲击式触诊腹部，可听到一种类似流水的异常声响。即使通过皱胃手术，除去阻塞物，仍然可能陷于长期的前胃弛缓现象。

【诊断】

皱胃阻塞的临诊症状与前胃疾病、皱胃变位和肠变位的症状很相似，往往容易误诊，必须认真检查，综合分析。根据病史和右侧中腹部向后下方皱胃区局限性膨隆，在此部位用双手掌进行冲击式触诊便可感到阻塞皱胃的轮廓及硬度，这是诊断该病的最关键方法。在肷窝结合叩诊肋骨弓进行听诊，呈现叩击钢管清朗的铿锵音，与皱胃穿刺测定其内容物的 pH 值 1~4。直肠检查，皱胃增大、坚硬，即可确诊，但须注意与下列疾病鉴别。

皱胃阻塞常常与前胃弛缓误诊。但前胃弛缓，右腹部皱胃区不膨隆，触诊皱胃无异常。应用上述听诊结合叩诊方法检查，不呈钢管叩击音，两者鉴别不难。

皱胃变位。皱胃变位病牛的瘤胃蠕动音低沉而不消失，并且从左腹肋至肘后水平线部位，可以听到由皱胃发出的一种高朗的丁零音，或潺潺的流水音，同时通过穿刺内容物检查，在左侧倒数第2肋间的髋结节水平线用指叩诊结合听诊，可听到叩击钢管音等特征性音调，可以确定皱胃左方变位。至于皱胃扭转，则于右腹部肋弓后方进行冲击性触诊和听诊时，可呈现拍水音和回击音，结合临诊症状分析，与本病也易鉴别。两者往往难于鉴别，但创伤性网胃炎，病牛姿势异常，肘头外展，肘肌震颤，触压病牛的剑状软骨后方，可引起疼痛反应。

【防治】

（1）预防　本病的预防以加强饲养管理，合理调制饲料，防止前胃疾病的发生，要防止发生创伤性网胃炎。

（2）治疗　本病的治疗原则是消积化滞，防腐止酵，缓解幽门痉挛，促进皱胃内容物排出，防止脱水和自体中毒。

病的初期皱胃运动机能尚未完全消失时，可用25%硫酸镁溶液500~1000毫升，乳酸10~20毫升，或生理盐水1000~2000毫升，于右腹部皱胃区，注入皱胃内，促进皱胃内容物的后送。也可用硫酸钠或硫酸镁500克，水2000~4000毫升，一次内服。或用胃蛋白酶80克，稀盐酸40毫升，陈皮酊40毫升，番木鳖酊30毫升，一次内服，每日1次，连用3次，有较好的效果。可用10%葡萄糖溶液，20%安钠咖溶液静脉注射解毒，每日2次。另外用木棒在右腹的皱胃部作前后滚压动作，对促进皱胃运动和食物后移也有一定的作用。发生脱水时，应根据脱水程度和性质进行输液。此外，可适当地应用抗生素类药物，防止继发性感染。严重的皱胃阻塞，药物治疗多无效果，应及时施行手术疗法。

参考文献：

[1] 宁晓东. 肉牛皱胃阻塞的诊断及治疗措施 [J]. 兽医导刊，2019 (17)：33.

[2] 陈志港. 肉牛皱胃阻塞的临床诊断及治疗措施 [J]. 中国动物保健，2019, 21 (09)：35-36.

[3] 王丽丽. 羊皱胃阻塞的预防及治疗 [N]. 新疆日报（汉），2019-08-23 (012).

[4] 张云光. 肉牛皱胃阻塞的临床诊断及治疗措施 [J]. 今日畜牧兽医，2019, 35 (03)：97.

[5] 张学斌，马晓霞，李华林. 奶牛真胃阻塞的诊治 [J]. 养殖与饲料，2018 (04)：51-52.

[6] 韩鹤，吴明谦，徐善洪，于成宝，朱大义. 奶牛皱胃阻塞的手术疗法 [J]. 吉林畜牧兽医，2014, 35 (11)：56.

[7] 羊皱胃阻塞的防治 [J]. 乡村科技，2014 (03)：35.

[8] 范红军. 牛瘤胃切开术 [J]. 北方牧业，2013 (09)：27.

[9] 陈明阳. 中西医结合治疗奶牛皱胃积食 [C]. 中国奶业协会. 第二届中国奶业大会论文集（上册）. 中国奶业协会：中国奶牛编辑部，2011：189-190.

[10] 覃万忠. 母水牛皱胃阻塞的手术治疗 [J]. 中国兽医杂志，2009, 45 (12)：81-82.

[11] 石冬梅，皇甫和平，张华. 奶牛皱胃阻塞的站立式手术治疗及体会 [J]. 上海畜牧兽医通讯，2009 (01)：98-99.

[12] 李明志. 肉牛皱胃阻塞继发瘤胃积食的诊治方法 [J]. 养殖技术顾问，2008 (12)：107.

[13] 甄经历，于洪波，杜护华. 一例奶牛真胃异物阻塞的诊治 [J]. 中国畜禽种业，2008 (09)：49-50.

[14] 张茂胜. 一例牛皱胃阻塞症的诊断与治疗 [J]. 农村科技，2008 (01)：55.

[15] 杨宝胜. 奶牛皱胃阻塞的治疗 [J]. 北方牧业，2007 (14)：21.

[16] 张建宁. 羊皱胃阻塞误诊反思 [J]. 中国牧业通讯，2007 (10)：90.

[17] 王春璈. 要重视奶牛皱胃阻塞疾病的诊断与治疗 [C]. 中国畜牧兽医学会兽医外科学分会、中国畜牧兽医学会小动物医学分会. 全国兽医外科学第13次学术研讨会、小动物医学第1次学术研讨会暨奶牛疾病第3次学术讨论会论文集. 中国畜牧兽医学会兽医外科学分会、中国畜牧兽医学会小动物医学分会：中国畜牧兽医学会，2006:23-28.

[18] 朱立军，彭荣富，邓缘，宗占伟. 肉牛皱胃阻塞继发瘤胃积食的诊治 [J]. 吉林畜牧兽医，2006 (06)：42-44.

[19] 宋秀杰，马万国，张宪斌，袁淑芹. 应用"瘤胃切开术"治疗孕牛皱胃阻塞一例 [J]. 养殖技术顾问，2006 (04)：34.

[20] 王林，王峰，高惠，王春璈. 奶牛皱胃阻塞的诊断与手术治疗 [J]. 中国兽医杂志，2005 (10)：26-27.

[21] 王林，王睿，张桂新，王春. 11例奶牛皱胃阻塞的诊断与手术治疗 [J]. 四川畜牧兽医，2005 (01)：19-20.

[22] 王林，王春璈，姜荣忱，李祥林. 奶牛皱胃阻塞的诊断与手术治疗 [J]. 当代畜牧，2004 (11)：8-10.

[23] 李敬双，于洋，苏雨刚，孙党章. 牛瓣胃阻塞的诊治 [J]. 中国兽医杂志，2002 (09)：24.

[24] 杨丕东，刘婷，邹美荣. 犊牛皱胃阻塞4例 [J]. 中国兽医科技，2001 (10)：16.

[25] 效宏儒，牦特牛皱胃阻塞病因调查 [J]，中国牦牛，1985

(02)：80+89.

[26] 郝刚峰，宋明德，杨必顺，国永周．牛皱胃阻塞瘤胃切开冲洗术 [J]．畜牧兽医杂志，1984(04)：50-51.

十四、皱胃溃疡

皱胃溃疡即真胃溃疡，包括黏膜浅表的糜烂和侵及黏膜下深层组织的溃疡。因黏膜局部缺损、坏死或自体消化而形成。是由于皱胃食糜的酸度增高，长期刺激皱胃，以致发生溃疡。

【病因】

原发性皱胃溃疡，主要由于饲料质量不良，过于粗硬、霉败，难以消化，缺乏营养，或饲喂精饲料、青贮饲料过多，粗饲料饲喂较少，加之牛舍狭窄，缺乏运动，冬季缺乏优质干草，饲料单一等诸多因素诱导，影响消化和代谢机能。另外，饲养不当，如饲喂不定时定量，时饥时饱，放牧转为舍饲，突然变换饲料引起消化机能紊乱。管理使役不当，长途运输，环境卫生不良，过度拥挤，精神紧张，或因分娩疼痛，挤奶过度，异常的光、声刺激以及中毒与感染所引起的应激作用等，所有这些不良因素都能引起神经体液调节紊乱，影响消化，这在本病的发生发展上有着决定性作用。继发性皱胃溃疡，通常见于前胃疾病，皱胃变位，口蹄疫，水泡病，病毒性鼻气管炎等疾病过程中，往往导致皱胃黏膜充血、出血，糜烂坏死和溃疡。

【临诊症状】

病牛消化机能严重障碍，病初食欲减退或废绝，甚至拒食，反刍减退或停止，有时发生异嗜。病牛精神沉郁、紧张，腹壁收缩，磨牙、空嚼，伴随呼气发出吭声，呻吟，鼻镜干燥，触诊有疼痛反应，听诊瘤胃蠕动音低沉，蠕动波短而不规则。排粪量少，粪便含有血液，呈松馏油样。直肠检查，手臂上黏附类似酱油色糊状物。有的出现贫血症状，呼吸疾速，心率加快，伴发贫血性杂音，脉搏细弱，甚至手感觉不到脉搏。继发胃穿孔时，多伴发局限性或弥漫性腹膜炎，体温升高，腹壁紧张，后期体温下降，发生虚脱而死亡。

【诊断】

本病易误诊为一般性消化不良，确诊困难，必要时需反复进行粪便潜血检查，并根据临诊及实验室检查，排除其他能引起食欲减退和产奶量下降的疾病，有助于建立诊断。

【防治】

（1）预防 注意饲料管理和调整，改善饲养条件，搞好防疫卫生，避免发生应激现象，增强体质防止本病发生。

（2）治疗 本病治疗原则是除去病因，镇静止痛，抗酸止酵，消炎止血。首先应除去致病因素。给予富含维生素且容易消化的饲料，避免刺激和兴奋，为减轻疼痛刺激，可用安溴索注射液 100 毫升，静脉注射；亦可用 30% 安乃近溶液 20~30 毫升，皮下注射，每日 1 次。为防止黏膜受胃酸侵蚀，宜用适量植物油或液状石蜡油清理胃肠。为促进溃疡面愈合，防止出血，促进愈合，犊牛可用次硝酸铋 3~5 克于饲喂前半小时口服，每天 3 次，连用3~5 天。为防止继发感染，可用抗生素类药物。当继发胃穿孔，伴发腹膜炎时，应尽快采取手术疗法。

参考文献：

[1] 李玉兰. 奶牛常见皱胃疾病的防治要点 [J]. 畜牧兽医科技信息, 2017 (09): 46-47.

[2] 胡彦辉. 黑白花奶牛皱胃疾病的临床症状、诊断与防治 [J]. 现代畜牧科技, 2016 (05): 72.

[3] 王钢, 杜德利. 奶牛皱胃溃疡的诊断与综合防治 [J]. 现代畜牧科技, 2016 (05): 103.

[4] 恰特克·海奴拉. 奶牛皱胃溃疡与皱胃变位的诊断与治疗 [J]. 养殖技术顾问, 2013 (07): 78.

[5] 陈强, 刘丽, 王立成, 费东亮, 苏禹刚. 奶牛非穿孔性皱胃溃疡的诊断与治疗 [J]. 畜牧与兽医, 2012, 44 (08): 105.

[6] 周良才. 中西医结合治疗黄牛皱胃溃疡 [J]. 北方牧业, 2011 (21): 22.

[7] 石冬梅, 皇甫和平, 张华. 奶牛皱胃溃疡及其继发症的诊断与治疗 [J]. 畜牧与兽医, 2009, 41 (08): 85-87.

[8] 马锦屏. 牛皱胃溃疡的诊治 [J]. 畜牧与饲料科学, 2008 (01): 92-93.

[9] 石冬梅, 张华, 皇甫和平, 郭永刚. 一例奶牛皱胃溃疡伴低血钾综合征的临床治疗 [J]. 中国畜牧兽医, 2007 (03): 35-37.

[10] 曲俊林, 陈景辉, 董洪国. 牛皱胃溃疡病病例诊治报告 [J]. 养殖技术顾问, 2005 (09): 31.

[11] 贾荣莉. 牛皱胃溃疡穿孔继发腹膜炎一例 [J]. 中国兽医科技, 2001 (07): 37-38.

[12] 杨文友, 周成军, 王盛发. 商品肉用牛皱胃溃疡病发生及流行病学研究 [J]. 四川畜牧兽医学院学报, 1999 (04): 1-7.

[13] 杨文友. 国外牛皱胃溃疡病研究进展 [J]. 四川畜牧兽医学院学报, 1999 (03): 48-50.

[14] 杨文友, 周成军, 王盛发. 商品肉用牛皱胃溃疡病研究——病理组织学观察及分析 [J]. 肉品卫生, 1997 (07): 4-5.

[15] 杨文友, 王盛发. 商品肉用牛皱胃溃疡病的研究 [J]. 肉品

卫生,1995(04):4-6.

[16] 杨文友,王盛发. 商品肉用牛皱胃溃疡发生情况调查 [J]. 中国兽医杂志,1994(02):15.

[17] 唐兆新. 成年奶牛皱胃溃疡的研究 [J]. 国外兽医学. 畜禽疾病,1985(10):15-18.

[18] 贾荣莉. 牛慢性皱胃溃疡穿孔,继发致死性腹膜炎一例 [J]. 青海畜牧兽医学院学报,1984(01):66-67.

[19] 中村孝,郝绍有. 牛皱胃溃疡 [J]. 国外兽医学. 畜禽疾病,1982(03):23.

十五、腹膜炎

腹膜炎是在致病因素作用下，引起腹膜局限性或弥漫性炎症。是以腹壁疼痛和腹腔有炎性渗出物为特征的一种疾病。由细菌感染或邻近器官炎症蔓延引起的，主要表现为精神沉郁，反刍减少，胸式呼吸，腹痛，呻吟，病初体温升高，穿刺多见穿刺液呈橙黄色、不透明，并含有大量的白细胞和纤维蛋白。

【病因】

在临床上可分为原发性病因和继发性病因。

（1）原发性病因　由于受寒、过劳或某些理化因素的影响，机体防卫机能降低，抵抗力减弱，受到大肠杆菌、沙门氏菌、链球菌和葡萄球菌等条件致病菌的侵害而发生。

（2）继发性病因　主要由于胃肠或骨盆腔内器官破裂或穿孔而引起，或由腹壁创伤、腹腔穿刺、手术感染引起，如分娩时强行整复胎位或因粗暴牵引胎儿或摘除胎衣等，使子宫内容物流入腹腔，在剖腹手术时，由于手术器具消毒不彻底亦可引起本病，或见于创伤性网胃—横膈膜炎、子宫炎、膀胱炎等组织器官炎症的蔓延，还可见于炭疽、肠结核、出血性败血症、棘球蚴、肝片吸虫等病。

【临诊症状】

牛发病后急性表现为精神沉郁，体温初期升高，眼窝凹陷，四肢集于腹下，拱背而立，强迫行走，步态小心，有时表现疼痛，呻吟。食欲减退或废绝，瘤胃蠕动音消失，轻度臌气，便秘。腹部膨大，腹部穿刺液混浊，混有纤维蛋白片、红细胞或脏器内容物。直肠检查发现直肠中宿粪较多，腹壁紧张。腹腔积液时肠管呈浮动状，粘连时直肠活动范围减少等。慢性型表现症状稍轻，逐渐消瘦。

【诊断】

根据腹壁敏感、胸式呼吸、体温升高，腹腔穿刺及直肠检查可作出诊断，但应与肠胃炎、创伤性网胃炎等疾病进行鉴别。

【防治】

（1）预防　平时应避免各种不良因素的刺激和影响，特别注意防止腹腔及骨盆腔脏器的破裂和穿孔。直肠检查、清洗子宫等都要小心进行，以免引起穿孔。腹腔穿刺以及腹壁手术均应按照操作规程进行，防止腹腔感染。母畜分娩后子宫修复、难产手术以及子宫内膜炎的治疗都要谨慎操作，防止本病的发生。

（2）治疗　治疗原则为抗菌、消炎、止痛，制止渗出，增强病畜抵抗力。腹壁穿孔或腹腔内脏器官破裂时，应立即实施手术。

治疗方法：消炎止痛。注射用青霉素钠3200万单位，0.25%普鲁卡因注射液200毫升，生理盐水注射液500毫升，一次腹腔注射，连用2~3天。增强机体抵抗力，可用10%氯化钙注射液100~200毫升，40%乌洛托品注射液20~30毫升，5%葡萄糖生理盐水注射液1500毫升，一次静脉注射。改善血液循环，增强心脏机能，可及时应用安溴索等。

中药疗法　清热解毒，健脾利水，理气止痛。

方药　金银花、连翘、白术、肉桂、茯苓、苍术各30克，猪苓、泽泻、车前子、木香、小茴香、生姜各20克，大腹皮、槟榔各15克。煎汤去渣，候温灌服，或共研为末，开水冲调，候温灌服。

参考文献：

[1] 艾景彪. 牛创伤性网胃腹膜炎的诊治体会 [J]. 中国畜禽种业, 2019, 15 (06): 163.

[2] 石福霞. 牛创伤性网胃炎的诊断与治疗 [J]. 中兽医学杂志, 2019 (02): 53.

[3] 侯引绪, 刘小明, 田义. 奶牛腹膜炎临床防控研究 [J]. 中国奶牛, 2018 (09): 31-34.

[4] 吴加风. 牛子宫内膜炎及腹膜炎的诊治 [J]. 养殖与饲料, 2017 (12): 72-73.

[5] 李明. 两例奶牛创伤性网胃炎继发症的诊治 [J]. 山东畜牧兽医, 2016, 37 (07): 34-35.

[6] 张慧. 牛创伤性网胃腹膜炎的综合防治方法 [J]. 中国畜牧兽医文摘, 2016, 32 (06): 168.

[7] 张以侠, 谭长营. 牛消化系统疾病的诊治 [J]. 山东畜牧兽医, 2015, 36 (06): 28-30.

[8] 衣建华, 赵丽颖, 陈秀石. 牛子宫内膜炎及腹膜炎的防治措施 [J]. 吉林农业, 2014 (22): 55.

[9] 程萍萍. 牛创伤性网胃腹膜炎的病因、症状及诊治 [J]. 养殖技术顾问, 2014 (02): 168.

[10] 张俊, 陈财林. 中西医结合治疗牛前胃弛缓之浅见 [J]. 中国牛业科学, 2012, 38 (05): 84-85.

[11] 葛忠, 王惠, 宁忠山. 牛创伤性网胃腹膜炎诊治 [J]. 中国牛业科学, 2012, 38 (05): 92-93.

[12] 张延召. 牛消化系统疾病的诊治 [J]. 今日畜牧兽医, 2012 (05): 54-55.

[13] 马德礼. 牛创伤性网胃腹膜炎的综合防治 [J]. 黑龙江畜牧兽医, 2010 (24): 92-93.

[14] 齐桂林. 创伤性网胃腹膜炎的诊断及防治 [J]. 养殖技术顾问, 2010 (05): 131.

[15] 赵巍, 孙秀伟, 张海艳, 张玉中, 王丽文. 奶牛创伤性网胃腹膜炎的防治 [J]. 畜牧兽医科技信息, 2009 (05): 49.

[16] 凌清标. 如何防治耕牛创伤性网胃腹膜炎 [J]. 福建农业, 1995 (06): 17.

[17] 王全起, 王清洁, 杨增昌, 王书礼, 阴国让. 中西兽医结合治疗黄牛创伤性网胃腹膜炎 223 例 [J]. 中兽医医药杂志, 1985 (06): 40-41.

[18] 张士荣, 张若兰. 八例牛创伤性网胃腹膜炎的诊治 [J]. 中国兽医杂志, 1985 (09): 34-35.

[19] 贾荣莉. 牛慢性皱胃溃疡穿孔, 继发致死性腹膜炎一例 [J]. 青海畜牧兽医学院学报, 1984 (01): 66-67.

十六、幼畜消化不良

幼畜消化不良是幼畜由于消化障碍或胃肠道感染所致的以腹泻为主要特征的疾病。犊牛、羔羊、驹及仔猪均可发生，一年四季都有发生，而以春季较多见，且易复发。

【病因】

（1）饲养不当 饲养不当是幼畜腹泻的主要原因。如孕畜不采取全价饲料饲养，不仅犊牛生后衰弱，而且容易发生消化不良。饲料中硒的含量低于0.1毫克/千克和维生素E含量不足时，容易引起腹泻。孕畜产前或产后喂蛋白性饲料如豆类过多，乳汁中蛋白质含量也过多，易致幼畜消化不良。母乳不足，幼畜过早的采食饲料，或人工哺乳时不定时，不定量，或乳温过低（人工哺乳时,乳汁温度须加温至25℃~32℃）等，均可引起幼畜消化不良。

（2）管理不当 如气温降低，大雨浇淋，厩舍潮湿阴冷，以及幼畜久卧湿地等，都是幼畜发生腹泻的常见原因。

（3）胃肠道感染 如幼畜舐食粪尿、泥土以及粪尿污染的饲草等，人工哺乳的乳汁酸败，哺乳用具污染不洁；哺乳母畜在患乳腺炎、胃肠炎、子宫内膜炎等经过中，由于母乳变质，幼畜吸吮后，容易引起胃肠道感染，而发生腹泻。

（4）幼畜消化器官的结构和机能不够完善 消化液分泌少，仔畜胃液中消化酶活力低，而胃肠黏膜柔嫩，血管丰富，在上述不良因素刺激下,容易发生消化障碍或胃肠道感染,促进本病发生。

【临诊症状】

腹泻是本病的主要症状,轻症患畜,排淡黄色、灰黄色、粥状或水样粪便,臭味不大或有酸臭味,有的混有未消化的饲草。股部、肛门周围、跟骨上端及尾毛等处常被粪汁或粪渣污染。重症或由感染所致的腹泻,排腥臭或有腐败臭味的粥样或水样粪便,内混有乳瓣、黏液、血液或肠黏膜。

全身状态轻症的,即由于饲养管理不当所引起的单纯性消化不良。患病幼畜精神稍沉郁,食欲减退,被毛蓬乱,体温、脉搏、呼吸,一般无明显变化,个别的体温稍升高。尿量一般减少,犊牛有时发生瘤胃臌气。重症的,多由感染,或对轻症的病畜治疗不当所引起,不仅腹泻剧烈。病畜精神沉郁,食欲大减或废绝,有轻度腹痛,表现不安,喜卧于地。体温升高,达40℃或其以上,但在体质衰弱的病畜,或病至后期,肛门松弛哆开。脉搏疾速,呼吸加快,黏膜潮红或暗红。由于腹泻,体液大量耗失,病畜迅速消瘦,眼窝凹陷,皮肤干燥,弹力减退,排尿减少,口腔干燥,血液浓缩。以后,病畜逐渐瘦弱,反应迟钝,脉搏细弱无力,甚至不感于手,四肢末端发凉,犊牛的鼻镜更凉,有时发生痉挛抽搐。

缺硒性腹泻,精神倦怠,步态强拘,行动迟缓,口腔特别是舌部常有溃疡。心跳快而弱,每分钟达180~200次。

【诊断】

幼畜腹泻的诊断,根据病史及临症表现,便可做出诊断。

【防治】

治疗原则:轻症的主要调整胃肠机能,重症的则着重抗菌消炎和补液解毒。

(1)预防 预防幼畜腹泻,应采取综合性措施,首先满足孕畜各种营养物质的需要,如蛋白质、必需氨基酸、维生素以及矿物质等。但对产前产后数日的母畜，要防止突然增喂过多的豆类等精料，豆类以占精料的 15% 左右为宜。对初生幼畜应充分吮初乳，增强幼畜的免疫力，人工哺乳要定时定量，乳温要适宜，以 25℃～32℃ 为宜。对幼畜要加强管理，厩舍要清洁卫生，干燥通风。幼畜要适当运动，多晒太阳，防止久卧湿地。随时清扫粪便，防止幼畜舔食污物。

（2）治疗

①护理　首先应除去发病原因，减少吮乳次数或不吮乳，饮以温茶水或葡萄糖生理盐水，犊牛每次 300 毫升。给病畜带上口网，防止舔食寝草。

②调整胃肠机能　为了恢复胃肠功能，可服用帮助消化的药物，常用的有胃蛋白酶、胰酶、淀粉酶、乳酶生、酵母及稀盐酸等。如含糖胃蛋白酶 6 克，乳酶生 6 克，葡萄糖粉 30 克，制成舔剂，犊牛 1 日 3 次分服；或含糖胃蛋白酶 9 克，淀粉酶 6 克，酵母 6 克，常水适量，制成舔剂，犊牛 1 日 3 次分服。对重剧腹泻，排水样而无特殊腥臭味粪便的，可用收敛止泻药，如鞣酸蛋白，犊牛 3~5 克。

③抗菌消炎　根据病情，可选用黄连素 0.1~0.2 克，犊牛内服，每日 1 次；抗生素如链霉素 200 万单位，内服，每日 2 次。

④补液解毒　对重症病畜，应适时补液解毒，常用 5% 葡萄糖生理盐水，或复方氯化钠液，或生理盐水等，犊牛每日 2000~3000 毫升，分 3~4 次静脉注射。为了解除酸中毒，可静脉注射 5% 碳酸氢钠溶液，一次 50~100 毫升。

⑤缺硒性腹泻　可用 0.2% 亚硒酸钠溶液 3~5 毫升颈部皮下注射，间隔 20 天重复 1 次，共注射 2~3 次，直至痊愈。

中药疗法　与上述西药配合治疗。

方剂一：乌梅散。乌梅肉 10 克，诃子肉 10 克，柿蒂 10 克，黄连 10 克，姜黄 10 克，研末温开水调服。体温高加花粉 5 克，白头翁 3 克，黄柏 3 克；腹痛加元胡、小茴香、肉桂各 6 克；粪中带血加丹皮、地榆炭、仙鹤草各 6 克；肛门失禁加党参、黄芪、肉桂、陈皮各 8 克。

方剂二：白头翁汤。白头翁 10 克，黄连 5 克，黄柏 5 克，秦皮 3 克，苦参 2 克，煎汤后灌服，1 日 1 次，连服 3 天。在病重时，用保立苏汤加减：黄芪 10 克，党参 10 克，白术 8 克，甘草 6 克，故纸 6 克，当归 6 克，核桃（炸焦）2 个，芋肉 5 克；粪黏液多，加烧山楂 6 克，苦参 4 克；四肢冰凉加附子 3 克，炮姜 5 克；口色暗紫加麦冬 5 克，石斛 5 克。

方剂三：黄连 25 克，苦参 25 克，白头翁 25 克，龙胆草 25 克，川朴 25 克，焦大黄 25 克，焦栀子 25 克，山药 25 克，葛根 25 克，粉末，分两包。开水冲，候温灌服，每次内服一包，每天服 2 次，连用 3~5 天。

参考文献：

[1] 加米拉·那哈西巴衣. 幼畜消化不良原因与治疗措施 [J]. 畜牧业环境（电子版），2020(06)：92.

[2] 张静. 幼畜消化不良的防治 [J]. 当代畜禽养殖业（电子版），2019 (03)：53.

[3] 邱新文. 浅谈幼畜消化不良 [J]. 黑龙江动物繁殖（电子版），2016,4(24)：56-58.

[4] 邱新文. 幼畜消化不良的诊治及预防 [J]. 江西饲料（电子版），2016, 03：39-41.

[5] 曹旺平. 中西药结合治疗幼畜消化不良的体会 [J]. 畜牧兽医杂志（电子版），2016,3(35)：115-117.

[6] 热依拉·普拉提，艾尼娃江·艾克拜尔. 犊牛消化不良性腹

泻的诊断与治疗 [J]. 中国畜牧兽医文摘（电子版），2015, 12(31): 160.

[7] 乔立英，金宝财，刘庆才. 中西医结合治疗奶犊牛消化不良性腹泻 [J]. 中国畜禽种业（电子版），2015, 9: 64-65.

[8] 范志军. 羔羊消化不良的防治措施 [J]. 今日畜牧兽医（电子版），2015, 01: 59-60.

[9] 王东，邢海平. 幼畜消化不良的辨证论治 [J]. 畜牧兽医杂志（电子版），2011, 6(30): 133.

[10] 祝明国，杨文敏，王爱华. 幼畜消化不良的诊断及防治对策 [J]. 养殖技术顾问，2011, 3: 116.

[11] 杨淑萍. 羔羊消化不良的综合防治 [J]. 今日畜牧兽医（电子版），2010, 8: 60.

[12] 张宁. 犊牛消化不良症的病因及防治 [J]. 畜牧兽医科技信息（电子版），2009, 2: 46-47.

[13] 孙玉峰，矫俊江，王鑫蕊，于友. 犊牛、羔羊消化不良的病因及防治 [J]. 吉林畜牧兽医（电子版），2008, 10(29): 41.

[14] 张红超，何志生. 幼畜消化不良性腹泻辨治 [J]. 中兽医学杂志（电子版），2004, 01: 20-21.

[15] 高树学. 犊牛消化不良的综合防治 [J]. 吉林畜牧兽医（电子版），2004, 01: 47-48.

十七、胃肠炎

　　胃肠炎是指胃和肠道表层黏膜及其深层组织的急性炎症。通常二者同时发生，其性质和胃肠卡他相似，但病变更严重。临诊上以体温升高，食欲减退或废绝，腹泻为特征。按发病部位可分为胃炎、肠炎和胃肠炎。按发病原因分为原发性胃肠炎和继发性胃肠炎。

　　【病因】

　　原发性胃肠炎主要是由于饲养管理不当引起的。该病多因饲喂霉败、冰冻饲料和误食有毒植物及误食喷洒农药的作物或用农药处理过的种子，长途运输，寒夜露宿，风寒感冒，维生素 A 缺乏等。草料的突然变换，过饥，过饱，饲喂不定时，不定量。饮水不洁，饲喂品质不良的饲料，以及灌服刺激性药物等都能引起胃肠炎。另一方面，过食或长期滥用抗生素也可引起本病。继发性胃肠炎，常继发于牛瘟、恶性卡他热、沙门氏菌病、大肠杆菌钩端螺旋体病、炭疽及副结核等传染病或肠道寄生的绦虫、蛔虫、弓形虫和球虫等。

　　【临诊症状】

　　患畜精神沉郁，喜卧地，食欲减退或废绝，反刍减少或停止，渴欲增加或废绝，眼结膜先潮红后黄染，鼻镜干燥，舌苔重，口干发臭，体温偏高，耳根、鼻端及四肢末梢冷凉。腹泻是胃肠炎的重要症状之一。发生剧烈而持续性腹泻，排泄软粪，含水较多并混有血液、黏液和黏膜的组织。有的混有脓液，恶臭。病的后期，肠音减弱或停止；肛门松弛，排粪失禁。腹泻时间较长的患畜，肠音消失，尽管有痛苦的努责，并无粪便排出。呈现里急后重的现象。全身症状较重。瘤胃蠕动减弱或消失，有轻度膨胀。有的伴有程度不同的腹痛症状。由于病牛严重脱水及酸中毒，眼球下陷，四肢无力，起立困难，皮肤弹性减退，脉搏快而微弱，往往呈不感脉，呼吸加快，尿量减少，病变部位不同，症状也有差异。若口臭显著，食欲废绝，主要病变可能在胃；若黄染及腹痛明显，初期便秘并伴发轻度腹痛，腹泻出现较晚，主要病变可能在小肠；若脱水迅速，腹泻出现早并有里急后重症状，主要症状在大肠。

【诊断】

根据饲料情况及病牛的连续剧烈腹泻及粪中含有黏液、血液、脱落组织及全身症状等可获得初步诊断。单纯性胃炎，特别是急性胃炎，一般经对症治疗多可奏效，也可作为治疗性诊断。对于肠炎和胃肠炎要查清病因多需要进行实验室检验。如检验粪便中寄生虫卵，培养分离病原菌。有条件的进行肠道钡剂造影，X 射线照片，或者使用内窥镜进行检查，这对确定病变类型和范围具有诊断参考意义。此外，血液检验和尿液分析，也有助于认识疾病的严重程度和判断预后，并对制订正确的治疗方案有指导作用。

【防治】

（1）预防　搞好饲养管理工作，日粮中的营养要均衡，要保证牛群日常营养需求。定时定量喂给优质饲草，禁喂粗劣、发霉、腐败、变质等劣质草料，供应充足清洁饮水。不让动物采食有毒物质和有刺激、腐蚀的化学物质；防止各种应激因素的刺激；搞好畜群的定期预防接种和驱虫工作。如怀疑有传染性，应注意及早隔离消毒，及时诊治。

（2）治疗　治疗原则是除去病因，抗菌消炎，清肠止酵，强心补液，解除中毒，恢复胃肠机能。

①除去病因　病初要禁食1~2天，但应让患病动物少量多次饮水，最好让其自由饮用口服补液盐，病情好转时需给予少量柔软、无刺激性、易消化的饲料。

②抗菌消炎　牛一般可灌服0.1%高锰酸钾溶液2000~3000毫升，或者用磺胺脒30~50克，次硝酸铋20~30克，萨罗10~20克，水适量，内服。肌体脱水及酸中毒者，用25%葡萄糖生理盐水5000毫升，5%碳酸氢钠注射液300~500毫升，40%乌洛托品50~100毫升，混合静脉注射，每日1~2次。心脏衰弱时可用10%安钠咖注射液10~30毫升或10%樟脑磺酸钠10~20毫升，皮下注射。各种家畜可内服诺氟沙星，或肌内注射青大霉素、庆大－小诺霉素、环丙沙星等抗菌药物。

③清理肠胃　在肠音弱，粪干、色暗或排粪迟缓，有大量黏液，气味腥臭者，为促进胃肠内容物排出，减轻自体中毒，应采用缓泻剂。常用液体石蜡或植物油、鱼石脂、酒精，内服，也可以用硫酸钠（人工盐）、鱼石脂、酒精，内服。用泻剂时，要注意防止剧泻。当病畜粪稀如水，频泻不止，腥臭味不大，不带黏液时，应止泻。牛可用药用炭200~300克（羊用10~25克），加适量水，内服;或者牛用鞣酸蛋白20克（羊用2~5克）、碳酸氢钠40克（羊用5~8克），加水适量，内服。牛还可灌服炒面0.5~1千克，浓茶水1000~2000毫升。

④强心补液，解除中毒　根据临诊脱水情况，选用复方生理盐水、葡萄糖、碳酸氢钠注射液等进行补液和纠正酸中毒。强心可用安钠咖、樟脑磺酸钠等。肠道出血可给予维生素K。

⑤驱虫　病因为寄生虫引起时，应选用有效驱虫药进行治疗。

中药疗法　可用郁金散、白头翁汤、宽肠止痢散、地榆槐花汤加减。

验方　大蒜 90 克，捣烂兑水内服。生姜 280 克，红糖 500 克，兑水 500 毫升，煎汤候温内服。硫酸镁 200 克，白酒 150 毫升，兑水内服。

方剂一：黄芩、黄柏各 40 克，黄连、白头翁、秦皮各 30 克，川朴 20 克，枳壳、苍术各 25 克，泽泻、猪苓各 15 克，水煎服。

方剂二：牛赤痢方。龙胆草、天花粉、白头翁、陈皮、防风、荆芥各 40 克，金银花 35 克，连翘、苍耳子各 50 克煎水灌服。

方剂三：牛赤白痢用"白芍散"。白芍、黄连各 40 克，前仁、茯苓各 35 克，地榆炭 30 克，金银花、滑石、白头翁各 50 克，大黄 25 克，甘草 15 克共研细末，温水调灌，连服 2~3 次。

方剂四：粪中带血，混有黏液的，可服地榆炭、槐花、侧柏叶、郁金、白扁豆、赤芍、大黄、山药各 30 克，共研末，开水冲服。

方剂五：慢性胃肠炎用茯苓 30 克，苍术、二丑、厚朴、白术、茴香各 25 克，陈皮、槟榔、柴胡、桂皮、砂仁、青皮各 20 克，猪苓、泽泻各 30 克，共研末，开水冲，姜、酒为引同调服。

参考文献：

[1] 沈翠华. 牛胃肠炎的发生原因及防治 [J]. 中国畜禽种业，2020, 16 (02)：106.

[2] 张慧君. 牛胃肠炎的发生原因及防治措施 [J]. 当代畜牧，2020 (01)：51.

[3] 刘秀云. 牛胃肠炎中兽医治疗 [J]. 畜牧兽医科学（电子版），2020 (01)：143-144.

[4] 金世荣. 牛胃肠炎治疗与预防 [J]. 畜牧兽医科学（电子版），2019 (24)：140-141.

[5] 刘晓波. 肉牛胃肠炎的治疗方法和预防 [J]. 吉林畜牧兽医，

2019, 40 (12): 66.

[6] 乔启波，杜秋明，吴道举，卢世豪，许龙春．牛胃肠炎的治疗与预防 [J]．农业工程技术，2019, 39 (35): 99+106.

[7] 王越．肉牛常见消化系统疾病的病因、临床表现、治疗方法和预防措施 [J]．现代畜牧科技，2019 (12): 88-89.

[8] 春花．牛胃肠炎的病因分析及综合防治措施 [J]．现代畜牧科技，2019 (09): 132+138.

[9] 邵宏伟．兽医治疗牛胃肠炎的分析 [J]．今日畜牧兽医，2019, 35 (08): 33.

[10] 吕彩红．中兽医治疗牛胃肠炎 [J]．中兽医学杂志，2019 (04): 24.

[11] 才让卡．牛传染性胃肠炎治疗探微 [J]．中国畜禽种业，2018, 14 (11): 124.

[12] 张谷楠．肉牛胃肠炎的病因、临床症状与防治措施 [J]．现代畜牧科技，2018 (11): 87.

[13] 梁文娟．中西医结合治疗奶牛胃肠炎 [J]．中兽医学杂志，2018 (07): 36.

[14] 李传勇．探究牛消化系统疾病的诊治 [J]．农民致富之友，2018 (11): 106.

[15] 康超善．浅析牛胃肠炎的发病规律和防治措施 [J]．畜禽业，2018, 29 (04): 102.

[16] 苗德武．牛传染性胃肠炎的中西医治法 [J]．兽医导刊，2018 (05): 58.

[17] 黄国友．牛典型寄生虫性胃肠炎及诊治分析 [J]．中国畜禽种业，2018, 14 (01): 119.

[18] 谷魁菊．羊胃肠炎的发病原因、临床症状、诊断和药物治疗 [J]．现代畜牧科技，2017 (07): 122.

[19] 刘俊文 . 中西医结合治疗奶牛胃肠炎 [J]. 现代农村科技 , 2017(06): 54.

[20] 革命别克 · 托合塔什 . 羊胃肠炎的诊断与综合防治措施 [J]. 今日畜牧兽医 , 2017(05): 17.

[21] 李刚 . 牛消化系统疾病分析与治疗措施 [J]. 中国畜禽种业 , 2017, 13(03): 116.

[22] 韩志龙 . 牛四种常见消化道疾病的防治 [J]. 养殖技术顾问 , 2014(11): 119.

[23] 司徒晨 . 牛拉稀的原因与治疗 [J]. 农家参谋 , 2014(11): 23.

[24] 夏道伦 . 羊急性胃肠炎的中西结合疗法 [J]. 中国动物保健 , 2014, 16(08): 39.

[25] 赵玉清 . 中西医结合治疗肉牛急性胃肠炎 [J]. 畜牧与饲料科学 , 2014, 35(01): 84-85.

[26] 郭顺有 . 中西医治疗牛传染性胃肠炎 [J]. 中国畜牧兽医文摘 , 2012, 28(05): 119.

[27] 施红艳 , 唐式校 . 中西医结合治疗羊传染性胃肠炎 [J]. 北方牧业 , 2011(04): 23.

[28] 宋天增 , 冯静 , 杨剑波 , 石国庆 . 绵羊胃肠炎的诊治 [J]. 中国草食动物 , 2010, 30(05): 73-74.

[29] 董美响 . 中药治疗牛胃肠炎方剂集锦 [J]. 北方牧业 , 2010(16): 26.

[30] 陈秀茹 , 刘冬菊 . 波尔山羊胃肠炎防治 [J]. 北方牧业 , 2008(19): 24.

[31] 张文煜 . 中西结合治疗外来牛流感继发瘤胃臌胀及胃肠炎 [J]. 中兽医学杂志 , 2008(03): 38-39.

[32] 王维 . 中西医结合治疗耕牛胃肠炎的体会 [J]. 甘肃畜牧兽医 , 2002(05): 33-34.

[33] 薛志成. 牛胃肠炎的中草药疗法 [J]. 湖南畜牧兽医, 2000 (06): 32.

[34] 张仕洋. 中西结合治疗牛胃肠炎 [J]. 中兽医医药杂志, 1994 (05): 20+22.

[35] 张光第. 水牛胃肠炎的诊疗 [J]. 兽医科技杂志, 1983 (02): 52-53.

十八、黄疸

　　黄疸是指病牛以口色黄、目黄、身黄、尿黄以及可视黏膜发黄为特征的一类病证。多由肝、脾功能失调，感受湿热或寒湿时邪而发病。病牛发病时表现为消化不良，粪便臭味大而色泽浅淡。可视黏膜黄染，皮肤瘙痒，脉搏减慢，尿色发暗，有时似油状，叩诊肝脏浊音区扩大，触诊和叩诊均有疼痛反应。后躯无力，步态蹒跚，共济失调；狂躁不安，痉挛，或者昏睡、昏迷，体温升高或正常，脉搏和心动徐缓。

　　【病因】

　　多因喂养失调，饲喂发酵、腐败、霉烂的饲料和有毒植物，劳役过重，损伤脾胃，复感湿热或寒湿、时邪疫毒，导致肝、脾失常，胆汁不循常道而发本病。中兽医把牛黄疸病分为阳黄和阴黄两种。阳黄多因暑热炎天，气候潮湿，热气蒸腾，湿热之邪外袭机体所致；阴黄多因牛前胃弛缓、脾胃虚弱，误饮、误喂冰冻水草，寒湿之邪外袭牛体所致。总之，阳黄和阴黄均是湿热或寒湿之邪外袭机体，内阻中焦，导致脾胃运化失常，肝胆失于疏泄，胆汁外溢与肌肤，泛于黏膜等处而现黄色。此外因某些疫病、肠胃病及中毒亦可引起本病。

　　【临诊症状】

　　（1）阳黄　发病较快，眼、口、鼻、阴道黏膜以及乳房皮肤、尿液呈黄色，鲜明如橘；患病动物精神沉郁，食量减少，粪干外皮色黑或泄泻黏腻，气味恶臭，发热等，多发生在暑热炎天。

（2）阴黄　眼、口、鼻等可视黏膜发黄，黄色晦暗；患病奶牛精神沉郁，四肢无力，食欲减少，耳、鼻发凉，体温正常或微低，舌色淡黄白腻。病程长，多兼有不同程度的前胃迟缓，口龄较大的体差牛多发，且多发于冬、春季节。

【临诊症状】

表现症状为温度迅速上升，食欲不振、贫血、黄疸，皮肤和黏膜苍白、黄染，呼吸急促，粪便呈黑暗常带有血迹或黏液。慢性型症状为温度缓慢上升、精神沉郁，发热黄疸型病牛表现有面黄、眼黄和全身发黄，尿液越来越黄，严重时大便呈灰白色。

【诊断】

临床表现包括持续发热、黏膜发黄、尿黄、皮黄及目黄等。多为连续高烧发热、身体出现痉挛、皮肤颜色呈现黄色等症状。而感染慢性疾病的患牛并无较为显著的发热情况，尿液颜色也呈现出正常颜色。较为显著的特点为皮肤瘙痒。由于黄疸型牛病分为多种不同的类型，且症状表现各有不同，存在明显差异，普遍存在的类型主要包括牛泰勒虫病、牛巴贝斯虫病、无浆体病以及支原体病等。因此在临床要根据牛的具体症状加以鉴别。

【防治】

（1）预防　首先清除病原，加强饲养管理，多饲喂富含糖类饲料，如胡萝卜、甜菜等，以及其他易消化的饲料。停喂含脂肪多的饲料。

（2）治疗

①阳黄　治疗原则是清热解毒，利湿通便，疏肝理气。

方药：茵陈龙胆汤（茵陈汤、龙胆泻肝汤合剂）。茵陈80克，大黄60克，栀子、龙胆草、黄芩各50克，木通、车前子、当归、生地黄、柴胡、泽泻各40克，生甘草20克。共研为末，开水冲调，候温一次灌服。热盛者加黄连、生地黄、牡丹皮、赤芍各30克；妊娠母牛去大黄、木通，加熟大黄60克，猪苓30克；粪干者加枳实30克，芒硝100克，槟榔50克；有积滞加山楂、神曲、麦芽各60克；泌乳牛去麦芽。以上用量为中等体型奶牛的量。久病者辅以健脾益胃，方选茵陈汤加味：茵陈200克，大黄、板蓝根、金钱草各100克，栀子、柴胡、白芍、青皮各60克，陈皮、金银花、连翘、香附、枳壳、黄芩、龙胆草、甘草各40克。水煎取汁，候温灌服，每天1剂，偏湿者加苍术、厚朴、泽泻各60克；热邪偏重者加大青叶、蒲公英、鱼腥草各60克；肝区叩诊疼痛敏感时加川楝子、延胡索、郁金或三棱、莪术各40克；尿赤黄或尿血者加白茅根、牡丹皮、生地黄各60克；粪干者加芒硝300~500克，大黄量增至150~200克；胎动时加白术、黄芪各60克。

②阴黄　治疗原则是健脾益气，温中化湿。

方剂一：茵陈木附汤加减。茵陈60克，白术50克，附子40克，干姜40克，生甘草20克。共研为末，开水冲调，候温灌服。随症加减：一般病例都加苍术50克，陈皮、生姜、车前子、茯苓、泽泻各30克；妊娠母牛去附子，加砂仁、白豆蔻、紫苏各30克，木香20克;有风寒加当归、川芎、荆芥、防风、白芷、羌活、独活、生姜各30克，细辛20克；有积滞加槟榔、陈皮、厚朴各40克，山楂、神曲、麦芽各50克；体虚者加黄芪80克，党参、当归各40克。

方剂二：黄芪建中汤加。炙黄芪、党参、苍术、茵陈、熟地黄各80克，炙甘草、干姜、厚朴各60克，当归、川芎、桂枝各30克，大枣20枚。水煎取汁，候温灌服，每天1剂。寒重加肉桂、附子各40克；湿重加茯苓、泽泻、白术各60克；食欲不振加焦三仙各 60 克；有外感表证加防风、荆芥、紫草各 40 克；色黄而带赤紫者，重用当归、川芎，酌加桃仁、红花。

方剂三：茵陈姜附散。茵陈 45 克，白术 30 克，附子 15 克，干姜 15 克，炙甘草 15 克。共研为末，开水冲调，候温灌服。一般病例都加苍术 30 克，陈皮、生姜、车前子、茯苓、泽泻各 20 克；妊娠母牛去附子，加砂仁、豆蔻、紫苏各 25 克，木香 15 克；有风寒，加当归、川芎、荆芥、防风、白芷、羌活、独活、生姜各 20 克，细辛 10 克；有积滞者加槟榔、陈皮、厚朴各 30 克，山楂、神曲、麦芽各 35 克；体虚者加黄芪 50 克，党参、当归各 30 克。

参考文献：

[1] 黄素春. 发热黄疸型牛病的临床鉴别及治疗 [J]. 吉林畜牧兽医，2020, 41 (02)：45+47.

[2] 孔顺旭. 中医辨证治疗牛黄疸 [J]. 中兽医学杂志，2019 (04)：58.

[3] 王明权. 发热黄疸型牛疾病的临床诊治 [J]. 中国畜牧兽医文摘，2018, 34 (06)：322.

[4] 韩颖. 发热黄疸型牛病的临床诊断及治疗措施探讨 [J]. 农业与技术，2018, 38 (10)：140.

[5] 陈亮. 关于发热黄疸型牛病临床治疗的研究与分析 [J]. 中国畜牧兽医文摘，2017, 33 (07)：186–187.

[6] 谢大平. 发热黄疸型牛病的临床鉴别及治疗 [J]. 今日畜牧兽医，2017 (02)：64–65.

[7] 张祖佑，王成，贺常亮，唐素君. 动物黄疸中医辨证诊治初探 [J]. 中国动物保健，2016, 18 (07)：61–63.

[8] 尹玉芹. 浅谈发热黄疸型牛病的临床鉴别及其治疗 [J]. 湖北畜牧兽医，2015, 36 (04)：33.

[9] 邱志海，刘璐. 羊贫血伴有发热、黄疸症状疾病的鉴别诊断 [J]. 养殖技术顾问，2014 (12)：155.

[10] 贾正才. 以相伴症状对引起羊黄疸、腹泻或泌尿性疾病的鉴别与诊断 [J]. 养殖技术顾问，2014 (11)：170.

[11] 温学静，朱永信. 以相伴症状对引起牛黄疸的几种疾病的鉴别与诊断 [J]. 养殖技术顾问，2014 (11)：205.

[12] 房中国. 引起羊黄疸的几种中毒性疾病的症状与鉴别诊断 [J]. 养殖技术顾问，2014 (10)：144.

[13] 温学静，朱永信. 引起牛黄疸的中毒性疾病的症状鉴别与诊断 [J]. 养殖技术顾问，2014 (10)：175.

[14] 邢玉宏. 引起羊黄疸的几种传染病的临床鉴别 [J]. 养殖技术顾问，2014 (06)：164.

[15] 李长河. 引发牛黄疸的传染病和寄生虫病的临床诊断 [J]. 养殖技术顾问，2014 (06)：176.

[16] 张春明. 耕牛阴黄疸病的诊断与治疗 [J]. 畜牧兽医杂志，2013，32 (05)：129.

[17] 赵奎，马文献，赵隆义. 中西医结合治疗犊牛黄疸 [J]. 北方牧业，2010 (04)：20.

[18] 梁兴国，吴杏云，才作文. 牛严重黄疸性焦虫病一例诊疗报告 [J]. 黑龙江畜牧兽医，1989 (08)：30-31.

十九、肠变位

肠变位是由于肠管自然位置发生改变，致使肠系膜或肠网膜受到挤压或缠绕，肠管血液循环发生障碍，肠腔陷于部分或完全阻塞的一组重剧性腹痛病。临诊特征是病畜因腹痛由剧烈狂暴转为沉重稳静，全身症状逐渐增重，腹腔穿刺液量多，红色混浊，病程短急，直肠变位肠段有特征性改变。肠变位包括 20 种病，可归纳为肠扭转、肠缠结和肠嵌闭、肠套叠等 4 种类型。

（1）肠扭转　是肠管沿自身的纵轴或以肠系膜基部为轴而作不同程度的扭转，使肠腔发生闭塞、肠壁血液循环发生障碍的疾病。比较常见的是左侧大结肠扭转，左上大结肠和左下大结肠一起沿纵轴向左或向右做 180°~720° 偏转；其次是小肠系膜根部的扭转，整个空肠连同肠系膜以前肠系膜根部为轴，向左或向右做360°~720° 偏转。肠管沿自身的横轴而折转的，则称为折叠。如左侧大结肠向前内方折叠，盲肠尖部向后上方折叠等。

（2）肠缠结　是一段肠管与其他肠管、肠系膜基部、精索、韧带、腹腔肿瘤的根蒂等为轴心进行缠绕而形成络结，使肠腔发生闭塞、肠壁血液循环发生障碍的疾病。比较常见的是空肠缠结，其次是小肠缠结。

（3）肠嵌闭　是一段肠管连同其肠系膜坠入与腹腔相通的天然孔或破裂口内，使肠腔发生闭塞、肠壁血液循环发生障碍的疾病。比较常见的是小肠嵌闭，其次是小结肠嵌闭。如小肠或小结肠嵌入大网膜孔、腹股沟管乃至阴囊、肠系膜破裂口、肠间膜破裂口、胃肠韧带破裂口以及腹壁疝环内。

（4）肠套叠　是指一段肠管及其附着的肠系膜套入到邻近一段肠腔内的肠变位。套叠的肠管分为鞘部（被套的）和套入部（套入的）。依据套入的层次，分为一级套叠、二级套叠和三级套叠。一级套叠如空肠套入空肠、空肠套入回肠、回肠套入盲肠、盲肠尖套入盲肠体、小结肠套入胃状膨大部、小结肠套入小结肠等；二级套叠如空肠套入空肠再套入回肠、小结肠套入小结肠再套入小结肠等；三级套叠如空肠套入空肠，又套入回肠，再套入盲肠等。

【病因】

（1）导致肠管功能改变的因素　如突然受凉，食冰冷的水和饲料，肠卡他，肠炎，肠内容物性状的改变（如肠内积沙、酸碱度降低引起肠弛缓，消化不良过程引起的肠分泌、吸收和蠕动功能变化等），肠道寄生虫，全身麻醉以及肠痉挛、肠臌气、肠便秘和肠系膜动脉血栓和（或）栓塞等腹痛病的经过功能中，肠管运动功能紊乱，有的肠段张力和运动性增强乃至痉挛性收缩，有的肠段张力和运动性减弱乃至弛缓性麻痹，致使肠管失去固有的运动协调性。

（2）机械性因素　在跳跃、奔跑、难产、交配等腹内压急剧增加的条件下，小肠或小结肠有时可被挤入孔穴而发生嵌闭。起卧滚转、体位急剧变换情况下（如腹痛），促使各段肠管的相对位置发生改变。

【临诊症状】

本病以腹痛为突出特征。一般是突然腹痛不安，踢腹，摇尾，频频起卧犬坐、后肢弯曲或前肢下跪，有时两前肢屈曲而横卧。病畜极度痛苦，目光凝视，全身不时发抖，磨牙，呻吟。肠变位初期,腹痛较轻,有间歇。随着血液障碍的发展,腹痛加剧而持续。应用镇痛剂，效果不明显。肠蠕动先减弱后停止。脱水症状发展迅速，很快出现心跳快速，黏膜发绀，血液浓缩等症状。直肠检查时，直肠空虚，内有较多的浓稠黏液，或松油样物质，或少量带血的粪便。如可发现香肠样圆柱状肿胀的肠段，表面光滑、肉样感，牵拉敏感，可怀疑肠套叠；如发现部分肠系膜紧张，呈索状或块状，触及或牵动则病畜剧烈骚动，可怀疑肠扭转或肠缠结；如发现肠系膜向腹股沟管走向，肠腔充满液体和气体，可怀疑肠嵌闭。体温一般正常，并发肠炎及肠坏死时，体温可升高。病的后期由于肠管麻痹，虽腹痛缓解，而全身症状恶化，预后多不良。病程可由数小时到数天，重症时 3~4 天即可死亡。血液学变化：血沉明显变慢，红细胞数、血红蛋白含量增加，嗜中性粒细胞增加，病初嗜酸性粒细胞消失。没有粪便排出。

【诊断】

患病动物根据病史以及腹痛表现，大动物还可根据直肠检查情况，可建立初步诊断，必要时剖腹检查，可以确诊。诊断要点：突然出现腹痛。表现踢腹、摇尾和频频起卧，食欲消失，反刍停止，精神委顿甚至虚脱，失水引起眼球下陷，体温正常或稍有升高，心跳逐渐加快。初期有排粪，但量少，中后期完全停止，有时排出少量带血的蛋清样物。多数排出胶冻样黏液。触诊瘤胃坚实或有轻度臌气，直肠检查可发现紧张的肠系膜及圆柱状肿胀的肠管。

【防治】

（1）预防　针对病因，加强饲养管理。

（2）治疗　少数轻度肠套叠患畜，可采用保守疗法。停食 2~3 天和使用盐类泻剂，预后一般良好，经对症治疗，能自行恢复。重度肠套叠经 3~5 天死亡。根本治疗在于早期确诊后进行开腹整复，且必须争取时间及早进行。为提高整复手术的疗效，在手术前实施常规疗法，如镇痛、补液和强心，并适当纠正酸中毒。手术后，应做好术后护理工作。

参考文献：

[1] 王晓洁，刘福庆.牛发生肠变位的诊断与预防 [J].中国动物保健，2019，21（09）：18-19.

[2] 孙永泰.奶牛常见疾病的临床观察及防控措施 [J].浙江畜牧兽医，2017，42（03）：33-35.

[3] 杜晓波.牛肠变位的诊断、鉴别和防治措施 [J].现代畜牧科技，2016（11）：80.

[4] 孙英杰，孙洪梅，刘本君.奶牛常见排粪障碍性疾病的临床鉴别诊断 [J].黑龙江畜牧兽医，2016（18）：145-146.

[5] 彭春阳，丁立刚，李敏.中西医结合治疗牛肠痉挛症 [J].中兽医医药杂志，2016，35（03）：70-71.

[6] 许勇.家畜肠变位的临床诊断和治疗 [J].中兽医学杂志，2014（09）：12.

[7] 常丽侠，杭国东，李春水，冷雪秋.牛肠变位的诊治 [J].养殖技术顾问，2013（11）：126.

[8] 苏海清，胡铁平.奶牛肠变位的诊断与治疗 [J].中国畜牧兽医文摘，2013，29（01）：166.

[9] 宁志勇.大家畜肠变位的诊断和综合疗法 [J].中兽医学杂志，2012（04）：31-32.

[10] 李元发，李恩辉，赵宏，何永钦.集约化奶牛场盲肠变位及真胃变位的综合防治 [J].中国畜禽种业，2011，7（10）：82.

[11] 蒋新贺.奶牛肠变位手术治疗两例 [J].中兽医学杂志，2011（03）：35-36.

[12] 潘永宏.一例牛肠变位的诊治小结 [J].养殖技术顾问，2009

(12): 113.

[13] 王海梅. 一例牛肠变位手术治疗 [J]. 中兽医学杂志, 2007 (06): 24.

[14] 刘林锋. 奶牛疾病的辨识 [J]. 吉林畜牧兽医, 2007 (06): 52-53.

[15] 霍祥, 任进义, 孙聪山, 段义利. 奶牛肠套叠的诊疗报告 [J]. 北方牧业, 2005 (21): 20.

[16] 侯俊峰. 牛常见变位和扭转病症的治疗 [J]. 吉林畜牧兽医, 2003 (09): 20-21.

[17] 张纯铎. 浅析牛肠变位的诊断与治疗 [J]. 中国兽医科技, 1989 (05): 35-36.

[18] 杨义学, 唐日禹. 滚转疗法治疗牛肠变位58例 [J]. 兽医科技杂志, 1982 (11): 55-56.

[19] 王大海, 陈资敏. 用开腹法和直肠拉断精索法治疗牛肠变位 [J]. 兽医科技资料, 1978 (02): 86.

二十、肠便秘

肠便秘是由于肠管运动机能和分泌机能紊乱，内容物滞留不能后移，水分被吸收，致使一段或几段肠管秘结的一种疾病。反刍动物肠便秘是由于肠弛缓导致粪便积滞所引起的腹痛病。临诊上以排粪障碍和腹痛为特征。牛的肠便秘与饲养和劳役不当有关。役用牛多发，老年牛发病率更高，乳牛少见。便秘部位大多数在结肠，亦有在小肠和盲肠的。阻塞物以纤维球或粪球居首位。结肠便秘多位于结肠旋袢的中曲部，其次为结肠袢末端，便秘点由鸭蛋到鹅蛋大小，多为粪性阻塞；十二指肠便秘以髂弯曲与乙状弯曲多发，第三段发生较少。便秘点如小鸡蛋大小，阻塞物多为纤维球、毛球或粪球。阻塞部前方肠管高度臌气积液，空肠便秘偶有发生，阻塞物多为粪球、纤维球或毛球形成。回肠在进入盲肠的回盲口处，有时发生套叠；盲肠便秘常在盲结口，盲肠积粪，其体积增大，且盲肠尖下垂而进入盆腔内。

【病因】

役用牛肠便秘通常由于饲喂劣质的粗纤维性饲草，如甘薯藤、花生秸、麦秸、玉米秸、豆秸等而引起。由于上述这些富含纤维素的粗饲草料最先导致肠道的兴奋性刺激，随后引起肠运动和分泌机能降低而导致肠弛缓和肠积粪所引起。或天气炎热、劳役、放牧或长途运输、久渴失饮，致使热侵胃肠，粪便干涩而引发本病。

乳牛肠便秘多因长期饲喂大量精饲料而青饲料不足所引起。重度劳役，饮水不足，或运动不足以及牙齿磨灭不整，长期消化不良等，亦容易发生本病。老弱消瘦或久病体衰，气血双亏，津液干枯而招致本病。新生犊牛因胎粪停滞而发生便秘。大量饲喂品质恶劣的合成乳或代乳粉，引起消化不良或便秘。其他如在腹部肿瘤、某些腺体增大、肝脏疾病导致胆汁排出减少等情况下，亦可见之。母畜临近分娩时，因直肠麻痹，容易导致直肠便秘。

【临诊症状】

病初腹痛轻微，但可呈持续性；病畜食欲减退，甚至废绝，病牛两后肢交替踏地，呈蹲伏姿势；或后肢踢腹，拱背，努责，呈排粪姿势。腹痛增剧以后，常卧地不起。病程延长时，腹痛减轻或消失，卧地，食欲减退或废绝，反刍停止，鼻镜干燥，口腔干燥，有舌苔。肠音减弱或消失。通常不见排粪，频频怒责时，仅排出一些胶冻样团块。直肠检查，肛门紧缩，直肠内空虚干燥，有时在直肠壁上附着干燥的少量粪屑。耕牛便秘大多数发生于结肠，因此直肠检查须注意结肠盘的状态。有些病例，在便秘的前方胃肠积液积气，应注意对积液积气肠段后方的肠段检查。病的后期，病牛眼球下陷，可视黏膜干燥，皮肤弹性下降，目光无神，腹围增大，鼻镜干裂，机体抵抗力很差，卧地后起立困难，心脏衰弱，心律不齐，脉搏快弱，呼吸促迫，常因脱水、心力衰竭和自体中毒死亡。

患病犊牛吃奶或吃食次数减少，肠音减弱，表现不安，弓背、摇尾、努责。有时踢腹、卧地，并回顾腹部。偶尔腹痛剧烈，前肢抱头打滚，以后精神沉郁，不吃奶或不吃草料。结膜潮红带黄色，呼吸、心跳加快，肠音减弱或消失，全身无力，直至卧地不起，逐渐全身衰竭，呈现自体中毒症状。有的犊牛排粪时大声鸣叫。由于粪块堵塞肛门，继发肠臌胀。

【诊断】

依据病史，主要了解饲料种类和品质、使役及饮喂情况。便秘病牛一般表现不吃食、不反刍、不排粪，不时做排粪姿势，但仅仅排出一些胶冻样的白色黏液性团块。病畜明显腹痛，右腹围增大，起卧不安，排粪情况以及直肠检查变化，进行综合分析，可做出初步诊断。直肠检查肛门紧缩，直肠黏膜干而腻，在直肠壁上附着干燥、碎小的粪屑。若秘结于十二指肠，虽摸不到秘结部，但可发现瘤胃液增多和真胃臌胀；若秘结在结肠，手指可触到右侧下腹部肠盘增大，手指压诊，类似瘤胃坚硬；若在盲肠基部积粪，可能回盲瓣也阻塞，发现回肠末端口变粗大而充气，触诊时病牛明显腹痛。但有时须与瘤胃积食、瓣胃阻塞和皱胃阻塞进行鉴别诊断，必要时可开腹探查。

【防治】

（1）预防　役用牛注意饲料搭配合理，多样化，经常供给多汁的块根或青绿饲料，对粗纤维饲料须在合理搭配的情况下喂给，喂料要定时定量。合理使役，不使过劳，充足清洁饮水。并适当的运动，定期驱虫。犊牛出生后，应使其尽快吃到足够的初乳，饲喂品质合格或优质的合成乳或代乳粉，以增强其抵抗力，促进肠蠕动机能。

（2）治疗　主要在于疏通肠管，解除肠弛缓。

初期可内服泻剂和皮下注射拟胆碱药物，如硫酸镁或硫酸钠500~800克，加水10000~16000毫升，或液状石蜡1000~2000毫升，或植物油500~1000毫升，一次内服。皮下注射小剂量的氨甲酰甲胆碱、新斯的明等，亦可静脉注射浓盐水300~500毫升。结肠便秘还可采用温肥皂水15000~30000毫升，深部灌肠。对顽固性便秘，可试用瓣胃注入液体石蜡1000~1500毫升。病畜高度脱水时，需大量输液，每天至少4000毫升，重症患畜可补液8000~10000

毫升，最好在液体内加输 1% 氯化钾溶液 100~200 毫升。犊牛用温肥皂水或液状石蜡油 80~100 毫升深部灌肠，干粪即可排出，必要时可再灌一次。病情较重者，可用液状石蜡油 100~250 毫升，蓖麻油 10~30 毫升，硫酸钠 20 克或硫酸镁 10~30 克，加入水 200~300 毫升灌服。若腹痛明显时可用水合氯醛 3~5 克，加入上述药物中一次灌服。

中药疗法　可用大承气汤加减，或用通结汤。实热型治宜润燥散结、通肠泻下为主，体虚型宜以滋补润肠为治则。

方剂一：加味承气汤。大黄 120 克，芒硝（不煎）500 克，枳壳 90 克，厚朴 60 克，滑石 60 克，槟榔 50 克，共煎水去渣，调大戟粉 40 克内服。

方剂二：鲜乌桕树根 500~1000 克煎水去渣，加清油 250 毫升共调内服。

方剂三：肉桂 50 克，吴茱萸 50 克，乌药 50 克，厚朴 50 克，陈皮 50 克，苍术 50 克，草豆蔻 40 克，续随子 50 克，大黄 50 克，木香 40 克，干姜 100 克，二丑 100 克，共煎水内服。

方剂四：大黄 100 克，二丑 120 克，火麻仁 150 克，茴香 80 克，干姜 10 克，共煎水内服。

方剂五：火麻仁 150 克，大黄 120 克，枳壳 50 克，厚朴 50 克，杏仁 50 克，共煎水内服。

方剂六：当归 100 克，肉苁蓉 100 克，火麻仁 150 克，生地 100 克，郁李仁 100 克，番泻叶 50 克，大黄 50 克，共煎水内服。

手术疗法　经用上述措施不见好转，全身症状逐渐加重时，结粪难下时，可施行右腹壁切开术，开腹按压。于四柱栏站立保定患畜。可采用普鲁卡因腰旁麻醉或电针腰旁穴（3 针）、百会穴麻醉。位于右肷部 2/3 处切开皮肤 15 厘米长，然后钝性分离内外斜腹肌，切开腹膜后即伸手入腹腔检查。先查看盲肠，盲肠充气者，重点查结肠（在肠盘内侧触摸较好）。盲肠不充气者，则重点查空肠、回肠，发现阻塞物后，将其稍加移动，使之离开原部位，再行按压，应防按压时发生肠破裂。若结粪过硬，可先向结粪内注入生理盐水，使之软化后，再以按摩压碎。以后按常规缝合腹膜、腹壁。一般手术后数小时即可排粪、反刍。术后要注意护理，注射抗生素 3~5 天，体弱的要注意强心、补液，一般 8~10 天即可拆线恢复健康。应给足饮水，停止劳役，停喂粗硬草料，待反刍后，喂以易消化的饲料，如青草、青菜等。

参考文献：

[1] 胡永波. 肉牛肠便秘发生的原因、临床特征、鉴别诊断与综合治疗方法 [J]. 现代畜牧科技，2020（01）：57-58.

[2] 武萍，于蕾. 一例牛肠便秘的治疗 [J]. 吉林畜牧兽医，2017，38（05）：50.

[3] 孙英杰，孙洪梅，刘本君. 奶牛常见排粪障碍性疾病的临床鉴别诊断 [J]. 黑龙江畜牧兽医，2016（18）：145-146.

[4] 彭春阳，丁立刚，李敏. 中西医结合治疗牛肠痉挛症 [J]. 中兽医医药杂志，2016，35（03）：70-71.

[5] 冯宇，孟桥. 牛肠便秘伴有其他消化系统疾病的鉴别与诊断 [J]. 养殖技术顾问，2014（12）：199.

[6] 王赫，马浩智. 引起羊肠便秘、肠阻塞疾病的诊断 [J]. 养殖技术顾问，2014（11）：214.

[7] 淳正松. 牛肠阻塞的防治 [J]. 中国畜牧兽医文摘，2014，30（10）：159.

[8] 刘春梅. 引起牛肠便秘、肠阻塞的中毒病的诊断 [J]. 养殖技术顾问，2014（10）：154.

[9] 杨凤，王佳义，杨怀. 中西医结合治疗牛肠便秘的心得体会

[J]．黑龙江畜牧兽医，2006 (06)：59.

[10] 李永文．浅谈耕牛肠便秘 [J]．贵州畜牧兽医，2003 (01)：21.

[11] 陈林敏．在基层治疗牛肠便秘不可乎视 [J]．黑龙江畜牧兽医，1998 (12)：40.

[12] 杨玉成．手术治疗牛肠便秘 [J]．甘肃畜牧兽医，1996 (06)：18-19.

[13] 孙德聪．耕牛肠便秘与肠套叠的鉴别诊断 [J]．中兽医医药杂志，1995 (03)：40-41.

[14] 于宗义．用大承气汤治疗马牛肠便秘的体会 [J]．上海畜牧兽医通讯，1994 (05)：12.

[15] 仁启发．役牛肠便秘的临床观察及辨证施治 [J]．四川农业科技，1988 (04)：26-28.

[16] 王志．答湖南省攸县市上坪乡兽医站聂石林同志问——如何鉴别诊断耕牛瘤胃食滞、肠便秘、肠痉挛三种疾病？[J]．中国兽医杂志，1987 (10)：16.

[17] 吕金好，王子芳．腹部按摩治疗犊牛肠便秘 [J]．畜牧与兽医，1984 (04)：190.

第二部分　营养代谢性疾病

一、奶牛酮病

奶牛酮病又叫牛酮血症、牛醋酮血症、牛酮尿症，是高产奶牛常见的代谢性疾病，以产能下降、体重减轻、食欲不振为主要表现，有时不表现任何症状。是奶牛产犊后几天至几周内，由于体内碳水化合物及挥发性脂肪酸代谢紊乱，所引起的一种全身性功能失调的代谢性疾病。临诊上以血液、尿、乳中的酮体含量增高，血糖浓度下降，消化机能紊乱，体重减轻，产奶量下降，间断性地出现神经症状为特征。根据有无明显的临诊症状可将其分为临诊酮病和亚临诊酮病。本病主要发生于舍饲高产奶牛以及饲养水平低下的牛群。以3~6胎次，产后3~8周内的牛发病率高，冬季比夏季发病率高。泌乳盛期较多见。

【病因】

酮病病因涉及因素广且复杂，主要与下列因素有关。

一种是日粮中营养不平衡和供给不足，如饲料供应过少，饲料单一，日粮不平衡，或精料过多粗饲料不足，使机体的生糖物质缺乏，引起能量负平衡，产生大量酮体而发病，称自发性或营养性酮病，尤其舍饲高产奶牛表现更为明显。另一种是动物在产前过度肥胖，严重影响产后采食量的恢复，使机体的生糖物质缺乏，动物体内贮备的蛋白质和脂肪分解产生酮体，导致酮病发生，称为母牛消耗性酮病。木病还可继发于母牛患子宫内膜炎、乳房炎、创伤性网胃炎、真胃变位、肝脏疾病及矿物质缺乏等。

【临诊症状】

酮病往往都呈现低糖血症、酮血症、酮尿症和酮乳症。

（1）临诊型酮病　症状常在产犊后几天至几周出现，根据症状不同又可分为消化型、神经型和乳热型。消化型病牛，多发生于分娩后2周内，表现食欲减退或废绝，喜喝牛尿、污水，异嗜脏物和泥土，可视黏膜发黄。反刍咀嚼口数不定，或少于30次或多于70次。瘤胃运动减弱，便秘，粪便上覆有黏液。精神沉郁，凝视，体重显著下降，产奶量也降低。呈拱背姿势，表现轻度腹痛。乳汁易形成泡沫，类似初乳状，有与呼吸、排尿相同的酮气味（类似烂苹果气味），加热更为明显。病牛迅速消瘦。神经型病牛多数表现嗜睡，少数病牛表现有神经症状。突然发作，上槽后不认其槽位，于棚内乱转，目光怒视，横冲直撞，站立不稳，全身紧张，颈部肌肉强直，兴奋狂暴。也有举尾在运动场内乱跑，阻挡不住，饲养员称"疯牛病"。病久转为抑制，四肢轻瘫或后肢不全麻痹，不能站立，卧地不起，头颈弯曲于颈侧，反应迟钝，呈昏睡状态。多数病牛体温降至常温以下。乳热型多见于分娩后10天内，其与乳热症极为相似，泌乳量急剧下降，体重减轻，食欲大减，肌肉乏力，不时发生持续性痉挛。

（2）亚临诊型酮病　病牛虽无明显的临诊症状，但由于会引起母牛泌乳量下降，乳质量降低，体重减轻，生殖系统疾病和其他疾病发病率增高，仍然会引起严重的经济损失。

【诊断】

本病大多发生在产后大量泌乳期，病牛表现消瘦、奶产量显著减少、缺乏食欲、前胃迟缓及神经症状，根据临诊症状、饲养管理、日粮搭配、产量高低综合分析一般不难诊断。根据饲养情况和发病时间（多发生在产后4~6周），如出现食欲大减、泌乳量降低、出现神经症状及高产、经产牛突然发病，消化机能障碍表现明显，伴有精神状态不佳等全身表现，吃粗料不吃精料，呼出的气体、尿、乳有明显的烂苹果味可基本作出诊断。但亚临床酮病须根据实验室检验结果进行诊断。

【防治】

（1）预防　对于酮病重在预防，需改善饲养，增加青干草和青绿多汁饲料，适当减少一些碳水化合物类精料，特别在怀孕中期开始直到产后不要给予过多的精料。同时，在饮料中可经常添加适量的碳酸氢钠，既增加产奶量，又能中和胃酸，降低酸中毒的发生。并要十分注意饲料的配合，减少含脂肪多的饲料，饲料不能单一，要多样化、多原料配合。加强泌乳盛期和干奶期的饲养管理，限制使用高蛋白饲料，适量加糖。防止干奶期牛过肥，日粮中干草和草粉的比例不低于30%，优质青贮不低于30%，块根、块茎应占10%，精料不高于30%，并加强运动，及时治疗前胃疾病，定期检测酮体。用酵母120克，葡萄糖200克，酒精50毫升，加水120毫升制成合剂，有较好的预防和治疗作用，在干奶期或产前30天给予，每次间隔10天，连用2次。

（2）治疗　治疗原则以补充体内葡萄糖不足及提高酮体利用率为主、解除酸中毒，配合调整瘤胃机能及其他疗法。继发性酮病以根治原发病为主。治疗方法包括补糖疗法、抗酮疗法和对症治疗。

①补糖疗法　对大多数母牛有明显效果，用50%葡萄糖溶液500~1000毫升，一次静脉注射，每天3~4次，须重复注射，否则可能复发。静脉注射葡萄糖的同时，适当用小剂量的胰岛素，有促进糖的利用作用。重复饲喂丙二醇或甘油（每天2次，每次500克，连用2天；随后每天250克，连用2~10天），效果很好。或丙酸钠，口服，每次250克，每天2次，连用3~5天；或乳酸

钠，或乳酸钙，首日用量 1 千克，随后为每天 0.5 千克，连用 7 天；或乳酸铵，每天 200 克，连用 5 天。

②抗酮疗法　对于体质较好的病牛，用促肾上腺皮质激素（ACTH）200~600 单位肌内注射，效果好，而且方便易行。应用糖皮质激素（剂量相当于 1 克可的松，肌内注射或静脉注射）治疗酮病效果也很好，有助于病的迅速恢复，但治疗初期会引起泌乳量下降。对于慢性病例或体弱的牛应慎用。

③对症治疗　水合氯醛在奶牛酮病和绵羊的妊娠毒血症中得到应用，首次剂量在牛为 30 克，以后用 7 克，每天 2 次，连续 3~5 天。因首次剂量较大，通常用胶囊剂投服，继而则剂量较小，可放在蜜糖或水中灌服。或维生素 B_{12}（1 毫克，静脉注射）和钴（每天 100 毫克硫酸钴，放在水和饲料中，口服），有时用于治疗酮病。或静脉输入 10% 葡萄糖酸钙或氯化钙，缓解慢性酮病的神经症状，有效地预防营养不良。解除酸中毒用 5% 碳酸氢钠 1000 毫升，一次静脉注射。防止不饱和脂肪酸生成过氧化物，可用维生素 E，每次 400~700 毫克内服。促进皮质激素的分泌可用维生素 A，每千克体重用 500 国际单位，内服；或用维生素 C 2~3 克内服。丙二醇，每天每头牛用 120 克，可治血酮。调整瘤胃功能可喂健康牛瘤胃液 3~5 升，每天 2~3 次；或脱脂乳 2 升、蔗糖 500~1000 克，一次内服，每天 1 次。保肝可用氯化胆碱、蛋氨酸、肝泰乐等。

参考文献：

[1] 洪光杰 . 奶牛酮病发生的原因、临床表现、诊断与防治 [J].现代畜牧科技 , 2020 (03) : 143-144.

[2] 马殿阁 . 奶牛常见营养代谢病的发生因素、临床症状、治疗方法和预防措施 [J]. 现代畜牧科技 , 2020 (02) : 123-124.

[3] 张锋，白云龙，宋玉锡，孙书函，夏成，徐闯，张洪友 . 亚

临床酮病对泌乳早期奶牛繁殖性能和血液生化指标的影响 [J]. 中国畜牧兽医 , 2020, 47 (01): 290-295.

[4] 苏启涛 , 郭明臻 . 奶牛酮病的诊断和治疗 [J]. 中国动物保健 , 2020, 22 (01): 44-45.

[5] 岳桂玲 . 奶牛酮病的病因与中西医防治 [J]. 畜牧兽医科技信息 , 2019 (08): 69.

[6] 姚晓芳 . 奶牛酮病的分析诊断和治疗 [J]. 饲料博览 , 2019 (07): 72.

[7] 张江 , 赵畅 , 夏成 , 范子玲 , 白云龙 , 宋玉锡 , 孙书函 , 田琳琳 . 一例奶牛 III 型酮病的诊断与治疗 [J]. 黑龙江畜牧兽医 , 2019 (04): 89-92.

[8] 张志东 , 吕芹云 . 大型奶牛场常见代谢疾病及其预防 [J]. 山东畜牧兽医 , 2019, 40 (01): 33-34.

[9] 姜秀鹏 . 高产奶牛隐性酮病的检测与治疗 [J]. 畜牧兽医科学（电子版）, 2019 (01): 21-22.

[10] 曹杰 . 奶牛酮病的发病特点及防控关键 [N]. 河北科技报 , 2018-11-06 (B07).

[11] 姚瑞玲 , 许奎 . 奶牛酮血病的综合治疗与体会 [J]. 中兽医学杂志 , 2018 (05): 21.

[12] 贲浩川 . 奶牛酮病的发生、诊断和防治方法 [J]. 饲料博览 , 2018 (05): 69.

[13] 赵洪君 . 高产奶牛隐性酮病的检测与治疗 [J]. 山东畜牧兽医 , 2017, 38 (12): 9-11.

[14] 田晓丽 , 赵睿 . 奶牛能量负平衡发生率及其与饲养管理的关系 [J]. 饲料广角 , 2017 (11): 24-26.

[15] 白忠良 . 奶牛疾病的症状与防治方法初探 [J]. 畜牧兽医科学（电子版）, 2017 (10): 66.

[16] 刘莉如，张丹，贾泽颖，刘邓，郭又春，刘修权，全炎铭，陈华林，汪宇，曹杰.荷斯坦牛分娩前后酮病发病规律的研究 [J].中国奶牛，2017(09)：42-45.

[17] 陈雪梅.奶牛酮病的病因分析与综合防治对策 [J].农技服务，2017, 34(16)：102.

[18] 陈志远，李炎，王剑飞.基于 Meta 分析烟酸对奶牛血液酮体指标的影响 [J].饲料广角，2017(08)：31-33.

[19] 周小双.奶牛神经型酮病的诊治 [J].当代畜牧，2016(26)：55.

[20] 庄雨龙，桑学波.奶牛生产瘫痪的诊断与防治 [J].现代化农业，2016(09)：53-54.

[21] 周凯.奶牛产后亚临床酮病的防治 [C].中国奶业协会.第七届中国奶业大会论文集.中国奶业协会：中国奶牛编辑部，2016：302-304.

[22] 王菊琴，刘莉.奶牛酮病 [J].中国牛业科学，2016, 42(03)：95-96.

[23] 温富勇，李占云，葛楠，赵海明，马英，于桂芳.酮病检测技术在奶牛生产中的应用 [J].当代畜牧，2016(09)：48-49.

[24] 常见.奶牛产后酮病的综合防治 [N].河北科技报，2013-12-12(B07).

[25] 赵云东.奶牛消耗型酮病诊疗报告 [J].中国畜牧兽医文摘，2013, 29(06)：139.

[26] 王建国.围产期健康奶牛与酮病、亚临床低钙血症病牛血液代谢谱的比较与分析 [D].吉林大学，2013.

[27] 孙照磊.奶牛酮病的发病调查及酮病与胰岛素抵抗的关系 [D].黑龙江八一农垦大学，2013.

[28] 牛建国，李岩.奶牛酮病和产后瘫痪的防治技术 [J].畜牧与饲料科学，2013, 34(03)：109-110+125.

[29] 李忠. 奶牛神经型酮病的防治措施 [J]. 畜牧兽医科技信息, 2013(03): 61.

[30] 徐景波. 奶牛生产瘫痪 47 例病例的诊治分析 [J]. 养殖技术顾问, 2013(01): 142.

[31] 耿杰. 规模牛场奶牛酮病防治方案 [N]. 河北农民报, 2012-05-17(B06).

[32] 高启贤, 张慧玲. 奶牛生产瘫痪合并酮病的诊治体会 [J]. 中国牛业科学, 2012, 38(03): 94-95.

[33] 张寿, 鄙来平, 靳智勇, 李耀民. 青海省部分奶牛场奶牛酮病的调查与防治 [J]. 黑龙江畜牧兽医, 2012(06): 81-82.

[34] 王玉梅, 田洪祥. 奶牛代谢病的发病情况及综合防控 [J]. 山东畜牧兽医, 2012, 33(01): 46-47.

[35] 王哲. 过渡期奶牛生产疾病研究进展 [J]. 北方牧业, 2010(22): 22-23.

二、低镁血症

低镁血症又称青草搐搦、青草蹒跚、泌乳搐搦、低镁血性搐搦等，是在放牧中突然发生的一种低镁血症。奶牛、肉牛及役用牛多发。低镁血症指牛由采食低镁或高钾牧草引起血液中镁含量减少，临床上以强直性、阵发性肌肉痉挛、惊厥、呼吸困难和急性死亡为特征的矿物质代谢性疾病。主要发生在人工草场（过多施用氮、钾肥料）上放牧的牛群，天然草场上放牧的牛群极少发生。本病属世界性疾病之一，多数地区发病率为1%~2%，少数地区可达20%左右，死亡率高达70%以上。

【病因】

放牧草场氮含量过多，瘤胃内产生大量氨（40~60毫克/100毫升），氨与磷、镁结合成不溶性磷酸铵镁，一方面降低了机体对镁的吸收，另一方面可诱发牛群腹泻，从而影响消化道对镁的吸收，导致血镁含量减少。在含钾过多的草场上放牧，食入的高钾牧草使机体对镁的吸收减少，且钾离子可使机体肌肉和神经的兴奋性提高，表现兴奋和痉挛等症状。妊娠母牛在分娩前由于妊娠而使镁消耗量增大，在分娩后又由于大量泌乳，使镁消耗更大，加上瘤胃内产生过多的氨等，致使对镁的吸收不充分而导致血镁含量减少。这种能导致血镁含量减少、镁代谢障碍的因素，是引起本病发生的主要原因，分为镁缺乏和钾过多两大类型。土壤中镁缺乏或镁溶解流失，导致镁含量减少；草场尤其是人工草场施用钾肥过多而致使土壤中钾含量增多，钾过高时即使土壤中含镁量不缺乏，但由于钾、镁离子的拮抗而影响植物对镁的吸收，导致饲草、饲料中镁缺乏，这是导致低镁血症发生的主要原因。

【临诊症状】

本病在临床上以痉挛为特征，与神经型酮病、乳热症等的临床症状极为相似。发病前 1~2 天呈现食欲不振、精神不安、兴奋等类似发情表现。有的则精神沉郁、呆立、强拘步样、后躯摇晃等。急性者在采食中突然抬头哞叫，盲目乱走，随后倒地，发生间歇性肌肉痉挛，2~3 小时中反复发作，终因呼吸衰竭而死亡。亚急性病牛开始时精神沉郁、步态跟跄，接着兴奋不安，肌肉震颤，抽搐，瞬膜外露，牙关紧闭，耳、尾和四肢强直，全身呈现间歇性和强直性痉挛。水牛患本病后多取亚急性经过。慢性发病过程中，即使轻微刺激病牛其反应也十分敏感，头颈、腹部和四肢肌肉震颤，甚至强直性痉挛，角弓反张。可视黏膜发绀，呼吸促迫（60~82 次 / 分），脉搏增数（82~105 次 / 分），口角有泡沫状唾液。

【诊断】

根据季节、放牧等病史及运动失调、感觉过敏和搐搦可作出诊断。

急性病例，呈明显的神经症状，兴奋不安，颈、背及四肢震颤，针刺敏感。牙关紧闭或磨牙，唇边有泡沫，眼球震颤、瞬膜突出，耳竖立。尾肌和后肢呈强直性痉挛，继而发展为全身性痉挛。严重者，狂奔乱跑，不久倒地，角弓反张，如抢救不及时则很快死亡。慢性病例，病初无大异常，经一段时间后转为急性，表现兴奋不安、运动障碍，最后痉挛而死。

【防治】

（1）预防　春夏季节要合理放牧，尤其是由舍饲转为放牧时，应逐渐过渡，防止突然饱食青草而发病。如长时间放牧，应适当补钙补镁。

（2）治疗　用 25% 硫酸镁溶液 50~100 毫升，10% 氯化钙溶液 100~200 毫升，10% 葡萄糖溶液 500~1000 毫升，静脉注射。注射时速度一定要慢，并且密切注意心跳和呼吸，必要时配合注射 10% 安钠咖溶液 20~30 毫升。也可用氧化镁（含氧化镁 87% 以上）与饲料混合饲喂，每天用量 200 克左右。

中药疗法　滋阴熄风，柔肝止痉。

方剂一：当归 60 克，阿胶（烊化）60 克，白芍 120 克，生地黄 45 克，茯神 65 克，石决明 45 克，钩藤 45 克，生牡蛎 120 克，生龙骨 120 克，甘草 45 克。水煎灌服，每天 1~2 剂。

方剂二：防风、荆芥、羌活、独活、苍术、小茴香各 24~40 克，乌蛇 80~160 克，罂粟壳、陈皮各 15~25 克，乌药、枳壳、秦艽各 20~30 克。水煎 2 次，混匀后待温缓慢灌服，大多数病例用药后 1 小时症状减轻，甚至能爬起行走、反刍、采食。一般服 1 剂可痊愈，少数需再服 1 剂。

参考文献：

[1] 姚晓芳. 牛、绵羊低血镁抽搐症的分析诊治 [J]. 畜牧兽医科技信息，2019(08)：96.

[2] 程景龙. 夏季牛羊低血镁症预防措施 [J]. 吉林农业，2019 (03)：61.

[3] 张继才，和占星，专开兴，杨凯，金显栋，王安奎，李乔仙，李天平，付美芬，黄必志. 新生犊牛低镁血症的治疗与预防 [J]. 云南畜牧兽医，2018(06)：24-25.

[4] 努尔拜合提·努尔旦，哈力旦木·吾甫尔，王杰，沈辰峰，韩涛. 绵羊低镁血症的诊治 [J]. 现代农业科技，2018(17)：229+231.

[5] 曲日波. 羊常见营养素缺乏症及诊疗方法 [J]. 现代畜牧科技, 2018 (01): 64.

[6] 崔卫华. 泌乳母羊低镁血症的诊治分析 [J]. 中国动物保健, 2017, 19 (08): 66-67.

[7] 刘晓秋. 牛青草搐搦症的诊断、鉴别与防治措施 [J]. 现代畜牧科技, 2016 (09): 126.

[8] 包秀梅. 羊低镁血症的诊断与治疗 [J]. 养殖技术顾问, 2014 (12): 111.

[9] 张勇. 奶牛低镁血症诊治 [J]. 四川畜牧兽医, 2014, 41 (11): 53.

[10] 王亭亭. 反刍兽牛青草搐搦浅谈 [J]. 青海畜牧兽医杂志, 2014, 44 (05): 53-54.

[11] 宋君峰. 牛青草搐搦病防治 [J]. 四川畜牧兽医, 2012, 39 (03): 60.

[12] 穆春奇, 侯义, 姜明达, 孙华仁. 奶牛产后瘫痪综合征的诊断与防治 [J]. 养殖技术顾问, 2011 (07): 106.

[13] 王桂艳, 齐军. 浅述奶牛产后瘫痪综合征的防治措施 [J]. 中国畜牧兽医文摘, 2008 (02): 82-83.

[14] 王彦容, 闫振德. 奶牛几种常见产后疾病的鉴别 [J]. 内蒙古畜牧科学, 2003 (04): 40-41.

[15] 赵从民. 牛羊低镁血症的防治 [J]. 四川畜牧兽医, 2002 (06): 51.

[16] 张宗创, 张郑勇. 牛低镁血症的诊治 [J]. 养殖技术顾问, 2001 (07): 22.

[17] 姚智深. 奶牛低镁血症的诊治报告 [J]. 畜牧与兽医, 2000 (06): 28.

[18] 张怀民, 周宏赞. 水牛低镁血症的诊疗 [J]. 中国兽医杂志, 1998 (04): 37.

[19] 刘国庆，朱敬山．牛低镁血症的调查与治疗 [J]．中国兽医杂志，1990(05)：31．

[20] 郑昌寅．牛青草搐搦 [J]．中国兽医杂志，1989(09)：32．

[21] 吴长玺，周永祥，杨万录．奶犊牛低镁血症发生情况调查 [J]．黑龙江畜牧兽医，1985(07)：3-4．

[22] 赵守宁．牛羊低镁血症 [J]．辽宁畜牧兽医，1984(04)：38-40．

[23] 志贺珑郎，丁景昌．反刍动物低镁血症的试验研究Ⅶ、日粮中镁和钙的含量对于泌乳羊及非泌乳羊羊毛中镁及钙含量的影响 [J]．国外兽医学．畜禽疾病，1982(05)：12-14．

[24] 志贺珑郎，丁景昌．反刍动物低血镁症的试验研究Ⅵ、饲喂正常日粮及低镁、低钙日粮时泌乳羊与非泌乳羊镁、钙、磷的代谢及血浆中甲状旁腺素浓度的变化 [J]．国外兽医学．畜禽疾病，1982(03)：17-19．

[25] 志贺珑郎，筱崎谦一，丁景昌．反刍动物低镁血症的试验研究Ⅱ、饲喂低镁日粮时青年羊、老年羊镁与钙的代谢 [J]．国外兽医学．畜禽疾病，1981(01)：48-49．

三、奶牛肥胖综合征

奶牛肥胖综合征又称牛脂肪肝病、肥胖母牛综合征。因发病经过和病理变化类似于母羊妊娠毒血症，所以也称为牛妊娠毒血症。本病是奶牛分娩前后过度肥胖而发生的一种以厌食、抑郁、严重的酮血症、脂肪肝、末期心率加快和昏迷，以及致死率极高为特征的脂质代谢紊乱性疾病。奶牛常在分娩后，泌乳高峰期发病，有些牛群发病率可达 25%，致死率达 80%。

【病因】

妊娠母牛过度肥胖是本病的主要原因。引起母牛过度肥胖的因素有：干乳期，甚至从上一个泌乳后期开始，大量饲喂谷物或者青贮玉米；干乳期过长，能量摄入过多；未把干乳期牛和正在泌乳的牛分群饲养；精饲料供应过多；分娩、产乳、气候突变、临分娩前饲料突然短缺等是本病的诱发因素。

【临诊症状】

（1）急性型病牛　精神沉郁，食欲减退乃至废绝，瘤胃蠕动微弱、奶产量减少或无奶。可视黏膜黄染，体温升高达39.5℃~40℃以上，步态不稳，目光呆滞，对外界反应不敏感。伴发胃肠炎症状，如排泄黑色、泥状恶臭粪便。对药物无反应，多在病后 2~3 天内卧地不起而死亡。

（2）慢性型病牛　在分娩后 3 天内发病，多伴发产后疾病，如呈现酮病症状，常发呻吟，磨牙，兴奋不安，抬头望天或颈肌抽搐，呼出气体和汗液带有丙酮气味，步态不稳，眼球震颤，后躯不全麻痹，嗜睡等。食欲不振，逐渐停食，病牛虚弱，躺卧，血液和乳中酮体增加，严重酮尿。用治疗酮病的措施常无效果。泌乳性能大大降低。粪少而干硬，或排泄软稀下痢粪便。

肥胖牛群还经常出现皱胃扭转、前胃弛缓、胎衣滞留、难产等，病牛致死率极高。幸免不死的牛表现休情期延长，牛群中不孕及少孕的现象较为普遍，对传染病的抵抗力降低，容易发生乳腺炎、子宫炎、沙门氏菌病等，某些代谢病如酮病和生产瘫痪等发病率增高。肥胖孕牛常于产犊前表现不安，易激动，行走时运步不协调，一般病程为 10~14 天，最后呈现昏迷，并在安静中死亡。

【诊断】

根据母牛异常肥胖，肉牛多发生于产犊前，奶牛于产犊后突然拒食、躺卧等特点，应怀疑为本病。根据临诊病理学检验结果（如肝功能损害、酮体含量增高等）进行诊断；根据肝脏活体采样检查进行诊断，肝中脂肪含量在 20% 以上。奶牛肥胖综合征必须与产后发生的真胃左方移位相鉴别。真胃左方移位可通过听诊和叩诊相结合，出现钢管音。高精日粮的饲喂和过度肥胖的体况有助于将本病与生产瘫痪、倒地不起综合征等疾病相区别。

【防治】

（1）预防　加强饲养管理，保持饲料稳定，避免突然变更。干奶牛应限制精料量，增加干草喂量。分群管理。根据不同生理阶段，随时调整营养比例，干奶牛与泌乳牛分开饲喂。加强运动，定期补糖、补钙。及时配种，不漏掉发情牛，提高受胎率，防止奶牛干奶期过长而导致过肥。

（2）治疗　目的是抑制脂肪分解，减少脂肪酸在肝中的积存，加速脂肪的利用，防止并发酮病。原则是解毒、保肝、补糖。

50% 葡萄糖溶液 500~1000 毫升，静脉注射；50% 右旋糖酐第一次 1500 毫升，一次静脉注射，后改为 500 毫升，每天 2~3 次。氯化钴或硫酸钴每天 100 克，内服。丙二醇 170~342 克，每天 2 次口服，连服 10 天，氯化胆碱 50 克，一次内服，每天 2 次。也可按每头牛每天 250 毫升的丙二醇或甘油，用水稀释后灌服，并注射多种维生素，能提高疗效。灌服健康牛瘤胃液 5000~10000 毫升，或喂给健康牛反刍食团有助于疾病的恢复。

参考文献：

[1] 付建中 . 母牛肥胖综合征的保健与治疗 [J] . 中国动物保健 , 2017, 19 (06) : 35-37.

[2] 刘妍，刘东日 . 奶牛繁殖疾病与防治建议 [J] . 中国畜禽种业 , 2016, 12 (10) : 59.

[3] 高巍 . 奶牛肥胖综合征的病因分析及防治措施 [J] . 现代畜牧科技 , 2016 (06) : 142.

[4] 肥胖母牛综合征的防治方法 [J] . 养殖与饲料 , 2016 (05) : 82.

[5] 焦万洪，李莉 . 牛营养与代谢性疾病的防治 [J] . 中国畜牧兽医文摘 , 2015, 31 (12) : 158+173.

[6] 陈晶 . 奶牛肥胖综合征的防治 [N] . 河南科技报 , 2014-11-28 (B06).

[7] 严兆祥，张玲会 . 冬季奶牛肥胖综合征的防治 [J] . 今日畜牧兽医 , 2013 (01) : 55-56.

[8] 辛学 . 慎防奶牛肥胖综合征 [J] . 农家参谋 , 2010 (12) : 21.

[9] 宋洛文，刘振岭，刘爱香 . 奶牛养殖技术系列讲座之十——肥胖母牛综合征 [J] . 农家参谋 , 2002 (11) : 30.

[10] J. Brugere-Picoux, H. Brugese、王宝善 . 肥胖奶牛综合征 [J] . 国外兽医学 . 畜禽疾病 , 1982 (01) : 14-17.

四、瘤胃酸中毒

瘤胃酸中毒是指反刍动物采食大量易发酵碳水化合物饲料后，瘤胃乳酸产生过多而引起瘤胃微生物区系失调和功能紊乱的一种急性代谢性疾病。临诊上又称为乳酸性消化不良、中毒性消化不良、反刍动物过食谷物、谷物性积食、中毒性积食等。临诊以消化障碍、瘤胃运动停滞、脱水、酸血症、运动失调等为特征。本病发病急骤，病程短，死亡率高。

【病因】

常见的病因是牛、羊突然采食大量富含碳水化合物的谷物（如大麦、小麦、玉米、水稻和高粱或其糟粕等）；或高精饲料，如因饲料混合不匀，采食精料过多；牛、羊进入料库、粮食或饲料仓库或晒谷场，短时间内采食了大量的谷物或畜禽的配合饲料；采食苹果、青玉米、甘薯、马铃薯、甜菜及发酵不全的酸湿谷物的量过多时，也可发生本病。

【临诊症状】

瘤胃酸中毒临诊上一般分为以下4种类型。

（1）最急性型　一般无明显的前期症状，常于采食后3~5小时内死亡。

（2）急性型　步态不稳，不愿行走，体温不定，呼吸、心跳增加，精神沉郁，食欲废绝。结膜潮红，瞳孔轻度散大，反应迟钝。

消化道症状典型，磨牙虚嚼不反刍，瘤胃膨满不蠕动，触诊有弹性，冲击性触诊有振荡音，瘤胃液 pH 值 5~6，无存活的纤毛虫。排稀软酸臭粪便，有的排粪停止，中度脱水，眼窝凹陷，血液黏滞，尿少色脓或无尿。后期出现神经症状，步态蹒跚，或卧地不起，头颈侧曲，或后仰呈角弓反张样，昏睡或昏迷。若不及时救治，多在 24 小时内死亡。

（3）亚急性型　食欲减退或废绝，瞳孔正常，精神沉郁，能行走而无共济失调。轻度脱水，体温正常，结膜潮红，脉搏加快。瘤胃蠕动减弱，中等充满，触诊内容物呈生面团样或稀软，pH 值 5.5~6.5，纤毛虫数量减少。常继发或伴发蹄叶炎或瘤胃炎而使病情恶化，病程 24~96 小时不等。

（4）轻微型　呈原发性前胃弛缓体征，表现为精神轻度沉郁，食欲减退，反刍无力或停止。瘤胃蠕动减弱，稍膨满，内容物呈捏粉样硬度，瘤胃 pH 值 6.5~7.0，纤毛虫活力基本正常，脱水体征不明显。体温、脉搏和呼吸数无明显变化。腹泻，粪便灰黄稀软，或呈水样，混有一定黏液，多能自愈。

【病理变化】

发病后于 24~48 小时内死亡的急性病例，其瘤胃和网胃中充满酸臭的内容物，黏膜呈玉米糊状，容易擦掉，露出暗色斑块，底部出血；血液浓稠，呈暗红色；内静脉淤血、出血和水肿；肝脏肿大，实质脆弱；心内膜和心外膜出血。病程持续 4~7 天后死亡的病例，瘤胃壁与网胃壁坏死，黏膜脱落，溃疡呈袋状溃疡，溃疡边缘呈红色。被侵害的瘤胃壁区增厚 3~4 倍，呈暗红色，形成隆起，表面有浆液渗出，组织脆弱，切面呈胶冻状。脑及脑膜充血；淋巴结和其他实质器官均有不同程度的瘀血、出血和水肿。

【诊断】

本病根据病畜表现脱水、瘤胃胀满、卧地不起、具有蹄叶炎和神经症状，结合过食豆类、谷类或含丰富碳水化合物饲料的病史，以及实验室检查的结果。瘤胃 pH 值下降至 4.5~5.0，血液 pH 降至 6 以下，血液乳酸升高等，进行综合分析与论证，可做出诊断。

【防治】

（1）预防　应严格控制精料喂量，做到日粮供应合理，构成相对稳定，精粗饲料比例平衡；加喂精料时要逐渐增加，严禁突然增加精料喂量；饲料中添加缓冲剂或加一些抑制乳酸生成菌作用的抗生素（如莫能菌素）；对产前、产后牛应加强健康检查，随时观察异常表现并尽早治疗；防止牛、羊闯入饲料房、仓库、晒谷场，暴食谷物、豆类及配合饲料。

（2）治疗　治疗原则为清除瘤胃有毒内容物，纠正脱水、酸中毒和恢复胃肠功能。

①清除瘤胃有毒内容物　多采用洗胃或缓泻法或手术疗法。洗胃用 1% 食盐水、1% 碳酸氢钠溶液、自来水或 1∶（5~10）石灰水溶液上清液反复洗胃，直到内容物呈碱性。缓泻多用油类泻剂，如石蜡油或植物油，牛 500~1500 毫升，羊 100~200 毫升。硫酸新斯的明注射液，牛 20 毫克，羊 2~5 毫克，一次皮下注射，2 小时重复 1 次,同时肌注氯丙嗪注射液(每千克体重 0.5~1 毫克)。或切开瘤胃，直接取出瘤胃内容物，同时放入健康牛、羊瘤胃内容物。

②纠正脱水、酸中毒　纠正脱水用生理盐水、复方氯化钠液、5% 葡萄糖氯化钠液等；纠正酸中毒用 5% 碳酸氢钠液。酸中毒基本解除时，内服健康牛的瘤胃液 3000~5000 毫升（羊的瘤胃液 500~1000 毫升），或酵母粉 100~200 克（羊 30~60 克）、葡萄糖粉 100 克（羊 15 克）、酒精 50~100 毫升（羊 10~20 毫升），加温水 1000~2000 毫升（羊 200~400 毫升），内服。病轻的可灌服制酸

药和缓冲剂，如氢氧化镁或碳酸盐缓冲合剂（干燥碳酸钠50克，碳酸氢钠420克，氯化钾40克）250~750克（羊50~150克），水5000~10000毫升（羊1000~2000毫升），一次灌服。

③恢复胃肠功能　牛可灌服健康牛瘤胃液5000毫升（羊灌服健康羊瘤胃液1000毫升），大黄苏打片30克（羊5~10克），人工盐150克（羊30克）。或给予整肠健胃药或拟胆碱制剂。同时配合抗菌、消炎、强心、降脑压、镇静、补钙、抗休克、利尿等对症治疗。如伴发蹄叶炎时，则注射抗组胺药物。

参考文献：

[1] 史晓杰. 肉牛瘤胃酸中毒的病因分析、临床表现及治疗方法[J]. 现代畜牧科技，2020(04)：100-101.

[2] 朱启华. 牛瘤胃酸中毒的综合防治[J]. 兽医导刊，2020(03)：29.

[3] 石维. 奶牛瘤胃酸中毒的诊治[J]. 中国乳业，2020(01)：60-61.

[4] 任胜男，王洪荣. 酵母培养物对瘤胃酸中毒的调控[J]. 中国饲料，2019(19)：24-27.

[5] 王琛，李剑，刘晓旺，张伟涛. 农区舍饲羊瘤胃酸中毒的诊断与治疗[J]. 北方牧业，2019(18)：28+27.

[6] 张新军. 奶牛瘤胃酸中毒的诊断与防治[J]. 中国动物保健，2019，21(06)：39-40.

[7] 李晓莉. 牛羊瘤胃酸中毒诊断治疗和预防[J]. 畜牧兽医科学（电子版），2019(09)：142-143.

[8] 汤利民，王文丹，苏衍菁，吴天佑. 预防亚急性瘤胃酸中毒的营养调控措施[J]. 中国奶牛，2019(04)：9-13.

[9] 李志春，闫益波. 奶牛瘤胃酸中毒及其营养调控[J]. 中国乳业，2019(02)：48-50.

[10] 林晓霞．奶牛瘤胃酸中毒手术治疗一例 [J]．山东畜牧兽医，2019，40（02）：71-72．

[11] 侯淑萍．牛羊瘤胃酸中毒诊断及防治措施 [J]．畜牧兽医科学（电子版），2019（01）：126-127．

[12] 曹伟丽．羊瘤胃酸中毒的临床症状、病理变化及防治措施 [J]．现代畜牧科技，2018（12）：72．

[13] 杨永霞．高寒地区育肥牦牛瘤胃酸中毒的治疗 [J]．中国牛业科学，2018，44（03）：89-90．

[14] 高俊，陶金林．群发性安格斯肉牛瘤胃酸中毒的防治 [J]．养殖与饲料，2018（05）：56-57．

[15] 李旭东．牛、羊瘤胃酸中毒的诊断、治疗和预防 [J]．现代畜牧科技，2016（03）：81．

[16] 徐梅．反刍动物瘤胃酸中毒的原因及防治 [J]．养殖与饲料，2016（03）：51-52．

[17] 张新连．一例牛瘤胃酸中毒治疗与分析 [J]．中国畜禽种业，2015，11（08）：72-73．

[18] 李宁，王亮，侯金玲．一例羊酸中毒的案例分析 [J]．山东畜牧兽医，2014，35（12）：82-83．

[19] 王占峰．一起山羊瘤胃酸中毒的诊治报告 [J]．畜牧兽医科技信息，2014（02）：73-74．

[20] 冯国明．羊瘤胃酸中毒的诊断与防治 [N]．河北农民报，2013-10-28（A07）．

[21] 李军平．肉羊瘤胃酸中毒的治疗体会 [J]．兽医导刊，2013（06）：62-63．

[22] 叶红英，张宗庆．瘤胃酸中毒综合防治措施 [J]．畜禽业，2012（08）：81-82．

[23] 何云龙，许立新，丁润峰．一例小尾寒羊瘤胃酸中毒的诊治

及预防措施 [J]. 养殖技术顾问, 2012 (07): 178.

[24] 杨志红, 史春芳, 王自祥, 鲁慧芳. 一起育肥羊酸中毒的诊治 [J]. 养殖技术顾问, 2011 (10): 167.

[25] 李开江, 唐兆新. 一例濒危期奶牛瘤胃酸中毒的诊治 [J]. 动物医学进展, 2006 (S1): 107-108.

[26] 王援军. 乳牛生产瘫痪与瘤胃酸中毒、醋酮血病的鉴别 [J]. 青海畜牧兽医杂志, 2005 (02): 10.

[27] 王好昌, 王恩禄, 李贵友. 奶牛瘤胃积水继发瘤胃酸中毒的诊疗 [J]. 黑龙江畜牧兽医, 1990 (12): 28.

[28] 肖定汉. 反刍动物的瘤胃酸中毒（综述）[J]. 中国兽医杂志, 1982 (01): 42-44.

五、生产瘫痪

生产瘫痪，又叫产后瘫痪、乳热病、临床分娩低钙血症，是指成年母牛分娩后突然发生的以急性低血钙为主要特征的一种营养代谢障碍病。一般多发于产后 12~72 小时。4~5 胎以上的高产奶牛易发生。

【病因】

引起该病的主要原因是由于饲料日粮中高钙、低磷，缺乏维生素 D 及分娩后立即大量泌乳，而使过多血钙丧失而引起。直接原因是钙丢失量超过了吸收量，或者肠对钙的吸收能力降低，或者骨骼中钙盐的析出能力下降。

【临床症状】

发病初期，病牛呈现出短暂的兴奋和搐搦，四肢肌肉震颤，站立不稳，摇头、伸舌磨牙，食欲废绝。步态踉跄，易于摔倒，摔倒后挣扎站立，步行几步后又摔倒。站立不起者便安然卧地。鼻镜干燥，耳、鼻、皮肤和蹄部末梢发凉，脉搏无力，心率加快至 90~100 次 / 分。瞳孔散大，感觉反应减弱至消失，对刺激无反应。昏睡病牛四肢平伸躺下不能坐卧，精神高度沉郁，头抵向胸腹壁，昏迷、瞳孔散大，心音极度微弱，心率可增至 120 次 / 分。横卧常引起瘤胃臌气，如不及时诊治很快就会呼吸停止而死亡。

【诊断】

临床诊断：主要依据是病牛为 3~6 胎（5~9 岁）的高产奶牛，产犊后 1~3 天发病，并出现特征性的瘫痪症状。心跳增至 100 次/分，病牛瘫痪后失去知觉、昏睡、便秘。如果对乳房送风疗法有良好的反应，则可确诊。

【防治】

（1）预防　加强饲养管理，控制干奶期母牛的精饲料饲喂量，给奶牛饲喂低钙、高磷饲料，减少从日粮中摄取的钙量。保持圈舍的清洁、干净，保证自由运动，减少应激因素。加强对临产母牛的监护，可在产前肌内注射维生素 D_3，增强钙的吸收，对于年老、高产和有瘫痪病史的牛，可在产前通过静脉注射补充钙、磷。加强临床牛的监护，做到早发现、早治疗，待病牛食欲、泌乳等身体状况完全恢复后，方可停止治疗。

（2）治疗　静脉注射钙剂，提高血钙水平。

①对一般病牛，可使用 10%~20% 葡萄糖酸钙溶液，牛一次注射 500~800 毫升，或 2%~3% 氯化钙溶液 500 毫升，静脉注射，每天 2~3 次。钙剂治疗效果不明显的病牛，可使用 15% 磷酸二氢钠注射液 200~500 毫升、硫酸镁注射液 150~200 毫升，与钙剂交替使用。

②乳房送风疗法　本法是治疗奶牛生产瘫痪最有效和最简便的方法之一。向乳房内打入空气时需要使用乳房送风器，充气前，先将病牛侧卧，乳房洗净，挤净乳房中的积奶并用酒精棉球消毒乳头，将消毒过的导乳管插入乳头内，用乳房送风器向乳房内充气，当乳房皮肤紧张、乳区界线明显时停止打气。为防止注进的空气逸出，可用绷带将打满气乳区的乳头扎紧。

③乳房内注入牛奶疗法　本法可获得与乳房送风法相同的效果。方法是用注射器通过导乳管向乳房内注入健康的鲜牛奶。前

乳区各注入200毫升，后乳区各注入250毫升左右，以见到乳头管口溢出乳汁为宜。

④对钙剂疗效不显著的病牛，可使用地塞米松20毫克或氢化可的松25毫克，1500毫升5%葡萄糖生理盐水溶解，静脉注射，每天2次，连用1~2天。同时配合钙制剂使用，疗效更好。

参考文献：

[1] 张明成. 高产奶牛产后瘫痪的防治 [J]. 养殖与饲料，2020 (05)：84-85.

[2] 吴心华. 奶牛产后瘫如何治疗 [N]. 河北科技报，2018-05-15 (B07).

[3] 马军，张树兴. 一例奶牛产后瘫痪的诊疗报告 [J]. 畜牧兽医科技信息，2017 (07)：46.

[4] 李蕾. 奶牛产后瘫痪的诊断和预防 [C]. 河北省畜牧兽医学会、石家庄市畜牧水产局. 第三届河北省畜牧兽医科技发展大会论文集(上册). 河北省畜牧兽医学会、石家庄市畜牧水产局：河北省畜牧兽医学会，2016：237-238.

[5] 晓虎. 奶牛产后瘫痪的诊断和治疗措施 [J]. 中兽医学杂志，2015 (02)：24-25.

[6] 张冬梅，周自强. 奶牛产后瘫痪的饲养管理与预防措施 [J]. 现代畜牧科技，2015 (01)：49-50.

[7] 黄学家. 牛病常用治疗方法 [J]. 中国乳业，2014 (10)：36-39.

[8] 王丽坤，秦建玲，高俊峰. 奶牛产后瘫痪的原因分析与防治 [J]. 养殖技术顾问，2012 (07)：113.

[9] 李超. 奶牛产后瘫痪的病因及防治 [J]. 畜牧与饲料科学，2010, 31 (Z2)：82-83.

[10] 李英杰，胡艳，王景东，朱洪波. 奶牛产后瘫痪的治疗体会

[J]．中国畜禽种业，2009, 5 (06)：80-81.

[11] 李安平，王国太．奶牛产后瘫痪这样治疗好 [J]．北方牧业，2008 (20)：18.

[12] 李进德．奶牛产后瘫痪综合治疗 [J]．中兽医医药杂志，2008 (05)：47-48.

[13] 刘金玲．奶牛产后瘫痪的病因分析与鉴别诊断 [J]．新疆农垦科技，2008 (03)：38-39.

[14] 马长新，王立景，肖慎华．奶牛产后瘫痪性疾病的鉴别诊断及防治 [J]．畜牧与兽医，2007 (10)：59-60.

[15] 孟庆伟，时玉晓．26 例奶牛产后瘫痪的病历报告 [J]．山东畜牧兽医，2005 (06)：27.

[16] 李助南，郭良辉，龚大春．不同方法治疗奶牛产后瘫痪的效果比较 [J]．长江大学学报（自科版），2005 (11)：50-51+5-6.

[17] 李助南，郭良辉，龚大春．不同方法治疗奶牛产后瘫痪的效果比较 [J]．长江大学学报（自科版）农学卷，2005 (04)：50-51+9-10.

[18] 马洪武．奶牛产后瘫痪的预防和治疗 [J]．畜牧与饲料科学，2005 (05)：50-51.

[19] 陈桂峰．对奶牛产后瘫痪病因发病机理分析和治疗体会 [J]．中兽医学杂志，2005 (01)：19-20.

[20] 吴金龙，陈志平．如何解决奶牛产后瘫痪问题 [J]．乳业科学与技术，2003 (04)：178-179.

[21] 张仕权．奶牛产瘫及早预防和治疗 [J]．农民致富之友，2000 (11)：33.

[22] 李桂叶．高产奶牛产后瘫痪的诊疗 [J]．中国兽医杂志，1998 (04)：27.

[23] 包国成．奶牛产后瘫痪的发生与防治 [J]．畜牧兽医杂志，1998 (01)：18-20.

[24] 黄利权，蔡荣湘. 奶牛产后瘫痪与饲养管理的关系 [J]. 中国奶牛，1992 (06)：33-34.

[25] 崔定中. 奶牛产后瘫痪病因之我见 [J]. 中国兽医杂志，1991 (11)：18-19.

六、佝偻病

佝偻病是在生长期的幼畜由于维生素 D 及钙、磷缺乏或饲料中钙、磷比例失调所致的一种骨营养不良性代谢病。病理特征是生长骨的钙化作用不足，并伴有持久性软骨肥大与骨骺增大。临诊特征为消化紊乱、异食癖、跛行及骨骼变形。本病常见于犊牛、羔羊。

【病因】

主要是由于饲料中维生素 D 含量不足或缺乏，以及光照不足，致使幼畜体内维生素 D 缺乏而引起发病。怀孕母畜或幼畜饲料中钙、磷含量不足或比例失调，也是本病发生的主要原因。圈舍潮湿、拥挤、阴暗，犊牛幼畜消化功能严重紊乱，营养不良，可成为该病的诱因。放牧的母畜秋膘较差，冬季未补饲，春季产的幼畜更容易发生本病。在快速生长中的犊牛，主要是由于原发性磷缺乏及舍饲中光照不足。羔羊与犊牛的病因相同，只是对原发性磷缺乏的易感性低于犊牛。在哺乳幼畜对维生素 D 的缺乏要比成年动物更敏感，舍饲和缺乏光照的动物发病率高。

【临诊症状】

（1）先天性佝偻病　动物出生后即呈现不同程度的衰弱，经数天后仍然不能站立。辅助站立时，背腰拱起，四肢弯曲不能伸直多向一侧扭转，躺卧时亦呈不自然姿势。

（2）后天性佝偻病　患病动物早期呈现食欲减退，消化不良，精神委顿，不活泼，然后出现异食癖。病畜易疲劳，经常卧地，不愿起立和运动。发育停滞，消瘦，下颌骨增厚和变软，出牙期延长，齿形不规则，齿质钙化不足（坑洼不平，有沟，有色素），常排列不整齐，齿面易磨损，不平整。严重的幼畜，口腔不能闭合，舌突出。流涎，吃食困难。最后在面骨和躯干、四肢骨骼有变形。头骨颜面部肿大。肋骨扁平，胸廓狭窄，脊柱弯曲，肋骨软骨结合部膨大隆起，形成串珠状。四肢管状骨弯曲变形，幼畜低头，拱背，站立时前肢腕关节屈曲，向前方外侧凸出，呈内弧形，即呈"O"形姿势;后肢跗关节内收，呈"八"字形叉开站立,即呈"X"形姿势。运动时步态僵硬，肢关节增大，前肢关节和肋骨软骨联合部最明显。X射线检查，可表现为骨质密度降低，长骨末端呈现"羊毛状"或"蛾虫状"外观。骨骼末端凹而扁，若发现骺变宽或不规则，更可证实为佝偻病。

【病理变化】

剖检主要病变在骨骼，长骨变形、骨端肥大、骨质变软和直径变粗，关节肿大，肋骨与肋软骨结合处肿胀（串珠样肿）。

【诊断】

根据动物的年龄、饲养管理条件、慢性经过、生长迟缓、异嗜癖、运动困难以及牙齿和骨骼变化等特征，不难诊断。血清钙、磷水平及碱性磷酸酶活性的变化，也有参考意义。骨的X射线检查及骨的组织学检查，可以帮助确诊。但须注意，1岁以内的犊牛铜缺乏，也可引起在临床上、X射线影像上和病理上与佝偻病相似的结果。然而后者其血清铜浓度及肝脏铜成分下降，呈现的是骺炎而非骺软骨持久性肥大和增宽，血清碱性磷酸酶活性不明显增高。

【防治】

（1）预防 防治佝偻病的关键是保证机体能获得充分的维生

素 D。加强对孕畜及幼畜的饲养管理，给以充足光照，增加运动；合理调配日粮，注意钙磷比例，维持钙磷平衡，供给足够的维生素 D。在北方寒冷季节和地区的舍饲幼畜群，应延长其户外太阳光照射时间，或定期利用紫外线灯照射，照射距离为 1~1.5 厘米，照射时间为 5~15 分钟。

（2）治疗　治疗原则是改善饲养管理，补充维生素 D 制剂和矿物质。但应注意剂量不宜过大，否则会导致钙在骨组织中沉积不良的后果。有效的治疗药物是维生素 D 制剂，例如鱼肝油、浓缩维生素 D 油、维丁胶性钙注射液等。如内服鱼肝油，牛 20~60 毫升，羊 10~15 毫升；或内服浓鱼肝油，各种家畜均每千克体重 0.4~0.6 毫升，每天 1 次，发生腹泻时停止用药。或维生素 A、维生素 D 注射液，肌内注射，牛 5~10 毫升，羊 2~4 毫升，羔羊 0.5~1 毫升，每天 1 次，连用 5~7 天。或维生素 D_3 注射液，肌内注射，各种家畜均按每千克体重 1500~3000 单位，注射前、后需补充钙剂。先天性佝偻病，从出生后第 1 天起，即用维生素 D_3 液 7 万 ~10 万单位，皮下或肌内注射，每 2~3 天 1 次，重复注射 3~4 次，至四肢症状好转时为止。应用钙剂，如碳酸钙内服，牛 30~120 克，羊 3~10 克。乳酸钙内服，牛 5~15 克，羊 0.3~1 克。葡萄糖氯化钙注射液，静脉注射，牛 100~300 毫升，羊 20~100 毫升。10% 氯化钙注射液，静脉注射，犊牛 5~10 毫升。10% 葡萄糖酸钙液，静脉注射，犊牛 10~20 毫升。静脉注射钙剂，初期每日 1 次，以后每周 1~2 次。

参考文献：

[1] 李洪军 . 犊牛和羔羊佝偻病的防治 [J]. 当代畜牧，2019（14）：19-20.

[2] 张守印 . 羊佝偻病防治方法 [N]. 吉林农村报，2018-05-18

(003).

[3] 李宏. 一例羔羊佝偻病的诊治及分析 [J]. 甘肃畜牧兽医,2017, 47 (08): 97+101.

[4] 陈相辉. 犊牛佝偻病的防治措施分析 [J]. 中国动物保健,2017, 19 (06): 14-15.

[5] 谷魁菊. 犊牛佝偻病的病因、临床症状、实验室诊断及其防治 [J]. 现代畜牧科技,2017 (04): 144.

[6] 丁西忠. 浅析犊牛佝偻病的预防和治疗 [J]. 新疆畜牧业,2016 (S1): 45+25.

[7] 王志国. 幼畜佝偻病的病因、诊断与防治 [J]. 现代畜牧科技,2015 (02): 111.

[8] 邵路,张冰. 初生羔羊佝偻病的治疗方法 [J]. 中国畜禽种业,2014, 10 (09): 79.

[9] 塔斯肯·再努拉. 幼畜佝偻病的防治方法 [J]. 新疆畜牧业,2012 (S1): 25.

[10] 李加群,唐式校. 一例犊牛佝偻病的防治 [J]. 北方牧业,2012 (07): 22.

[11] 唐式校. 幼羊佝偻病诊治 [J]. 中国草食动物,2011, 31 (01): 74.

[12] 刘凤山,胡宇. 犊牛佝偻病的防治要点 [J]. 北方牧业,2008 (04): 23.

[13] 鲍云霞,历金峰. 犊牛佝偻病的成因及防治 [J]. 畜牧兽医科技信息,2006 (05): 36-37.

[14] 张林. 幼畜佝偻病防治方法 [J]. 动物科学与动物医学,2000 (04): 67.

[15] 王怀忠,王山力. 犊牛佝偻病的发生与防治初探 [J]. 中国畜牧杂志,1992 (05): 50.

七、骨软症

骨软症是发生在软骨内骨化作用已经完成的成年动物的一种骨营养不良，主要原因是钙磷缺乏或二者的比例不当（在反刍动物中，主要由于磷缺乏）。特征性病变是骨质的进行性脱钙，呈现骨质软化及形成过量的未钙化的骨基质。临诊特征是消化紊乱、异食癖、跛行、骨质疏松及骨骼变形。

【病因】

骨软症的病因与佝偻病相似。但应注意，牛的骨软症通常由于饲料、饮水中磷含量不足或钙含量过多，导致钙、磷比例不平衡而发生。此外，维生素 D 缺乏、运动不足、光照过短、妊娠、泌乳、慢性胃肠病及甲状旁腺功能亢进等都可促进本病的发生。本病常发生于土壤严重缺磷的地区，而继发性骨软症，则是由于日粮中补充过量的钙所致。泌乳和妊娠后期的母牛发病率最高。

【临诊症状】

病初出现消化紊乱，并呈现明显的异食癖。患病动物表现食欲减退，体重减轻，被毛粗乱。病牛舔食泥土、墙壁、铁器，在野外啃嚼砖石瓦块，在牛舍吃食污秽的垫草等异物。随后动物出现运动障碍，四肢强拘，腰腿僵直，拱背站立，走路后躯摇摆，或呈现四肢的轮跛。经常卧地不愿起立。乳牛腿颤抖，伸展后肢，做拉弓姿势。某些奶牛后蹄壁龟裂，角质变松肿大。进一步发展可出现骨骼肿胀变形，四肢关节肿大变形、疼痛，牛尾椎骨排列移位、变形，重者尾椎骨变软，椎体萎缩，最后几个椎体消失。人工可使尾卷曲，病牛不感痛苦。奶牛发情延迟或持久性发情，受胎率低，流产和产后停滞。

【诊断】

异食癖是病畜最早出现的症状，常舔食泥土、沙石，吃其他污秽的垫草等异物，甚至喝其他牛的尿。消化紊乱，食欲下降，产奶量下降，发情配种延迟；易发生前胃迟缓、食滞、消化不良。病牛消瘦，被毛粗无光泽，步行不灵活，严重时后躯摇摆，跛行、关节疼痛，提趾时发颤、拱背，蹄生长不良、磨灭不整、变形呈翻卷状。呈现骨质疏松和骨骼变形为特征，可进行诊断。

【防治】

（1）预防　对日粮要经常分析，有条件时可做预防性监测，根据饲养标准和不同生理阶段的需求，调整日粮中的钙、磷比例，补充维生素 A 粉、维生素 D 粉或鱼肝油。日粮中的钙、磷比例：黄牛按 2.5 ∶ 1、奶牛按 1.5 ∶ 1、羊按 2 ∶ 1~1.5 ∶ 1 的比例饲喂。粗饲料以花生秸、高粱叶、豆秸、豆角皮为佳。红茅草、山芋干是磷缺乏的粗饲料。最好是补充苜蓿干草，而不应补充石粉。脱氟磷酸盐对乳牛有预防作用，但其含氟量不应超过国家标准。适当增加运动，多晒太阳，增强体质，可促进钙、磷的吸收。

（2）治疗　针对饲料中钙、磷不足，维生素 D 缺乏可采取相应的治疗措施。对牛、羊的治疗，当病的早期呈现异食癖时，就应在饲料中补充含钙高的饲料原料，可不用药而愈。对跛行的病例给予高钙日粮时，在跛行消失后，仍应坚持给予高钙日粮 1~2 周。严重病例，除从饲料中补充高钙饲料原料外，同时应配合无机磷酸盐进行治疗，例如牛可用 20% 磷酸二氢钠溶液 300~500 毫升，或 3% 次磷酸钙溶液，牛 1000 毫升、羊 50 毫升，静脉注射，每日 1 次，连续 3~5 天。也可同时应用维生素 D_2 或维生素 D_3 400 万单位，肌内注射，每周 1 次，用 2~3 次。

参考文献：

[1] 陈卫东，张静．畜禽骨软症的诊断和治疗 [J]．当代畜禽养殖业，2018 (08)：7.

[2] 夏道伦．羊患软骨症的发病原因及防控 [J]．兽医导刊，2018 (03)：24-25.

[3] 李欣，于省波．奶牛骨软症发病原因及中西疗法 [J]．中国畜禽种业，2017, 13 (11)：122.

[4] 彭利，刘爱刚．一例牛高钙性骨软症的治疗体会 [J]．吉林畜牧兽医，2017, 38 (03)：37.

[5] 杜玉兰．奶牛四大疾病需补磷 [J]．农村新技术，2017 (03)：32-33.

[6] 衣法．中西医结合治疗奶山羊骨软症 [J]．中国畜牧兽医文摘，2017, 33 (01)：176.

[7] 杨科．钙磷比例失调引起山羊羔羊骨软症的诊治 [J]．当代畜牧，2016 (23)：24.

[8] 卢婉华，卢显德．小尾寒羊低磷性骨软症诊疗 [J]．兽医导刊，2015 (17)：72-73.

[9] 李锦锋，姚新荣，黄毓兰，余树文．钙磷比例失调引起山羊羔羊骨软症的诊治 [J]．云南畜牧兽医，2014 (05)：26-28.

[10] 刘宏忠，刘丽敏，杨秀梅，卢显德．一起牛低磷性骨软症的诊疗体会 [J]．兽医导刊，2011 (06)：61.

[11] 鞠佳龙，张国庆，卜明明．奶牛骨软症的鉴别诊断及药物治疗 [J]．养殖技术顾问，2010 (02)：105.

[12] 郝贵增，田萍，逄晓阳，王哲，夏成．黄牛骨软症发生的病因学调查 [J]．黑龙江畜牧兽医，2007 (01)：74-75.

[13] 宁传珠. 如何防治家畜的骨软症 [J]. 吉林畜牧兽医, 2005 (04): 32.

[14] 李婧爱, 王长春. 育成牛骨软症的施治 [J]. 动物保健, 2005 (01): 40.

[15] 韩海东, 孙凯, 毛丽英. 耕牛骨软症的诊治 [J]. 黑龙江畜牧兽医, 2002 (08): 7.

[16] 郑卫升. 冬季防治大牲畜"骨软症"的方法 [J]. 农村经济与科技, 2000 (01): 31.

[17] 马清海, 侯安祖, 罗国祥, 姜统贤, 林东康. 关于豫皖两省部分地区耕牛骨软症的研究 [J]. 河南畜牧兽医, 1996 (02): 7-12.

[18] 高书年, 丁乃润, 姚树展, 李萍, 斯坎达尔, 那末若, 邓效仪, 张金忠, 热义木, 王炳兴, 张孔杰, 张桂芬. 奶牛骨软症早期诊断的研究 [J]. 八一农学院学报, 1986 (02): 5-20.

[19] 易厚生. 反刍动物的微量元素营养及其相关疾病 [J]. 湖南农学院学报, 1986 (03): 95-103.

[20] 王敬林. 牛骨软症 [J]. 农业科技通讯, 1981 (05): 35.

八、骨质疏松症

骨质疏松症是奶牛矿物质代谢紊乱导致的一种慢性全身性病症，成年奶牛的骨质疏松症因钙、磷代谢障碍和骨组织进行性脱钙引起，多在产后发生。

【病因】

（1）饲料中钙、磷缺乏　奶牛每产1千克牛奶需要消耗1.2克钙、0.8克磷，如果每天产奶量为20千克，每天因产奶而消耗的钙、磷分别为24克和16克。另外，奶牛每天维持身体的生理活动还需要钙20克、磷15克。牛对饲料中钙的吸收率一般为22%~55%（平均为45%），一般一头日产奶20千克的奶牛，每天采食的钙、磷量分别应该在120克和83克以上。如果饲料中所含的钙、磷量低于这个标准，奶牛就会分解贮存在骨骼中的钙、磷来维持泌乳和生理活动需要，从而导致骨质疏松症的发生。

（2）饲料中钙、磷比例不当　对于成年牛来说，骨骼灰分中钙占38%，磷占17%，钙、磷比例为2：1，在配制日粮时要求日粮中的钙、磷比例基本与骨骼中的比例相适应（钙：磷=1~2：1）。牛肠道对钙、磷的吸收情况不仅决定于钙、磷的含量，也与饲料中的钙、磷比例有关。据报道，肠道对钙、磷的最佳吸收比例为1.4：1。如果不注意饲料搭配，日粮中钙多磷少，或磷多钙少时，也会引起钙、磷不足，导致本病发生。

（3）维生素D缺乏　维生素D可以促进肠道对钙的吸收，还可减少钙通过尿液排出，维生素D与机体内钙、磷代谢密切相关。当饲料中维生素D不足时，可导致对饲料中钙、磷吸收能力的下降，从而引起奶牛骨质疏松症。

（4）氟含量过高　饲料中氟含量过高，或饮水中含有过高的氟，都会影响牛对钙的吸收及骨代谢。

（5）某些疾病继发　甲状腺功能亢进可使骨骼中大量的钙盐溶解，导致骨质疏松。脂肪肝、肝脓肿可影响维生素D的活化，从而使钙、磷吸收和成骨作用发生障碍，继发本病。肾功能障碍可促进钙从肾脏排出，从而继发本病。慢性消化道疾病直接影响钙、磷吸收，也可导致本病发生。

【临诊症状】

病牛出现异嗜现象，常舔食墙壁、牛栏、泥土、沙土，喝粪水等，食欲减少，逐渐消瘦，被毛粗乱，产奶量下降，发情及配种延迟等。病牛跛行，步态僵硬，不愿行走，严重者运动时可听到肢关节有破裂音（吱吱声），走路时拱腰、后肢抽搐、拖拽两后肢，严重者不能站立。有些病牛两后肢跗关节以下向外倾斜，呈"X"形。持续时间较久，病牛会表现骨骼变形，骨骼脱钙最早发生于肋骨、尾椎、蹄等部位。如病牛尾椎骨变软易弯曲，尾椎骨骺变粗、移位，最后第一、第二尾椎萎缩或吸收消失；肋骨肿胀、畸形，有些病牛最后一根肋骨被吸收仅剩半根。

病奶牛表现消瘦，精神沉郁，眼窝下陷，体温正常或偏低，食欲不振，反刍减弱或停止，产奶量下降，发情配种延迟。长期脱钙时骨骼变形，两尾椎逐渐消失。下颌骨肿大，针能刺入，触摸尾部柔软易弯曲，触压无痛感。肋骨肿胀、扁平，叩诊有痛感。管状骨叩诊有清晰的空洞音。腕、跗、蹄关节及腱鞘均有炎症。肋软骨肿胀呈串珠样，易骨折。有些牛最后一根肋骨被吸收剩下半根,四肢强拘、跛行;有的牛两后肢关节以下向外倾斜,呈"X"形;蹄生长不良、变形,呈翻卷状;弓腰、拖胯,后肢摇摆,运步艰难。

【诊断】

根据病因、临床症状及血清学检查(血清钙、磷均低于正常值),进行确诊。中兽医将本病分为脾肾阳虚型和肝肾阴虚型。

(1)脾肾阳虚型 精神沉郁,被毛粗乱,食欲减少,运步艰难,四肢强拘,舌质淡苔白滑,脉沉。

(2)肝肾阴虚型 腰膝酸软,背痛,筋脉拘急牵引,往往在运动时加剧,神倦无力,五心烦热,头晕目眩,盗汗,舌质红少苔,脉细数。

【防治】

(1)预防 保证饲料中有足够的钙磷,在精料中添加一定量的石粉、磷酸氢钙等。注意钙磷平衡,钙、磷比例以 1.4 ∶ 1.0 为宜。供给一定数量的青绿饲料和优质干草,增加饲料中维生素含量。促进钙磷代谢。有条件的养殖场,冬天可给牛喂一些胡萝卜,添加一定量的复合维生素,也可用于产后。另外,静脉输钙以预防。为防止因蹄变形而加重,应该定期修蹄。高产奶牛及老龄奶牛,产奶量较高时,易发生骨代谢异常,对高产奶牛及老龄奶牛注重此病的预防工作。

(2)治疗 治疗奶牛骨质疏松病,就是要对症、对因治疗,缺什么补什么。并且在日常养殖过程中,适当添加维生素,提高牛只的抵抗力。不仅有利于治疗骨质疏松病,也能更好地抵抗其他疾病。

①对因治疗 低磷的病牛,用 20% 磷酸二氢钠溶液 30~60 克,静脉注射。配合维生素 A、维生素 D 5~10 毫升,肌内注射。低钙病牛,静脉注射葡萄糖酸钙 100~300 毫升,配合维生素 A、维生素 D 5~10 毫升,肌内注射(5~7 天为一个疗程)。

②对症治疗　对于不是重缺磷或缺钙的。可用磷酸二氢钾500 克，混于饲料中喂 7~10 天。维生素 A、维生素 D 500 克混于 1 千克饲料中喂给。

中药疗法

①脾肾阳虚型

A 治则　温脾补肾，散寒止痛。

B 方药　理中汤合金匮肾气汤加味。党参 60 克，干姜 40 克，白术 50 克，炙甘草 20 克，熟地黄 50 克，山茱萸 50 克，泽泻 50 克，茯苓 45 克，牡丹皮 45 克，桂枝 45 克，附子 45 克，木瓜 45 克。

②肝肾阴虚型

A 治则　滋肾养肝，壮骨止痛。

B 方药　六味地黄汤加味。熟地黄 15 克，茯苓 15 克，泽泻 6 克，牡丹皮 10 克，当归 10 克，山茱萸 20 克，山药 10 克，白芍 10 克，木瓜 10 克，杜仲 20 克，川续断 15 克，怀牛膝 10 克，石斛 10 克，伸筋草 20 克，青海风藤 20 克，穿山龙 20 克，甘草 6 克。

方剂一：壮骨散。黄芪、防风、苍术、当归、山药各 50 克，龙骨、牡蛎、焦三仙各 40 克，五加皮、白术、五味子各 30 克，浓鱼肝油 50 克，每日服 1 剂。

方剂二：益智仁、苹果、砂仁各 40 克，白蔻、青皮、厚朴、当归、川芎、枳壳、白芍各 25 克，木香、甘草各 20 克，生姜 50 克，大红枣 10 个，另加焦三仙 100 克，牡蛎、龙骨（或面粉）各 200 克。共研细末，拌草料服用，早晚各 1 次，7 天喂完。

方剂三：龙骨、牡蛎、螃蟹各 100 克，益智仁、申姜、鲜生姜各 50 克，白术、当归、川芎、陈皮、焦三仙各 30 克，生甘草 20 克，大枣 100 克，共研细末，开水冲调，候温内服，隔日 1 剂，连服 5 剂。

参考文献:

[1] 马巍巍. 肉牛骨质疏松症的发病因素、临床表现及中西药疗法 [J]. 现代畜牧科技, 2017 (08): 150.

[2] 刘晓海. 奶牛骨质疏松症的临床症状、鉴别诊断及中西药治疗 [J]. 现代畜牧科技, 2016 (10): 135.

[3] 陈苏宁. 春季奶牛骨质疏松症的防治 [J]. 畜牧兽医科技信息, 2015 (03): 75.

[4] 郭烈彩, 于利子. 肉牛骨质疏松症治疗 [J]. 四川畜牧兽医, 2013, 40 (12): 57.

[5] 陈欣, 鲁信举, 王海马. 奶牛骨质疏松病的预防与治疗 [J]. 农家参谋, 2013 (10): 28.

[6] 范颖, 周绪正, 李冰, 李金善, 张继瑜. 骨质疏松症的兽医临床研究进展 [J]. 湖北农业科学, 2013, 52 (04): 745-748.

[7] 王春微, 张娜. 奶牛骨质疏松症的发病原因及防治措施 [J]. 黑龙江畜牧兽医, 2011 (08): 94.

[8] 宋桂霞, 王丽艳. 奶牛骨质疏松症的综合治疗 [J]. 畜牧兽医科技信息, 2010 (10): 64.

[9] 于利子, 王勇, 胡振东, 杨生海. 温棚养殖肉牛骨质疏松病的病因研究 [J]. 四川畜牧兽医, 2010, 37 (09): 17-18+21.

[10] 杨康林, 金红岩, 张杨. 奶牛骨质疏松症的发病原因及防治措施 [J]. 养殖技术顾问, 2010 (02): 101.

[11] 李章锁. 奶牛骨质疏松病的治疗 [J]. 农村百事通, 2009 (15): 42.

[12] 周淑香. 奶牛骨质疏松症的诊断与防治措施 [J]. 养殖技术顾问, 2008 (11): 80.

[13] 刘海东. 一例奶牛骨质疏松症的治疗 [J]. 养殖技术顾问, 2006 (06): 32-33.

[14] 段淑霞，赵守山，吕宗新，孙红霞．奶牛骨质疏松症的治疗 [J]．黄牛杂志，2005(01)：85-86.

[15] 刘玉才，孙凤发．中西医结合治疗奶牛骨质疏松症 [J]．养殖技术顾问，2003(06)：19.

[16] 李成梅，张军，邹水，李凤莲，孙凤发．奶牛骨质疏松症的防治 [J]．内蒙古畜牧科学，2003(01)：45-46.

九、产后血红蛋白尿症

产后血红蛋白尿症多发生于分娩后 2~4 周 3~6 胎次的 5~8 岁高产奶牛。临床上以低磷酸盐血症、血红蛋白尿、急性溶血性贫血和黄疸等为主要特征。本病是世界性地方病之一，发病率低，多呈散发性发病。抢救不及时和治疗不当常导致死亡，死亡率高的达 50%。

【病因】

牛群在缺磷土壤草场上放牧或饲喂含磷量较少的块根类、甜菜叶及其残渣等多汁饲料，采食十字花科植物（萝卜、甘蓝、油菜）等因素与本病的发生密切相关。泌乳过多导致机体磷大量丧失，补饲含磷量不足的精饲料也是发病的诱因。但水牛产后血红蛋白尿与是否采食十字花科植物无关，而且也不一定仅在产后发生，本病的发生还与严寒及长期干旱的气候有密切联系。一般认为上述因素都会导致磷元素缺乏，是致病的主要原因，但对导致患病动物急性血管内溶血的作用机制仍然难以解释。

【临诊症状】

红尿是本病最为特征的共有症状。在最初的 1~3 天内，尿液颜色由淡变深，即淡红色、红色、暗红色、紫红色和棕褐色，病情转好时则由深变浅。病牛排尿次数增加，但尿量减少。随着病情发展，另一特征性症状即贫血随之加重和明显。可视黏膜及乳房、乳头、股内侧皮肤明显变为淡红色甚至苍白或黄染，血液稀薄，凝固性降低，血液呈樱桃红色。一般病牛呼吸、体温、食欲等无明显变化。严重贫血时，瘤胃蠕动减弱，脉搏增数，心跳加快，心音增强，颈静脉怒张，步履蹒跚，泌乳量明显减少，乳房、四肢末端冰凉。病久则乳头、耳尖、尾梢及趾端等发生坏死。多数病牛体温低于常温下限，肝区叩诊界扩大并呈现疼痛反应。病牛因虚脱被迫卧地后，多在 3~5 天内死亡。

【诊断】

排红色尿液是母牛产后血红蛋白尿病的重要特征之一，但红尿也见于血尿疾病，应对血红蛋白尿与血尿做出区别诊断。

【防治】

（1）预防　加强饲养管理，科学饲养，饲料配比合理，注意饲料中钙、磷平衡。在大量饲喂十字花科植物时要给予适当的干草，同时补磷，加强对牛只的监护，以便早期发现，及早治疗。

（2）治疗　应用磷的制剂能获得良好效果，若同时补充含磷丰富的饲料，如豆饼、花生饼、麸皮、米糠等，可提高疗效。磷制剂主要是磷酸二氢钠或次磷酸钙。20% 磷酸二氢钠溶液 300~500 毫升，静脉注射。每天 2 次，轻症经 1~2 天，重症经 2~3 天便可治愈。切记不能以磷酸二氢钾代替。其他治疗方法，30 克次磷酸钙溶于 1000 毫升 10% 葡萄糖溶液中，一次静脉注射。口服成药"维他磷"，剂量 250~500 毫升，每日 1 次，连用 1~3 天。

中药疗法

①治则　清心泻火，通络止血。

②方药

方剂一：知母、生地黄各 60 克，黄柏、栀子、蒲黄、茜草各 45 克，瞿麦、泽泻、木通、甘草梢各 30 克。共研为细末，开水冲调灌服。根据急则治其标、缓则治其本的原则，对耳、鼻、四肢末端冰凉，意识障碍，呼吸困难，心脏衰弱并站立不起的重症病牛，可急用当归60克、黄芪300克，水煎服。

方剂二：秦艽30克，蒲黄25克，瞿麦25克，当归30克，黄芩25克，栀子25克，车前子30克，天花粉25克，红花15克，大黄15克，赤芍15克，甘草15克。共研细末，用青竹叶煎汁同调，一次灌服。

参考文献：

[1] 赵久成 . 牛产后血红蛋白尿病的诊治 [J]. 中兽医学杂志，2016 (02)：46.

[2] 贾超超 . 母牛产后血红蛋白尿病的治疗 [J]. 乡村科技，2016 (03)：38.

[3] 王桂香 . 奶牛为何出现产后血红蛋白尿 [J]. 当代畜禽养殖业，2012 (01)：11.

[4] 陆科鹏 . 母牛产后血红蛋白尿病的临床诊断及治疗 [J]. 中国畜禽种业，2011，7 (01)：44-45.

[5] 戴祖华 . 奶牛产后血红蛋白尿症的诊治 [J]. 中国奶牛，2010 (03)：61-62.

[6] 王桂香 . 奶牛为啥多发产后血红蛋白尿 [J]. 北方牧业，2006 (10)：22.

[7] 何学谦 . 紫花苜蓿引起奶牛产后血红蛋白尿病的诊治 [J]. 畜禽业，2005 (05)：27.

[8] 王来福，王桂英 . 牛产后血红蛋白尿病1例 [J]. 当代畜禽养殖业，1998 (09)：9.

[9] 吕茂民，冯海华 . 奶牛产后血红蛋白尿病1例的诊治 [J]. 中国奶牛，1997 (04)：37-38.

[10] 韩永达，石发庆，孙先忠，周建平，于伟，于宇艳，闫

有贵，邹凤驰，赵英，柏世江．奶牛血红蛋白尿症病因及发病机理的研究——安达地区乳牛血红蛋白尿症的调查 [J]．黑龙江畜牧兽医，1993(11)：18-19.

[11]T. F. Jubb，杨龙骐．奶牛产后发生血红蛋白尿和低磷酸盐血症并非日粮磷不足 [J]．郑州牧业工程高等专科学校学报，1992(01)：47-52.

[12] 王小龙，陈振旅．母牛产后血红蛋白尿 [J]．中国兽医杂志，1986(05)：42-45.

[13] 石庆发．牛的产后血红蛋白尿症 [J]．国外兽医学．畜禽疾病，1984(03)：6-9.

[14] 尚德元，杜洪识．牛产后血红蛋白尿（血）症一例 [J]．兽医大学学报，1983(03)：316-317.

[15] 钱锋．产后血红蛋白尿病的治疗 [J]．吉林畜牧兽医，1983(03)：41-42.

[16] В. Г. ГАВРИЩ，李光辉．牛产后血红蛋白尿的治疗 [J]．国外兽医学．畜禽疾病，1982(04)：17-18.

十、钙磷代谢障碍

钙磷代谢障碍，是指牛摄入钙、磷不足或比例不当等，引起钙磷代谢障碍，临床上主要表现为骨软化症和佝偻病。骨软化症是成年牛在饲养过程中，由于摄入钙、磷不足或钙磷比例不当等导致钙磷代谢障碍，引起软骨内骨化完全、骨质疏松、形成过量的未钙化的骨基质的一种慢性全身性疾病。佝偻病是犊牛在生长过程中，由于摄入钙、磷和维生素 D 不足所致的成骨细胞钙化不全、软骨肥大及骨骺增大的骨营养不良性疾病。

【病因】

引起该病的直接原因是牛在饲喂过程中，钙、磷长期缺乏或其比例不当，造成钙磷代谢障碍。此外，维生素 D 摄入不足或牛机体健康状况不佳，也会影响钙磷吸收，造成钙磷代谢障碍。

【临诊症状】

（1）骨软化症病　初常见牛异食，舔舐泥土、沙石、墙壁、牛栏等，吃污秽的垫草、喝粪汤尿水等。有时食欲降低，泌乳量下降，发情配种延迟等。病牛消瘦，被毛粗糙无光泽，行走不灵活，严重时后躯摇摆、跛行、关节疼痛，提肢时颤抖、拱背。病牛易患腐蹄病，蹄变形、呈翻卷状，严重者，两后肢跗关节以下向外倾斜，呈"X"状。脱钙时间过长，则骨骼变形，最后一个或两个尾椎消失，甚至多数尾椎排列不齐、变软或消失；肋骨肿胀、呈畸形，肋软骨呈串珠样；髋关节被吸收、消失。

（2）佝偻病　病牛消化不良，精神沉郁，异食，牙齿形状不规则，四肢变形，走路困难，生长发育缓慢。四肢各关节肿大，前腿腕关节外展呈"O"形，后腿跗关节内收呈"X"状，走路困难，站立时拱背。牙齿变形，咀嚼困难。鼻、上颌隆起，脸增宽，变"大头"。病重牛发生搐搦、痉挛等神经症状。

【诊断】

骨软化症根据蹄变形、尾椎变形等症状可以确诊；佝偻病根据四肢关节肿大等临床症状可以确诊。生化检测碱性磷酸酶显著升高，骨质疏松症（佝偻病）同工酶也升高，血钙正常，血磷下降至3毫克／100毫升。

【防治】

（1）预防　根据牛不同生理期的需要，合理配制含量足够的钙、磷和维持维生素D的饲料，调整日粮平衡。对妊娠母牛，加强饲养管理，防止犊牛先天发育不良。加强犊牛的管理，保证饲料中营养物质和钙、磷、维生素D的供给，并适当增加运动和光照，促进钙、磷吸收，增强牛的体质。

（2）治疗

①调整日粮　饲喂富含蛋白质的饲料、豆科牧草等，使钙、磷含量及其比例达到正常需求。

②对缺钙性骨软症病牛　可在饲料中适量添加碳酸钙、磷酸钙或乳酸钙粉，每天30~50克；也可采用静脉注射10%氯化钙200~300毫升或20%葡萄糖酸钙500毫升或3%次磷酸钙溶液1000毫升，每天1次，连用5~7天；也可采用肌内注射维生素AD注射液15000~20000国际单位，隔天1次，连用35天。

③对缺磷性骨软症病牛　可在饲料中添加磷酸钠（30~100克），磷酸钙（25~75克）。还可采用静脉注射8%磷酸钠注射液

300毫升或20%磷酸二氢钠注射液500毫升,每天1次,直至痊愈。为防止出现低钙血症,可静脉注射10%氯化钙注射液或20%葡萄糖酸钙注射液适量。

④对佝偻病病牛　可采用肌内注射维生素D_2(阿法骨化醇)200万~400万国际单位,隔天1次,或采用肌内注射维生素AD50万~100万国际单位,每天1次,连用3~5天。

参考文献:

[1] 闫红羽. 家畜佝偻病和骨软化症的临床诊断及治疗 [J]. 饲料博览, 2019(10): 77.

[2] 陈相辉. 犊牛佝偻病的防治措施分析 [J]. 中国动物保健, 2017, 19(06): 14-15.

[3] 谷魁菊. 犊牛佝偻病的病因、临床症状、实验室诊断及其防治 [J]. 现代畜牧科技, 2017(04): 144.

[4] 金锡山, 舒适, 夏成, 李昌盛, 钱伟东, 李兰. 围产期奶牛钙、磷代谢障碍调查研究 [J]. 湖北畜牧兽医, 2014, 35(09): 6-8.

[5] 殷德鹏. 犊牛佝偻病的综合防治 [J]. 上海畜牧兽医通讯, 2013(05): 106.

[6] 王士杰, 李尚文, 谢志国. 反刍动物佝偻病防治方法 [J]. 中国畜禽种业, 2010, 6(07): 109.

[7] 苗广, 韩敏, 刘晓松, 王振玲, 薛瑞益. 呼和浩特地区奶牛产后钙磷代谢障碍相关血液指标分析 [J]. 畜牧与饲料科学(奶牛版), 2006(06): 4-6.

[8] 王贵, 陈义, 关铭. 不同途径给佝偻病犊牛维生素D_3的血清学变化 [J]. 中国兽医科技, 1995(08): 27-28.

[9] 张吉富. 测定骨矿物质含量诊断奶牛钙磷代谢障碍 [J]. 中国兽医科技, 1993(07): 34-35.

[10] 赵有礼，宋维英，丁乃润，李萍. 乌鲁木齐地区奶牛钙磷代谢障碍的调查研究 [J]. 新疆农垦科技，1991(S1): 95-98.

[11] И. Н. ШЕ В Ц О В А，赵宝玉. 犊牛钙磷代谢障碍的预防 [J]. 国外兽医学. 畜禽疾病，1989(03): 18-19.

十一、尿结石

尿结石是由于不科学的饲喂致使动物体内营养物质尤其是矿物质代谢紊乱，继而使尿液中析出盐类结晶，并以脱落的上皮细胞等为核心，凝结成大小不均、数量不等的矿物质的凝结物，又尔为尿石。这些尿石可存在于肾、输尿管、膀胱或尿道，由于尿石本身或尿石对尿路黏膜的刺激，发生出血和炎症，造成尿路堵塞，称为尿石症。一般认为尿石形成的起始部位是在肾小管和肾盂。有的尿石量沙粒状或粉末状，阻塞于尿路的各个部位，中兽医称之为"沙石淋"。尿石症常见于阉割的肉牛、公水牛、公羊等。尿石最常阻塞部位为阴茎乙状曲部位和阴茎尿道开口处。

【病因】

目前普遍认为尿石症是一种以泌尿系统功能障碍为表现形式的营养物质代谢紊乱性疾病。其发生与下列诸因素相关：

（1）饲料因素　不科学的饲料搭配（如高钙、低磷和富硅、富磷饲料）是诱发动物尿石症最重要的因素。

（2）饮水不足　饮水不足是尿石形成的另一个重要原因。在严寒的季节，舍饲的牛饮水量减少，显然是促进尿石症发生的重要原因之一，在农忙季节，过度使役加之饮水不足均促使尿液中某些盐类浓度增高，与此同时，由于尿液浓稠，还使尿中黏蛋白浓度亦增高，促进了结石的形成。

（3）其他因素　肾和尿路感染，使脱落的上皮及炎性反应产物增多，为尿石形成提供了更多的作为晶体沉淀核心的基质；家畜的种类不同，对尿石症易感性不一样，例如同样饲喂棉饼饲料，水牛对该病易感性高于黄牛，这可能与水牛阴茎尿道海绵体质地较黄牛更致密有关；另外，甲状旁腺机能亢进，维生素 A 缺乏，长期过量应用磺胺类药物，尿液的 pH 改变，阉割后小公牛雄性激素减少对泌尿器官发育的影响等与尿石症的发生均有一定关系。

【发病机理】

多种因素共同作用才能增加动物罹患尿石症的可能性，摄入不同的饲料，动物体内营养物质的平衡状态受到不同的影响。特别是长期饲喂不经科学搭配的饲料，导致动物体内多种营养物质平衡失调，继而影响尿液中的化学组成。例如正常牛尿因其含有大量碳酸氢钾，因而尿液呈碱性。其中的钾显然是来源于饲草。但在较高的 pH 环境中，钙和磷通常呈相对的不易溶解状态，这就使一定数量的钙和磷被析出沉淀。问题还常常出在动物经过消化道过量摄入镁，吸收后的大量的镁又经肾脏排出体外，这些镁常常与钙、磷在尿液中容易形成不溶性复合盐类。给肥育的肉牛经常饲喂大量谷类基础日粮，这种日粮常常含有过量的磷和镁，其中钙和钾的含量相对较低，在这种饲喂条件下，尽管牛尿液 pH 可能稍有下降，但磷和镁的浓度升高，尿液中这些过饱和的溶质还是比较容易析出沉淀而形成结石。虽然牛的尿石化学成分因饲喂饲料种类不同而异，但最为常见的是钙、镁和磷的复合盐类。尿石症的发生常见于年轻的公牛和公羊，特别是早期去势的公牛，因育肥的需要常饲喂含谷类的饲料，其中钙、磷比率常常低于 1：1。此时就容易生成磷酸盐性尿结石，尿石中化学成分常为钙和磷酸铵镁等。

动物在放牧时或舍饲中采食了大量富含草酸盐的饲草时就容易发生草酸盐性的尿结石，这是由于其尿液中含有多量的草酸钙，经由肾脏排泄后很容易析出沉淀而形成结石。同理，大量采食富含二氧化硅的饲草后，动物容易发生硅质性尿结石。多因素交互作用乃是尿石形成的前置因素，动物发生膀胱炎、尿路炎、肾炎时，一方面葡萄球菌或变形杆菌的作用尿酶活性增加，从而增加尿液中铵离子的浓度，促使某些结石的形成；另一方面，积聚的脓液、脱落的尿路上皮或其他碎屑样物增多，围绕着这些核心物质，一些不溶性盐类沉积于其上，逐渐形成尿石。

　　尿液的 pH 影响着尿液中溶质的溶解度。例如磷酸盐性和碳酸盐性尿石在碱性尿液中较之酸性尿液中更易析出沉淀，盐类在尿液中的相对浓度的高低与尿石生成的关系亦较密切，如放牧时牛采食了大量含二氧化硅的牧草，尤其在饮水不足的情况下，导致尿液中硅的浓度升高，更容易使硅石在尿液中析出沉淀形成尿石。假如此时设法增加其饮水量，使尿液中硅的相对浓度降低，便可使尿液中晶体的析出量明显地减少，进而降低尿石生成的可能性。

　　尿石的形成和增大可能与某种粗蛋白质的存在有一定的关系，粗蛋白质的作用犹如水泥一样，使尿石呈同心圆状逐层的堆砌起来，并不断地增大。尿液中粗蛋白量的多少可能与饲喂精料的量和动物快速生长等因素有关。

【临诊症状】

　　动物体内生成尿石的初期通常并无症状出现，只有尿石堵塞尿道阻止尿流时才表现出症状，阉割的小公牛因其尿道较狭窄，故而比较容易发生尿石症。

　　尿石症患畜虽不断有排尿姿势，但呈现出排尿困难的症状，经常见到弓腰、不断举尾，反复地踢腹、尿频、尿痛、尿淋漓，有血尿等现象，直肠检查或体外触诊时能触知膀胱内充满了尿液；尿路探查时，常可在尿道中探查到沙石样阻塞物。尿闭发生前常有膀胱炎、肾盂炎、血尿、尿性疝痛、频尿，尿沉渣中含有多量肾盂或膀胱上皮细胞、红细胞及细菌、伪蛋白尿，但不能见到管型。肾盂结石者常由于结石的刺激作用，引起肾盂血管扩张及充血，可发生血尿，患畜腰部触诊时敏感，行走时步态强拘和紧张。膀胱结石者常由于膀胱内壁受到刺激而呈现频尿，并于排尿的终末时在尿中混有絮状物、血液或潜血，在公羊、公牛阴茎包皮鞘周围及其邻近毛丛上，常附着干燥的细沙粒样物质。尿道结石者病程稍长时，直肠触诊发现膀胱高度充盈、膨胀、紧张，患畜两后肢微分开屈曲站立、拱背、收腹、频频举尾，阴茎反复呈现排尿时的努责动作，但不见尿液排出或仅呈点滴状排出。若为一侧性输尿管阻塞，可不出现尿闭，但直肠检查时，可发现阻塞的近侧端输尿管明显地膨大或紧张，而远端柔软如常。尿道探诊可帮助确定尿石堵塞的部位，如尿道破裂，则在破口附近皮下组织有尿液浸润和皮下肿胀，穿刺液呈现尿液味。膀胱破裂通常在尿道阻塞后几天内发生，常视动物饮水量而定，最多不超过 5 天。若发现动物由原来的不安转为安定，尿性疝痛消失，腹围增大，仍未见排尿，亦不呈现排尿的努责动作，就应怀疑膀胱破裂。

【诊断】

　　饲料化学组成、饮水来源、饲养方法、是否呈地方流行性等情况的调查，可为诊断的建立提供重要的线索。临床上出现尿闭和排尿障碍的一系列症状，诸如不断呈现排尿姿势、尿痛、尿淋漓、血尿、直肠内或体外触诊膀胱充满尿液，有的病例尿沉渣中发现有细沙粒样石子，手指捻捏呈粉末状。分析饲料营养成分，尤其是对尿石或尿沉渣晶体的化学组成、成分应用 X 射线衍射分析，X 射线能谱分析、红外线分析等手段得以确认，大大有利于对病因及尿石形成机理的分析，有助于做出更深层次的病因学诊断，为有效的预防提供理论依据。

【防治】

一旦尿石生成并形成堵塞，多数采用外科手术摘除尿石。有的可在阴茎乙状曲部上方作一尿道造口，有的可在此部位作阴茎截断，以解除尿液不能排出之急。但手术治疗对许多病例远期疗效往往不够理想。

（1）注意日粮中钙、磷、镁的平衡，尤其是钙、磷的平衡。一般建议钙、磷比率维持在 $1.2：1$ 或者稍高些 $(1.5\sim2.0：1)$，当饲喂大量谷皮饲料 (含磷较高) 时，应适当增加豆科牧草或豆科干草的饲喂量。

（2）对羊来说注意限制日粮中精料饲喂量，尤其是蛋白质的饲喂量十分重要，因为精料饲喂过多，尤其是高蛋白质日粮，不但使日粮中钙、磷比例失调，而且增加尿液中黏蛋白量，自然会增加尿石症发生的概率。

（3）保证充足的饮水，可稀释尿液中盐类的浓度，减少其析出沉淀的可能性，从而预防尿石的生成。

（4）适当补充钠盐和铵盐：补充氯化钠，可逐渐增加到饲喂精料量的 $3\%\sim5\%$，在加拿大阿尔伯塔地区，为预防肉牛硅石性尿石症的发生，食盐饲喂量高达精料量的 10%。有人建议在饲料中加入氯化铵，小公牛每天 45 克，绵羊每天 10 克，可降低尿液中磷和镁盐的析出和沉淀，预防尿石症的发生。

（5）草酸盐性尿石的形成与绵羊在富含草酸的牧草地放牧有关，因此对这类牧地宜限制利用，或改为轮牧。

（6）对于我国棉区农民按照传统饲养经验,以"棉饼 + 棉秸 + 稻草"为饲料配方饲喂水牛时，宜在饲料中添加适量的碳酸钙和氯化钠，有良好的防病作用。

参考文献：

[1] 阮东辉. 肉羊尿结石致病原因与防控方法 [J]. 山东畜牧兽医, 2020, 41 (01): 16-17.

[2] 祁贤贵. 育肥羊尿结石的诊治 [J]. 养殖与饲料, 2020 (01): 89-90.

[3] 郭占宏, 毛成荣, 阿继春. 公羊尿结石的诊疗和预防 [J]. 山东畜牧兽医, 2019, 40 (10): 37-38.

[4] 张吉鹏. 羊尿结石的成因及排石营养调控措施 [J]. 中国奶牛, 2019 (10): 38-43.

[5] 李乃新. 羊尿结石的成因与防控 [J]. 今日畜牧兽医, 2019, 35 (09): 14.

[6] 顾惠, 何建坤, 王强, 邵国玉, 刘彦成. 舍饲育肥羊群发尿结石的诊断与防治 [J]. 养殖与饲料, 2019 (08): 105-106.

[7] 张双红. 中西医结合治疗牛尿结石 [J]. 中兽医学杂志, 2019 (04): 30.

[8] 彭燕, 周波, 徐华. 羊尿结石的成因与防控 [J]. 今日畜牧兽医, 2019, 35 (02): 85.

[9] 曹伟. 诱发羊尿结石的因素及防控 [J]. 中兽医学杂志, 2018 (04): 69.

[10] 陈晓辉. 毛皮动物尿结石成因与诊疗 [J]. 中国动物保健, 2018, 20 (07): 33-34.

[11] 贾富勃, 刘衍芬. 辽宁绒山羊尿石症危害及防治措施 [J]. 中国兽医杂志, 2018, 54 (03): 41-43.

[12] 冯煜秦, 盛丽芬, 艾克荣. 陕北绒山羊公羊尿结石的防治 [J]. 畜禽业, 2018, 29 (03): 91-92.

[13] 王新春, 王文华. 羊尿结石的手术治疗 [J]. 当代畜禽养殖业, 2018 (03): 38.

[14] 王芬, 王茂荣, 王宏. 中国肉羊养殖中尿结石问题的研究现

状 [J]. 饲料研究 , 2017(23): 4-10.

[15] 林祥群 , 于安乐 , 杨国江 , 刘长彬 . 氯化铵在羊尿结石防治上的应用 [J]. 黑龙江畜牧兽医 , 2017(22): 147-148+151.

[16] 闫秋良 , 马惠海 , 武斌 , 于长辉 , 赵玉民 . 预防动物尿石症的营养策略 [C]. 中国畜牧业协会、内蒙古巴彦淖尔市临河区人民政府 . 第十四届（2017）中国羊业发展大会论文集 . 中国畜牧业协会、内蒙古巴彦淖尔市临河区人民政府 : 中国畜牧业协会 , 2017: 230-232.

[17] 斯钦图 . 羊尿结石的病因、临床症状及防治措施 [J]. 现代畜牧科技 , 2017(06): 107.

[18] 高月锋 , 王陆潇 , 武启繁 , 孔德琳 , 富俊才 . 羊尿结石研究进展 [J]. 现代畜牧兽医 , 2017(03): 39-43.

[19] 付红蕾 , 吴燕 , 李辉 , 穆阿丽 . 羊尿结石形成的原因及防治措施 [J]. 山东畜牧兽医 , 2016, 37(03): 27-28.

[20] 黄建云 , 吴维华 . 牛尿结石病的诊治及预防措施 [J]. 养殖与饲料 , 2015(11): 56-57.

[21] 高瑞萍 , 刘力 . 羊尿结石病的病因与预防 [J]. 畜牧与饲料科学 , 2015, 36(02): 127-128.

[22] 刘薇 , 杨运玲 , 梁代华 . 诱发反刍动物体内形成结石的原因分析 [J]. 饲料与畜牧 , 2014(12): 23-25.

[23] 冯彦雄 , 李兴如 . 舍饲羊尿结石的原因及防治 [J]. 养殖技术顾问 , 2013(02): 83.

[24] 张英杰 . 目前羔羊育肥中存在问题及建议 [J]. 中国草食动物科学 , 2012(S1): 450-452.

[25] 常建华 . 动物营养代谢性疾病的防控兼谈羊脱毛症和尿石症的防治 [J]. 北方牧业 , 2012(13): 14-15.

[26] 王学森 . 1 例公牛尿结石症的治疗 [J]. 中国畜禽种业 , 2011, 7(02): 105.

[27] 闻正顺,潘晓亮.钙、镁代谢影响尿结石形成的研究进展[J].上海畜牧兽医通讯,2008(04):22-23.

[28] 郑齐超,杜永芳,王丽.浅析动物尿结石的预防[J].现代畜牧兽医,2008(08):45.

[29] 刘芳.饲料中棉饼和棉籽壳与肉用绵羊尿结石发病关系的研究[D].石河子大学,2008.

[30] 闻正顺,潘晓亮,骆荣生,林松涛.动物尿结石研究进展[J].动物医学进展,2007(10):77-80.

[31] 孙卫东,王金勇,王小龙.某猪场猪药物性尿石症的诊治[J].畜牧与兽医,2007(07):53-54.

[32] 孙卫东.动物尿石症的临床和试验研究[D].南京农业大学,2006.

[33] 薛志成.波尔山羊公羊尿结石治疗[J].北方牧业,2005(24):23.

[34] 周秋平,金银姬,石益兵,潘庆山,薛琴.56例犬尿结石的检验及成因分析[J].畜牧与兽医,2003(04):35-37.

[35] 李志强.家畜尿结石症的治疗[J].动物科学与动物医学,2001(02):76.

[36] 王小龙,陆天水,汤艾非,高金宝,林承毅,张根娣.牛羊尿结石化学组成和显微结构的分析研究[J].畜牧兽医学报,1994(05):469-478.

[37] 乔传灵.尿路改道术治愈尿结石93例[J].中国兽医杂志,1993(03):45-46.

[38] 关亚农,候志艳,余永明,韩敏,赵振华,顾玉芳,赵谦益,张启瑞.猪、羊尿结石症的调查研究报告(第一报)——发病学调查及尿结石的形态、结构和化学成分研究[J].兽医导刊,1989(02):32-40.

[39] 刘来文.仰卧保定法进行牛尿结石膀胱切开术[J].中国兽

医杂志, 1989 (08): 35.

[40] 薛坤宝. 诊断牛尿结石病的新法 [J]. 吉林畜牧兽医, 1981 (06): 57.

[41] 许义由, 余东仙, 张炳州, 贺兴德, 黄国础, 李仁禄. 公牛膀胱尿结石手术疗法的探讨 [J]. 中国兽医杂志, 1981 (07): 21-22+3.

十二、异食癖

异食癖是指由于营养、环境、内分泌、遗传和疾病等多种因素引起的以舔食、啃咬通常认为无营养价值而不应该采食的异物为特征的一种复杂的多种疾病的综合征。各种家畜都可发生，其中反刍动物中以羊最为多发。羊异食癖主要是食毛癖，绵羊多发，主要发生在早春饲草青黄不接的时候，且多见于羔羊。

【病因】

常见原因是矿物质及微量元素的缺乏，如硫、钠、铜、钴、锰、钙、铁、磷、镁等矿物质不足，特别是钠盐的不足；还与硫及某些蛋白质、氨基酸的缺乏有关；与某些维生素的缺乏，特别是B族维生素的缺乏有关。可见于长期饲喂块根类饲料的羊群。圈养的饲舍十分拥挤，饲养密度太大，积粪太多，环境卫生很差，异味严重，羊体脱落羊毛很多，以致羊群互相舔食现象严重。另外，光照不足或过强、户外运动少也会造成本病多发。疾病主要以体内外寄生虫病所引诱发，如螨病等。

【临诊症状】

异食癖一般多以消化不良开始，接着出现味觉异常和异食症状。患畜舔食、啃咬、吞咽被粪便污染的饲草或垫草，舔食墙壁、食槽，啃吃墙土、砖瓦块、煤渣、破布等物。患畜易惊恐，对外界刺激的敏感性增高，以后则迟钝。皮肤干燥，弹力减退，被毛松乱无光泽。拱腰、磨齿，天冷时畏寒。口腔干燥，开始多便秘，其后下痢，或便秘下痢交替出现。贫血，发生渐进性消瘦，食欲进一步恶化，甚至发生衰竭而死亡。

羔羊初期啃食母羊被毛，尤其喜食腹部、股部和尾部被污染的毛，羔羊之间也可能互相啃咬被毛，有异食癖，喜食污粪或舔土及田间破碎塑料薄膜碎片等物。当毛球形成或异物团块，其横径大于幽门或嵌入肠道，可使真胃和肠道阻塞，羔羊呈现喜卧、磨牙、消化不良，便秘、腹痛及胃肠膨气，严重者表现消瘦贫血。触诊腹壁，真胃、肠道或瘤胃内可触到大小不等的硬块，羔羊表现疼痛不安。重症治疗不及时可导致心脏衰竭而死亡。解剖时可见胃内和幽门处有羊毛或羊毛球，坚硬如石，形成堵塞。成年羊食毛，常可使整群羊被毛脱落，全身或局部缺失被毛。

【防治】

（1）预防　预防本病要改善饲养管理，供给营养全面的饲料，并经常进行运动。对于羔羊，应供给富含蛋白质、维生素和矿物质的饲料，如青绿饲料、红萝卜、甜菜和麸皮等，每天供给足量的食盐。同时可用食盐40份，碳酸钙35份，或氯化钴1份，食盐1份，混合，掺在少量麸皮内，置于饲槽，任羔羊自由舔食，也可在羊圈内经常撒一些青干草，任其自由采食。注意分娩母羊和舍内的清洁卫生，在分娩母羊产出羔羊后，要先将乳房周围、乳头长毛和腿部污毛剪掉，然后用2%~5%的来苏儿消毒后再让新生羔羊吮乳。定期对羊体内外寄生虫病进行驱虫，以保证羊体的健康。

（2）治疗　治疗本病可服用植物油类、液体石蜡或人工盐、碳酸氢钠等，如伴有拉稀可进行强心补液。对价值高的羊，可进行腹部手术，取出毛球。若肠道已经发生坏死，或羔羊过于孱弱，不易治愈。

参考文献：

[1] 何焕蓉. 羊异食癖的病因及防治措施 [J]. 当代畜禽养殖业, 2020 (02): 33-34.

[2] 田子虹. 舍饲羊异食癖原因及综合防治 [J]. 中兽医医药杂志, 2019, 38 (05): 90.

[3] 冷凤义. 羊异食癖的发生原因、临床表现、剖检变化及其防治 [J]. 现代畜牧科技, 2019 (10): 141-142.

[4] 李芳萍, 唐凯, 杨帅. 牛羊异食癖的防治 [J]. 今日畜牧兽医, 2019, 35 (04): 96.

[5] 周杰. 一例山羊食毛症治疗 [J]. 中国畜禽种业, 2017, 13 (07): 116.

[6] 孟凡军. 羊异食癖的致病因素、临床症状及防治措施 [J]. 现代畜牧科技, 2017 (05): 87.

[7] 张存柱. 一例羊异食癖的诊断及防治 [J]. 当代畜牧, 2016 (35): 81-82.

[8] 周玉香, 李志静, 李应科. 低蛋白水平日粮对舍饲滩羊生产性能及异食癖的影响 [J]. 黑龙江畜牧兽医, 2016 (14): 60-62.

[9] 田秘. 羊异食癖的病因、诊断和治疗 [J]. 现代畜牧科技, 2016 (04): 98.

[10] 张淑珍, 李新云. 牛羊食毛症的诱发原因及防治措施 [J]. 中国兽医杂志, 2016, 52 (03): 56-57.

[11] 巴图, 达福巴雅尔, 达林台. 冬末春初羊异食癖的防治 [J]. 中国畜牧兽医文摘, 2016, 32 (02): 123.

[12] 涂国明. 羊异食癖诊治要点 [J]. 中国畜牧兽医文摘, 2016, 32 (02): 186.

[13] 常平. 肉羊异食癖症预防与治疗 [J]. 中国畜禽种业, 2015, 11 (12): 91.

[14] 厉素霞, 刘凤美. 一例山羊食毛症的诊疗体会 [J]. 中国畜禽种业, 2015, 11 (09): 108.

[15] 张定伟. 羊异食癖的综合防控措施 [J]. 中国畜牧兽医文摘, 2015, 31 (09): 126.

[16] 高秋香. 舍饲羊异食癖剖检病例及预防措施 [J]. 中国畜禽种业, 2015, 11 (07): 81-82.

[17] 延婧, 武景丽. 羊异食癖的诊断与防治 [J]. 养殖与饲料, 2015 (06): 65-66.

[18] 关学利. 怎样诊治羊异食癖 [N]. 中国畜牧兽医报, 2015-04-26 (008).

[19] 朱万斌, 黄吉平. 舍饲全混合日粮条件下湖羊异食癖观察 [J]. 当代畜牧, 2014 (26): 91-92.

[20] 漆志宏. 羊异食癖疾病的防治探析 [J]. 农业科技与信息, 2012 (12): 56-58.

[21] 赵为. 肉羊喜食硬塑料的原因 [J]. 农家之友, 2011 (05): 30.

[22] 廖建军, 王子臣, 陈关勇, 刘慧锋. 初春牛、羊异食癖的成因及综合防治措施 [J]. 养殖技术顾问, 2009 (05): 77.

[23] 张福年. 羊异食癖的病因与防治措施 [J]. 养殖技术顾问, 2008 (12): 103.

[24] 夏道伦. 防范羔羊发生异食癖的综合措施 [J]. 畜牧与兽医, 2004 (04): 47.

[25] 胥明芳, 陈竞霞. 羊异食癖的诊治 [J]. 草与畜杂志, 1998 (03): 36.

[26] 谷新利. 羊异食癖的原因和防治 [J]. 黑龙江畜牧兽医, 1989 (09): 49.

十三、母牛倒地不起综合征

母牛倒地不起综合征是泌乳奶牛产前或产后发生的一种以"倒地不起"为特征的临诊综合征，又称"爬行母牛综合征"。它不是一种独立的疾病，而是许多疾病经过中伴随的一个体征大部分病例与生产瘫痪同时发生。广义地认为，凡是经两次或多次钙制剂治疗无反应或反应不完全倒地不起的母牛，都可归属在这一综合征范畴内。母牛倒地不起综合征不但发病率高，致死率也高。究其原因，除疾病本身的发生过程比较急骤、病因比较复杂以外，兽医在诊治上未能做到及时和准确也是一个重要原因。

【病因】

母牛倒地不起综合征按病因可分为以下几种。

（1）营养代谢性病因　主要是由于饲料品质不良，特别是矿物质缺乏引起的，如低磷酸盐血症、低钙血症、低镁血症、低钾血症、白肌病和酮病等。

（2）产科性原因　如产道及周围神经受损、脓性子宫内膜炎、乳腺炎、胎盘滞留、闭孔神经麻痹等。

（3）外伤性原因　主要指骨骼、神经、肌肉、韧带、关节周围组织损伤及关节脱臼等。包括腓肠肌断裂、髋关节损伤、闭孔神经麻痹、腓神经麻痹、关节脱臼等。

（4）其他原因　如某些重症疾病，如肾功能衰竭、中枢疾病等也可引起本病。

【临诊症状】

母牛倒地不起常发生于产犊过程或产犊后 48 小时内。饮食欲正常或减退，体温正常或稍有升高，但心率增加到每分钟 80~100 次，脉搏细弱。严重病例则呈现感觉过敏，并且在倒地不起时呈现不同程度的四肢抽搐、食欲消失。大多数病例呈现低钙血症，低磷酸盐血症、低钾血症、低镁血症。血糖浓度正常，血清肌酸磷酸激酶和天冬氨酸氨基转移酶活性在躺卧 18~24 小时后可明显升高，并可持续数天。有的病牛表现中度的酮尿症、蛋白尿，也可在尿中出现一些透明圆柱和颗粒圆柱。有些病牛见有低血压和心电图异常。

【防治】

（1）预防　在消除病因的基础上，采取对症治疗，特别应防止肌肉损伤和褥疮形成，可适当给予垫草及定期翻身，或在可能情况下人工辅助站立，经常投予饲料和饮水。

（2）治疗　静脉补液和对症治疗，有助于病牛的康复。当怀疑伴有低磷酸盐血症时，可用 20% 磷酸二氢钠溶液 300~500 毫升静脉注射。当怀疑低镁血症时，可静脉注射 25% 葡萄糖酸镁溶液 400 毫升。当怀疑为低钾血症时，可将 10% 氯化钾溶液 80~100 毫升加入 2000~3000 毫升葡萄糖生理盐水溶液中静脉注射，静脉注射钾剂时要注意控制剂量和速度。还可应用皮质醇、兴奋剂、B 族维生素、维生素 E 和硒等药物对症治疗。

参考文献：

[1] 翟雪松. 浅谈"母牛倒地不起"综合征的防治 [C]. 河北省畜牧兽医学会、石家庄市畜牧水产局. 第三届河北省畜牧兽医科技发展大会论文集（上册）. 河北省畜牧兽医学会、石家庄市畜牧水产局：

河北省畜牧兽医学会, 2016:185-187.

[2] 陈宝仲，贾建新. 母牛倒地不起综合征的防治措施 [J]. 畜牧兽医科技信息, 2014(05)：49.

[3] 张焱淼. 奶牛倒地不起综合征的诊治措施 [J]. 畜牧兽医科技信息, 2014(02)：63-64.

[4] 裴桂香. 一例奶牛产后倒地不起症的诊治及体会 [J]. 中国畜牧兽医文摘, 2011, 27(01)：122.

[5] 郑卫东. 冬春季节奶牛产后倒地不起症的治疗 [J]. 北京农业, 2010(04)：28.

[6] 于春起. "母牛倒地不起" 综合征 [J]. 畜牧兽医科技信息, 2009(04)：75.

[7] 岳春玲. 奶牛 "倒地不起综合征" 的治疗 [J]. 北方牧业, 2006(19)：22.

[8] 耿军. 奶牛产后倒地不起症的诊治 [J]. 北方牧业, 2006(17)：21.

[9] 岳春玲. 奶牛 "倒地不起综合征" 的治疗 [J]. 河南畜牧兽医, 2006(08)：50.

[10] 张俊秀. 奶牛产犊后倒地不起怎么办？[J]. 北方牧业, 2005(11)：20.

[11] 姚允绂. 母牛 "倒地不起" 综合征的诊疗 [J]. 中国奶牛, 2001(02)：40-41.

[12] 黄奇昌. "倒地不起母牛" 综合征的研究现状 [J]. 畜牧与兽医, 1986(01)：33-35.

十四、幼畜瘫痪

　　幼畜瘫痪是指幼小家畜四肢或后驱的随意运动功能减弱或者丧失，支配随意运动的神经通路受损，而造成四肢或后驱的肌肉麻痹、感觉消失而造成的偏瘫或全瘫，是兽医临床上常见的运动障碍症状之一。犊牛和羔羊均可发生，多为营养缺乏导致。

【病因】

　　（1）妊娠母畜饲养管理不当　妊娠期母畜饲养管理不当是造成幼畜瘫痪的首要因素。幼畜70%的初生体重都是在妊娠后期所生长，因此，母畜到了妊娠后期便需要大量的营养才能满足幼畜生长发育对营养的需求。在妊娠期的母畜若长期营养供应不足、饲料结构单一，或者饲养管理不当，长期在圈舍里运动量不足、光照不足甚至饲喂霉变饲料，都会导致胎儿营养吸收不足、发育不良、初生体重轻、体质差等，进而导致幼畜瘫痪。

　　（2）维生素和矿物质的缺乏　一般情况下幼畜缺乏铜、铁、硒、镁和钙等矿物质会导致瘫痪，同时维生素 E、维生素 D 和维生素 B_{12} 时也会导致瘫痪。缺乏铜、铁导致的幼畜瘫痪比较常见，幼畜缺钙导致的瘫痪主要与母畜的饲养管理有关。

　　（3）管理不当　幼畜的饲养管理是动物生产中最重要的环节之一，幼畜饲养管理不当是导致幼畜瘫痪的重要原因之一。初生后的仔畜没有及时吃上、吃足初乳，会导致幼畜体质和适应能力跟不上，进而容易导致幼畜瘫痪。母畜在生产过程中会出现难产的情况，由于助产不当或者不及时，幼畜会导致瘫痪。畜舍环境卫生差、不按时消毒和驱虫，导致环境内致病菌多，畜群患有寄生虫病等也会导致幼畜瘫痪。畜舍地面没有垫料，幼畜长期卧趴在冰凉的地面，容易出现消化机能紊乱或者软瘫的现象。

（4）幼畜消化器官的结构和机能不够完善　由于幼畜消化机能不完善，会导致幼畜消化不良，进而导致幼畜腹泻拉稀，比如羔羊常见的奶结症，严重时会导致幼畜卧地不起进而瘫痪，甚至死亡。

【临诊症状】

一般情况下，在出生后一两周内发病，而且多数是突然发病。一般体温无变化，但如由于炎性因素可使体温升高。主要症状为精神低沉、无食欲，前期呼吸、心率较快，后期心跳迟缓，大多比较消瘦，被毛凌乱，黏膜略显苍白或者发绀。患病幼畜常表现为精神委顿、厌食，背部、臀部、后肢肌肉麻痹，不能站立，卧地不起等。

不同因素导致的瘫痪临床表现有差异。缺铁性贫血的幼畜主要表现为难以站立，无法自行吮乳，大多情况下可视黏膜苍白、身体消瘦、拉稀且便血以及全身水肿等。缺钙磷导致瘫痪的幼畜，发病初期食欲下降，犊牛、羔羊等反刍停止，后肢软弱，步态不稳，进而发展为瘫痪。缺硒的幼畜，主要表现为肌无力，有时伴有腹泻，发病后死亡率很高。缺铜的幼畜，最典型的特征是运动失调和脱髓鞘现象，因此，又称"摇背病"。缺钙导致骨质软化症的幼畜，最初出现的症状主要是慢性消化不良与慢性跛行，严重时进一步发展为瘫痪。

【诊断】

幼畜瘫痪的诊断，根据病史及临症表现，便可做出诊断。

【防治】

（1）治疗原则　由于幼畜瘫痪的致病因素比较复杂，多数为缺乏微量元素导致的，要依据早期的临床表现确定缺乏的微量元素种类，及时进行补充和治疗。这类病应该以预防为主，发展为瘫痪一般很难进行有效治疗。

（2）预防

①加强妊娠母畜的饲养管理　幼畜瘫痪预防的重点是对母畜的管理，尤其是要抓好妊娠期的母畜管理。要在平常的饲养中为妊娠母畜提供充足的优质饲料，坚决杜绝为母畜提供变质和过期的饲料。同时要注意饲料营养的全面性，添加母畜所需的矿物质和维生素，不同种类的妊娠母畜营养需求不同，应参考动物需要量合理添加。同时应保持畜舍环境卫生的整洁，要对畜舍按时进行消毒，要做好畜群的驱虫和免疫工作。同时要让妊娠母畜进行适当的运动，以防止难产的发生。

②加强幼畜的护理　对初生的仔畜要做好接产工作，让仔畜尽快、尽早地吃上初乳。同时由于初生幼畜抵抗力差，应该做好保温工作。一般要对仔畜适当地补充一定的微量元素，比如两周龄左右的幼畜要进行补铁，防止缺铁性贫血的发生，防止进一步发展为瘫痪。缺硒地区的幼畜也应该预防性地补充硒制剂，如对缺硒地区的羔羊，可皮下注射1毫升亚硒酸钠注射液，每10天注射一次进行预防。

（3）治疗

①缺铁引起瘫痪的治疗　可口服右旋糖酐铁注射液50毫升，红糖45克，加入200毫升的温水中混合均匀，然后给幼畜灌服，每只10毫升左右。

②缺铜引起瘫痪的治疗　可取适量的硫酸铜，然后与食盐混合均匀，让患病羔羊舔食，能使其逐渐恢复。也可对妊娠母畜在

分娩前一个月，应用2%硫酸铜30～50毫升，每间隔10～15天投服1次。

③缺钙引起瘫痪的治疗　可灌服含钙口服液，每只羔羊2~5毫升，每天1次。也可皮下注射维生素D胶性钙注射液2毫升＋维生素B_{12}注射液2毫升，每天1次，连用2~3次。

④缺硒引起瘫痪的治疗　发病羔羊每只用1~2毫升亚硒酸钠注射液皮下注射，并适量配合维生素B_{12}注射液。

⑤幼畜中毒性消化不良引起的瘫痪　这是由致病菌引起的，对于发病严重的病例，肌注羔羊保命针注射液。如果病羊心脏衰弱时，可注射强心药物。若病畜黏膜发绀、呼吸微弱、瞳孔散大、不时惊厥时，应速按休克和脑水肿治疗，在输液的同时，肌内注射硫酸阿托品，每千克体重0.01～0.04毫升，每隔1小时左右注射1次，直至症状减轻或好转。

中药治疗　与上述西药配合治疗。

党参60克，当归60克，熟地60克，黄芪60克，杜仲50克，薏仁50克，秦艽50克，枸杞50克，牡蛎240克，菟丝子50克，陈皮60克，防己60克，白术60克，木瓜60克，甘草15克，全部研磨成粉末，用开水冲化，待温后投服。每日1次，连用2天。

参考文献：

[1] 刘春雨. 犊牛瘫痪一例 [J]. 中兽医学杂志, 1995 (04): 41-42.

[2] 程良, 程运梅. 奶牛瘫痪症防治有新招 [J]. 山东畜牧兽医, 2008 (06): 37.

[3] 朱等红. 奶牛生产瘫痪的发病特点、临床症状及防治措施 [J]. 畜禽业, 2021, 32 (05): 112-113.

[4] 张建飞, 雷金龙. 奶牛生产瘫痪的诊断及综合防治措施 [J]. 甘肃畜牧兽医, 2021, 51 (02): 25-27+30.

[5]唐宇.奶牛生产瘫痪病因及治疗[J].吉林畜牧兽医,2020,41(12):97.

[6]郭博明.羔羊瘫痪的原因及防治措施[J].甘肃畜牧兽医,2018,48(06):64-65+68.

[7]亓宝华,徐云华,王勇,魏海峰,张燕平,张英华,高俊荣.羔羊瘫痪的病因及防治[J].当代畜牧,2018(12):11-12.

[8]候世功.羔羊瘫痪的预防及治疗[J].甘肃畜牧兽医,2017,47(09):83-84.

[9]王金玲.羔羊瘫痪综合征的病因分析及防治技术[J].中国畜牧兽医文摘,2015,31(06):170.

[10]邵明,潘家炳.小动物后躯瘫痪原因及其诊疗[J].福建畜牧兽医,2011,33(05):41-42.

[11]杨卫仙.猪瘫痪的病因及防治[J].云南畜牧兽医,2011(06):6-7.

[12]高维英.中西医结合治疗猪瘫痪初探[J].畜禽业,2010(05):86-87.

[13]谭春,陈君光,唐开.中西兽医结合治疗猪瘫痪[J].中国畜牧兽医文摘,2015,31(10):188.

十五、维生素缺乏症

维生素缺乏症是指牛从食物中吸收或自身合成的维生素不能满足其需要量而引起的病证。

【病因】

引起该病的直接原因是维生素摄入量不足。主要原因是日粮中维生素含量不足，牛体对维生素需求量增加，瘤胃合成维生素作用降低，机体吸收功能紊乱导致维生素缺乏等。

【临诊症状】

主要表现为生长发育受阻。维生素 A 缺乏症主要表现为夜盲、腹泻、水肿、惊厥、繁殖功能障碍（不孕、流产或产出死胎）；维生素 D 缺乏症主要表现为犊牛生长发育受阻，掌骨、跖骨、膝关节肿大，站立时拱背，成年牛跛行，抽搐，胸腔变形，早产等；维生素 E 缺乏症主要表现为犊牛横纹肌、心肌变性、坏死，肌外呈白色，成年牛繁殖功能紊乱，不孕或流产；维生素 K 缺乏症主要表现为血凝时间延长，出现低凝血酶原血症；维生素 B_1 缺乏症主要表现为胃弛缓，跛行，心律失常，脑皮质坏死、软化；维生素 B_2 缺乏症主要表现为犊牛口炎、掉毛、腹泻等；维生素 B_3 缺乏症主要表现为犊牛食欲减退，皮炎，脱毛，脊髓、神经脱鞘；维生素 B_6 缺乏症主要表现为牛生长受阻，出现神经症状；维生素 B_7 缺乏症主要表现为生长缓慢，皮炎，后肢麻痹；维生素 B_9 缺乏症主要表现为脑水肿，肠炎，巨幼细胞贫血症；维生素 P 缺乏症主要表现为犊牛生长受阻，出现口炎、皮炎，贫血，坏死性肠炎；维生素 B_{12} 缺乏症主要表现为食欲减弱，营养不良，生长发育迟缓，贫血，繁殖功能减弱甚至不发情；胆碱缺乏症主要表现为脂肪肝，繁殖功能障碍，有妊娠毒血症症状；维生素 C 缺乏症主要表现为出血，内分泌功能紊乱，繁殖功能降低，抵抗力下降等。

【诊断】

了解维生素缺乏症病史，对日粮配合和饲料供应进行分析，结合症状表现综合判断。取病料、血液、尿液进行生化检验方可确诊。

【防治】

（1）预防　在牛的日常饲养管理过程中，应保证饲料质量优、品种多、分量足。在牛的不同生理阶段应根据牛的生理需求和饲料品质调整日粮结构。当出现病例时，应根据所缺乏的维生素进行治疗，并改善牛群的饲料水平和环境条件。

（2）治疗

①牛维生素缺乏症很少发生，一旦发病，应确定所缺乏的具体维生素，采用相应的维生素进行治疗。

②对维生素 A 缺乏症病牛，可采用肌内注射维生素 A 440 国际单位 / 千克体重，并且每天投喂维生素 A 40 国际单位 / 千克体重；对出现维生素 A 缺乏症的牛群，应调整日粮，加大投喂胡萝卜、鲜青草等富含维生素 A 或胡萝卜素的饲料。

③对维生素 B_{12} 缺乏症犊牛，可每天在日粮中添加维生素 B_{12} 20~40 微克，同时肌内注射维生素 B_{12} 400~500 微克，每天 1 次或隔天 1 次；对维生素 B_{12} 缺乏症成年牛，可肌内注射维生素 B_{12} 1000~2000 微克，每天 1 次或隔天 1 次。

④对维生素 C 缺乏症病牛，可采用皮下注射维生素 C 1000~2000 毫克，与 B 族维生素合用，疗效更好。

参考文献：

[1] 戴成娥，张军．新生犊牛微量元素及维生素缺乏综合征 [J]．畜牧业环境，2020(04)：62+14.

[2] 吐热古丽·克里木．奶牛维生素 E 缺乏症的诊治 [J]．养殖与饲料，2019(12)：59-60.

[3] 徐进云，童玲．肉牛维生素 A 缺乏症的病因与防治 [J]．养殖与饲料，2019(12)：103-105.

[4] 张金龙．肉牛维生素 A 缺乏症的病因、临床症状与防治措施 [J]．现代畜牧科技，2019(09)：122-123.

[5] 王斌．奶牛维生素 D 缺乏症的防治 [J]．山东畜牧兽医，2017，38(06)：94-95.

[6] 吴伟伟．畜禽维生素 K 缺乏症的发生、诊断和防治 [J]．黑龙江畜牧兽医，2016(20)：154-155.

[7] 徐云德．牛常见的营养缺乏症 [J]．中国畜牧兽医文摘，2015，31(09)：161.

[8] 赵家平，白双霜．牛硒和维生素 E 缺乏症的诊治 [J]．当代畜禽养殖业，2015(06)：30-31.

[9] 马祥群．春季肉牛常见病的防控 [J]．兽医导刊，2015(05)：67-68.

[10] 赵卓．畜禽维生素 C 缺乏症的病因、症状与诊治 [J]．养殖技术顾问，2014(06)：175.

[11] 柏克仁．犊牛维生素 A 缺乏症的防治 [J]．养殖与饲料，2014(04)：65.

[12] 白爱霞．幼畜维生素 D 缺乏症的防治 [J]．当代畜牧，2013(11)：28-29.

[13] 李国新．牛维生素 E 缺乏症诊治问题 [J]．农家之友，2013(04)：62.

[14] 李国新．牛维生素 E 缺乏症的诊治 [N]．中国畜牧兽医

报 ,2013-04-07(007).

[15] 王春璈 . 犊牛维生素 C 缺乏与红鼻子病 [C]. 国家肉牛 / 牦牛产业技术体系疾病控制研究室 . 第四届全国牛病防治及产业发展大会论文集 . 国家肉牛 / 牦牛产业技术体系疾病控制研究室 : 全国牛病大会组委会 ,2012:314-317.

[16] 赵长志 , 白十月 . 畜禽维生素缺乏症及其防治 [J]. 养殖技术顾问 ,2012(03):121.

[17] 王补元 , 苏布登花 , 乔静波 , 陈伟 . 犊牛维生素 B_1 缺乏的防治 [J]. 当代畜禽养殖业 ,2008(02):34.

[18] 李进辰 , 王社贤 , 李彩莲 , 陈清亮 , 范畅 . 羔羊脂溶性维生素缺乏症病例 [J]. 今日畜牧兽医 ,2005(11):33.

[19] 张世岗 , 裴风 . 冬春要防畜禽维生素缺乏症 [J]. 养殖与饲料 ,2003(02):36.

[20] 郭小权 , 徐国华 , 刘姝 . 畜禽胆碱缺乏症及其防治 [J]. 江西畜牧兽医杂志 ,2001(03):22-23.

[21] 胡立杰 , 秦凤岐 , 丁志 . 肉牛维生素缺乏症的防治 [J]. 黑龙江畜牧兽医 ,1998(05):44-45.

[22] 黄连基 , 赖贤倍 . 初生犊牛维生素 B 缺乏症二例 [J]. 畜牧兽医杂志 ,1988(03):31-32.

[23] 姚殿凯 . 畜禽维生素缺乏症 [J]. 饲料研究 ,1985(10):30-32.

[24] 李仲曾 . 犊牛维生素 B 缺乏症的分析 [J]. 中国兽医杂志 ,1983(09):21.

[25] 阮启文 . 维生素对畜禽的营养作用（二） 水溶性维生素 [J]. 饲料研究 ,1980(06):1-6.

十六、维生素 A 缺乏症

维生素 A 缺乏症是由饲料中维生素 A 原或维生素 A 不足或缺乏所引起的一种慢性营养性代谢疾病，临诊上以生长发育受阻、上皮角化、干眼、夜盲症、繁殖功能障碍以及机体免疫力低下等为特征。本病常发生于犊牛、仔猪、仔犬和幼禽，其他动物亦可发生。维生素 A 缺乏可导致许多疾病，干眼燥症和夜盲症是早期特征性症状之一。病牛角膜干燥、混浊，畏光，瞳孔散大，眼球突出，视力减弱，尤其暗光的适应能力差，严重者甚至双目失明。

【病因】

（1）原发性（外源性）病因　饲料中维生素 A 原或维生素 A 长期缺乏或不足时，是原发性病因。如各种青绿饲料包括发酵的青绿饲料在内，特别是青干草、胡萝卜、南瓜、黄玉米等都含有丰富的维生素 A 原（能转变成维生素 A），如不喂这些饲料，即易患本病;棉籽、亚麻籽、萝卜、干豆、干谷、马铃薯、甜菜根中，几乎不含维生素 A 原，长期饲喂此类饲料，即造成缺乏；饲料中维生素 A 和胡萝卜素被破坏，如雨淋、发霉变质。生大豆和生豆饼中含的脂氧化酶可使维生素 A 破坏，即导致缺乏。

（2）继发性（内源性）病因　动物机体对维生素 A 原或维生素 A 的吸收、转化、贮存、利用发生障碍，是继发性病因。如当犊牛患有慢性胃肠道病和肝脏疾病时，犊牛腹泻、瘤胃不全角化或角化过度，均易继发本病；此外，矿物质（无机磷）、维生素（维生素 C、维生素 E）、矿物质（钴、锰等）缺乏或者不足，都能影响体内胡萝卜素的转化和维生素 A 的贮存。

（3）诱发因素　饲养管理不良，牛舍污秽不洁、寒冷、潮湿、通风不良、过度拥挤，缺乏运动以及阳光照射不足等因素都可诱导发病。

【临诊症状】

（1）生长发育受阻　食欲不振，消化不良。幼畜生长缓慢，发育不良，增重低下，成畜营养不良，衰弱乏力，生产性能低下。

（2）视力障碍　夜盲症是早期症状（猪除外）之一，特别在犊牛，当其他症状都不甚明显时，就可发现在早晨或傍晚或月夜中光线朦胧时，盲目前进，行动迟缓，碰撞障碍物。干眼燥症是指角膜增厚雾状形成，仅见于犬和犊牛。

（3）皮肤病变　患病动物的皮脂腺和汗腺萎缩，皮肤干燥，弹性降低，被毛蓬乱乏光，掉毛、秃毛，蹄表干燥。牛的皮肤有麸皮样痂块。

（4）繁殖力下降　公畜精小管生殖上皮变性，精液减少，精子活力降低，性欲减退，青年公牛睾丸显著地小于正常。母畜发情扰乱，受胎率下降。妊娠后期胎儿吸收、流产、早产、死产，所产仔畜生活力低下，体质孱弱，易死亡。胎儿发育不全，有瞎眼、咬合不全等先天性缺陷或畸形。

（5）神经症状　如由于颅内压增高引起的脑病，视神经管缩小引起的目盲，以及外周神经根损伤引起的骨骼肌麻痹。由于骨骼肌麻痹而呈现的运动失调，最初常发生于后肢，然后再见于前肢。犊牛还可引起面部麻痹、头部转位和脊柱弯曲。至于脑脊液压力增高而引起的脑病，通常见于犊牛，呈现强直性和阵发性惊厥及感觉过敏的特征。

（6）抗病力低下　由于黏膜上皮角化，腺体萎缩，极易继发鼻炎、支气管炎、肺炎、胃肠炎等疾病，或因抵抗力下降而继发感染某些传染病。

【诊断】

根据饲养管理情况、病史和临诊特征可做出初步诊断。确诊须参考病理损害特征、临诊病理学变化、脑脊液压变化和治疗效果。

【防治】

（1）预防　日粮中应有足量的青绿饲料、优质干草、胡萝卜和块根类及黄玉米，必要时应给予鱼肝油或维生素 A 含量。饲料不宜贮存过久，以免胡萝卜素被破坏而降低维生素 A 效应，也不宜过早地将维生素 A 掺入饲料中做贮备饲料，以免氧化破坏。舍饲期动物，冬季应保证舍外运动，夏季应进行放牧，以获得充足的维生素 A。对患本病的动物，首先应查明病因，积极治疗原发病，同时改善饲养管理条件，加强护理。其次要调整日粮组成，增补以富含维生素 A 和胡萝卜素的饲料，优质青草或干草、胡萝卜、青贮料、黄玉米，也可补给鱼肝油。

（2）治疗　治疗可用维生素 A 制剂和富含维生素 A 的鱼肝油。维生素 A 滴剂，牛 5~10 毫升，犊牛、羊 2~4 毫升，羔羊 0.5~1 毫升，内服。或浓缩维生素 A 油剂，牛 15 万 ~30 万单位，犊牛、羊 5 万 ~10 万单位，羔羊 2 万 ~3 万单位，内服或肌内注射，每天 1 次。或维生素 A 胶丸，牛每千克体重 500 单位，羊每只 2.5 万 ~5 万单位，内服。或鱼肝油，牛 20~60 毫升，羊 10~30 毫升，犊牛 1~2 毫升，羔羊 0.5~2 毫升，内服。维生素 A 剂量过大或应用时间过长会引起中毒，应用时须注意。

参考文献：

[1] 徐进云，童玲．肉牛维生素 A 缺乏症的病因与防治 [J]．养殖与饲料，2019 (12)：103-105.

[2] 张金龙．肉牛维生素 A 缺乏症的病因、临床症状与防治措施 [J]．现代畜牧科技，2019 (09)：122-123.

[3] 洪伟新，庄燕秋．畜禽维生素 A 缺乏症的治疗 [J]．现代农村科技，2019 (07)：41.

[4] 陈纯久．奶牛维生素 A 缺乏症的防治 [J]．畜牧兽医科技信息，2018 (08)：73-74.

[5] 沙如拉．舍饲绵羊维生素 A 缺乏症的诊治 [J]．当代畜牧，2017 (02)：97.

[6] 麻风丽，刘燕云．犊牛维生素 A 缺乏症的防治 [J]．当代畜牧，2016 (32)：82.

[7] 王艳．牛维生素 A 缺乏症的治疗 [N]．农民日报，2016-10-19 (W07).

[8] 玉素甫·加帕尔．奶牛维生素 A 缺乏症的防治技术 [J]．新疆畜牧业，2016 (06)：53-54.

[9] 郭素风．犊牛维生素 A 缺乏症的防治 [J]．中国乳业，2015 (12)：62-63.

[10] 杨锁仙，赵家贤．奶牛维生素 A 缺乏症的成因与防治 [J]．农村百事通，2015 (09)：49-50.

[11] 柏克仁．犊牛维生素 A 缺乏症的防治 [J]．养殖与饲料，2014 (04)：65.

[12] 何生．犊牛维生素 A 缺乏症的防治 [J]．湖北畜牧兽医，2013，34 (06)：39-40.

[13] 阿依努尔·托兰．犊牛维生素 A 缺乏症病因及防治措施 [J]．现代农业科技，2013 (03)：317-318.

[14] 祖丽胡玛尔·赛都拉，海尼木古力·艾合买提.反刍动物维生素 A 缺乏症的药物治疗 [J].新疆畜牧业，2013(01)：43-44.

[15] 王生俊.犊牛维生素 A 缺乏症的防治 [J].中国畜禽种业，2011,7(08)：94.

[16] 董海聚，贺秀媛，曹永强，王朝阳，贺丛，邓立新.一例犊牛维生素 A 缺乏症的眼底观察 [C].中国奶业协会第 26 次繁殖学术年会暨国家肉牛牦牛／奶牛产业技术体系第 3 届全国牛病防治学术研讨会论文集.中国奶业协会繁殖专业委员会、国家肉牛产业技术体系疾病控制功能研究室、国家奶牛产业技术体系疾病控制功能研究室、华中农业大学、家畜疫病病原微生物学国家重点实验室：全国牛病大会组委会，2011：483-485.

[17] 孙怀民，王兴波，张秉柱，孙立明，李晓伟.14 例犊牛先天性维生素 A 缺乏症 [J].现代畜牧兽医，2010(11)：45-46.

[18] 刘佰胜.幼畜维生素 A 缺乏症的病因与防治 [J].畜牧兽医科技信息，2007(10)：24.

[19] 于梦然，高宝成，徐海东，朱得明.维生素 A、维生素 E 在奶牛繁殖中的应用 [J].新疆畜牧业，2007(04)：16-17.

[20] 白爱霞，王宏武.幼畜维生素 A 缺乏症的防治 [J].新疆畜牧业，2002(03)：29.

十七、维生素 D 缺乏症

维生素 D 是一种固醇类衍生物，其中维生素 D_2（麦角骨化醇）和维生素 D_3（胆骨化醇）与动物营养学关系最为密切。维生素 D 在鱼肝和鱼油中含量最为丰富，蛋类、哺乳动物肝脏和豆科植物中也有较高含量，但植物性饲料中含量极少。牛群所需维生素 D 的主要来源是日光照射。由于某些原因使维生素 D 缺乏时，导致肠黏膜钙、磷吸收障碍，成为犊牛发生佝偻病、成年牛尤其是妊娠母牛和哺乳母牛发生骨软症的主要原因之一。

【病因】

本病与长期舍饲日光照射过少，阴天多雾下放牧，冬季光照时间过短等有关。植物性饲草中的麦角固醇只存在于枯死植物叶中或经日光晒干的干草中，由于受加工方法的影响，常常使维生素 D 含量大幅度降低。维生素 D 在机体内转化为活化型维生素 D_3 才能发挥其生理功能，维生素 D_3 与钙、磷的吸收和代谢有着密切关系，在血钙、血磷含量充足或钙与磷比例适当的条件下，维生素 D_3 作用于靶器官如小肠、肾脏和骨骼等，促使小肠、肾脏对钙、磷的吸收功能强，以维持血液中钙、磷含量的稳定性，并使骨化功能（即骨的钙、磷沉积过程）处于良好状态。在小肠钙的输送过程中则需要钠的存在，钠、钾输送系统可将钙送到浆膜处，完成钙的输送作用。维生素 D 能促进肾小管对钙、磷的吸收过程，使血钙、血磷含量增多。

【临诊症状】

维生素 D 缺乏对犊牛、妊娠和泌乳母牛的影响较为突出，首先表现为生长发育（增重）缓慢和生产性能明显降低。临床表现食欲大减，生长发育不良，消瘦，被毛粗乱无光泽。同时，骨化过程受阻，导致掌骨、跖骨肿大，前肢向前或侧方弯曲，以及膝关节增大和拱背等异常姿势。随着病情发展，病牛步态强拘甚至跛行、抽搐、强直性痉挛、被迫卧地不能站立。由于胸廓严重变形，常引起呼吸促迫或困难，有时还伴发前胃弛缓和轻微瘤胃臌气。妊娠母牛多发早产或产出体质虚弱或畸形的犊牛。

【诊断】

除根据临床症状和发病病史情况进行分析外，主要是血磷含量和碱性磷酸（酯）酶活性测定。早于临床症状的指标之一是碱性磷酸（酯）酶活性升高。

【防治】

（1）预防　预防维生素 D 缺乏症发生的有效措施，是对不同发育阶段牛群－犊牛、育成牛和成年奶牛等，补饲动物性蛋白质饲料，尤其是鱼肝、鱼油之类。平时应注意日粮中钙、磷含量及其比例（钙：磷比为 2：1）。

（2）治疗　在多使牛群受到日光照射、饲喂豆科植物性饲草（料）的同时，对维生素 D 缺乏症病牛要给予治疗，应用大于维持剂量 10 倍以上的维生素 D 制剂，每日或隔日 1 次，疗程为 1 周。

参考文献：

[1] 闫红羽. 家畜佝偻病和骨软化症的临床诊断及治疗 [J]. 饲料博览, 2019 (10)：77.

[2] 吕丽莉．畜禽对维生素营养需要的分析 [J]．现代畜牧科技，2018 (06)：51.

[3] 王斌．奶牛维生素 D 缺乏症的防治 [J]．山东畜牧兽医，2017, 38 (06)：94-95.

[4] 宋元静．冬季羔羊维生素 D 缺乏症的诊治 [J]．山东畜牧兽医，2014, 35 (09)：92.

[5] 白爱霞．幼畜维生素 D 缺乏症的防治 [J]．当代畜牧，2013 (11)：28-29.

[6] 魏志强．动物维生素 D 缺乏症的防治 [J]．畜禽业，2012 (12)：91.

[7] 赵长志，白十月．畜禽维生素缺乏症及其防治 [J]．养殖技术顾问，2012 (03)：121.

[8] 韩振生．奶牛佝偻病与软骨病的防治 [J]．中国畜牧兽医文摘，2011, 27 (05)：143.

[9] 于敏，薛荣．浅论在畜禽饲养中维生素缺乏症及补饲措施 [J]．吉林畜牧兽医，2010, 31 (11)：45-46.

[10] 肖铁峰，张继军，张福国．犊牛维生素 A、D 缺乏症的有效治疗 [J]．畜牧兽医科技信息，2007 (02)：48.

[11] 张世岗，裴风．冬春要防畜禽维生素缺乏症 [J]．养殖与饲料，2003 (02)：36.

[12] 裘永良．注意防治畜禽维生素 D 缺乏症 [J]．兽医科技信息，1994 (06)：4.

[13] 李秀萍．初生犊牛维生素 AD 缺乏症的诊断及治疗 [J]．贵州畜牧兽医科技，1986 (01)：41-42.

[14] 姚殿凯．畜禽维生素缺乏症 [J]．饲料研究，1985 (10)：30-32.

[15] 李三强．维生素 D 缺乏症的诊断特点 [J]．国外兽医学．畜禽疾病，1983 (02)：12-13.

[16] 赵永义. 集约化饲养时犊牛维生素 D 缺乏症 [J]. 河南畜牧兽医（综合版）, 1981 (02): 53-55.

十八、硒和维生素 E 缺乏症

硒和维生素 E 缺乏症，主要是由于体内微量元素硒和维生素 E 缺乏或不足而引起的一种营养缺乏病。临诊上以猝死、跛行、腹泻和渗出性液质等为特征，病理学上以骨骼肌、心肌、肝脏和胰腺等组织变性、坏死为特征。本病可发生于各种动物，以仔畜为多见。

【病因】

饲料（草）中硒和（或）维生素 E 含量不足是本病发生的直接原因。当饲料中硒含量低于每千克 0.05 毫克以下时，或饲料加工贮存不当，其中的氧化酶破坏维生素 E 时，就出现硒和维生素 E 缺乏症。饲料中硒来源于土壤硒，因此土壤低硒含量是硒缺乏症的根本原因。饲料中含有大量不饱和脂肪酸，可促进维生素 E 氧化，如鱼粉、猪油、亚麻油、豆油等作为添加剂掺入日粮中，可产生过氧化物，促进维生素 E 氧化，引起维生素 E 缺乏。生长快的动物对硒和维生素 E 的需要量增加，容易引起发病。

【临诊症状】

共同症状包括：骨骼肌疾病所致的姿势异常及运动功能障碍；顽固性腹泻或下痢为主的消化功能紊乱；心肌病造成的心率加快、心律不齐及心功能不全；繁殖机能障碍，公畜精液不良，母畜受胎率低下甚至不孕，妊娠母畜流产、早产、死胎，产后胎衣不下，泌乳母畜产乳量减少。不同畜各有其特征性的临诊表现。

（1）牛　犊牛表现为典型的白肌病症状群。年幼的犊牛多表现为急性型，临床无明显症状而突然死亡，主要表现为心肌营养不良。年长的犊牛表现为亚急性型和慢性型。亚急性型的犊牛，多表现精神不佳，背腰僵硬，步态紧拘，后躯摇晃，喜卧地。臀部肿胀，触诊坚实。呼吸加快，脉搏增数达每分钟120次以上。后期心搏动减弱，并出现心律失常。慢性型犊牛则表现生长发育明显迟缓，出现典型的运动功能障碍，病初症状是僵拘和衰弱，随后麻痹，无力吃奶，消化紊乱，有异嗜癖，伴有顽固性腹泻，被毛粗乱、无光泽，黏膜苍白。呼吸紧迫，心功能不全，心率加快、心律不齐。发病犊牛一般是在3~7周龄，运动可促进病情加剧。成年牛表现胎衣滞留。

（2）羊　绵羊羔及山羊羔都可发生。在发病初期，外部并无任何可见症状，仅仅是听诊时心跳无节律或有间歇。以后表现精神沉郁，被毛竖立而粗乱，食欲略减或废绝。有时羔羊放牧及采食时突然倒地死亡。病程较长者，不愿行动，卧地不起，颈部僵直而偏向一侧；如果强迫起立，轻者走路摇摆，肢体强硬；重者站立不稳或举步跌倒；少数病羔有腹泻症状。病程经过也不一致，最严重者为突然不安，哀叫，呈兴奋状态，10~30分钟死亡。较重者多经3~4天死亡；轻者经2~3周死亡，但为数极少。

【病理变化】

病变部肌肉（骨骼肌、腰、背、臀、膈肌）变性，色淡似煮肉样，呈灰黄色、黄白色的点状、条状、片状不等。横断面有灰白色、淡黄色斑纹，质地变脆、变软、钙化。心肌扩张变薄，以左心室为明显，多在乳头肌内膜有出血点，心内外膜有黄白色或灰白色与肌纤维方向平行的条纹斑。肝脏肿大，硬而脆，表面粗糙，断面有槟榔样花纹。有的病例肝脏由深红色很快变成灰白色，最后呈土黄色。肾脏充血、肿胀、实质有出血点和灰色的斑状灶。

【诊断】

根据基本症状群（幼龄，群发性），结合临诊症状（运动障碍，心脏衰竭，渗出性液质，神经功能紊乱）、特征性病理变化（骨骼肌、心肌、肝脏等典型的营养不良病变），参考病史可以初步诊断。进一步诊断可通过对病畜血液及某些组织的含硒量、谷胱甘肽过氧化物酶活性、血液和肝脏维生素 E 含量进行测定，同时测定周围的土壤、饲料硒含量，进行综合分析。还可对病畜作补硒和维生素 E 治疗进行验证性诊断。

【防治】

（1）预防　在低硒地带饲养的畜禽或饲喂由低硒地区运入的饲料、饲草时，必须补硒。补硒的方法有直接注射硒制剂；将适量硒添加于饲料、饮水中喂饮；对饲用植物做植株叶面喷洒，以提高植株及籽实的含硒量;低硒地区施用硒肥。谷粒种子(如小麦)和豆科牧草（如苜蓿）是维生素 E 的良好来源。母畜泌乳期补充维生素 E 饲料可提高产奶量，一般每天在饲料中混合生育酚不少于 1 克。简便易行的方法是应用硒－维生素 E 饲料添加剂，可按照说明使用。

（2）治疗　亚硒酸钠溶液配合醋酸生育酚肌内注射，治疗效果明显有效。成年牛 0.1% 亚硒酸钠溶液 15~20 毫升，羊 5 毫升。醋酸生育酚，成年牛羊每千克体重 5~20 毫克。犊牛 0.1% 亚硒酸钠溶液 5 毫升，羔羊 2~3 毫升；醋酸生育酚每头犊牛 0.5~1.5 克，每只羔羊 0.1~0.5 克。适当使用维生素 A、复合维生素 B、维生素 C 及其他对症疗法（如强心、消炎、止泻等），也可以用亚硒酸钠 +V_E 制剂。

参考文献：

[1] 高伟旺．羊硒和维生素 E 缺乏症的预防和治疗 [J]．畜禽业，2016(12)：90-91．

[2] 李春光．犊牛硒－维生素 E 缺乏症的病因、症状及防治措施 [J]．现代畜牧科技，2016(05)：84．

[3] 赵家平，白双霜．牛硒和维生素 E 缺乏症的诊治 [J]．当代畜禽养殖业，2015(06)：30-31．

[4] 刘波．畜禽硒和维生素 E 缺乏症的防治 [J]．养殖技术顾问，2014(06)：124．

[5] 刘慧．羔羊硒及维生素 E 缺乏症的诊治 [J]．山东畜牧兽医，2013，34(08)：91．

[6] 闫守金．一例羔羊硒和维生素 E 缺乏症的诊治报告 [J]．养殖技术顾问，2012(07)：180．

[7] 洪金锁，刘书杰，崔占鸿，郝力壮，张晓卫，赵月平．犊牛铜、铁、硒－维生素 E、锰缺乏症的防治措施 [J]．黑龙江畜牧兽医，2009(08)：92-93．

[8] 赵永军，魏艳辉，杜立银，孙树民．羔羊硒及维生素 E 缺乏症的诊治 [J]．中国兽医杂志，2008(09)：73-74．

[9] 杨玉伟．畜禽硒——维生素 E 缺乏综合征流行病学的调查 [J]．现代畜牧兽医，2005(04)：30-31．

[10] 张空，刘迎碰，秦效苏．奶牛硒－维生素 E 缺乏症的诊治 [J]．中国兽医杂志，1996(12)：24．

[11] 常福国，王宝瑞．注射预防羔羊硒－维生素 E 缺乏症 [J]．黑龙江畜牧兽医，1996(04)：33．

[12] 殷国荣，杨建一．奶牛日粮硒和维生素 E 缺乏的可能性及防治 [J]．中国饲料，1992(04)：20-21．

[13] 周劲松．家畜硒－维生素 E 缺乏症的防治 [J]．甘肃畜牧兽

医, 1989 (03)：14-15.

[14] 蔡四平，韩永佩. 奶牛硒和维生素 E 缺乏病 [J]. 中国兽医杂志, 1989 (04)：26.

[15] 刘库. 高寒地区畜禽硒-维生素 E 缺乏症的特点 [J]. 黑龙江畜牧兽医, 1988 (12)：25-26.

[16] 宁启祥. 硒与维生素 E 综合缺乏症 [J]. 饲料研究, 1986 (10)：22.

十九、微量元素缺乏症

微量元素缺乏症是指由于牛摄取的饲料和水中的微量元素缺乏或不足而引起的营养缺乏症。

【病因】

引起该病的直接原因是采食过程中，摄入的微量元素含量不足。主要原因有饲料中微量元素含量或比例不当，机体需求量增多，机体消化功能紊乱造成微量元素吸收障碍等。

【临诊症状】

主要表现为精神不振、食欲减退、生长迟缓、繁殖功能紊乱和贫血等。其中锌缺乏症主要表现为皮肤角化不全，骨形成缓慢，生长停滞，关节肿大，四肢皮肤皲裂，繁殖功能紊乱；硒缺乏症主要表现为犊牛横纹肌、心肌变性、坏死，肌外呈白色，成年牛繁殖功能紊乱，不孕或流产，产出死胎或弱犊；钴缺乏症主要表现为食欲减退，贫血，消瘦，脂肪肝，繁殖功能紊乱，不孕或流产，产出死胎；铜缺乏症主要表现为食欲减退，腹泻，被毛褪色，消瘦，贫血，关节肿大，繁殖功能减退，不发情，易发癫痫和猝死；锰缺乏症主要表现为生长迟缓、犊牛骨骼变形，成年牛繁殖功能紊乱，排卵停滞；碘缺乏症主要表现为胎儿早死，或牛犊体质弱、脱毛、不能站立、生长发育迟缓，成年牛繁殖功能紊乱、甲状腺肿大和增生；铁缺乏症主要表现为犊牛生长迟缓，异食，消瘦，贫血。

【诊断】

临床诊断：对病牛口腔、牙齿、瘤胃等进行检查，确定引起食欲缺乏的原因。对病牛血液、被毛等进行微量元素含量检测方可确诊。

【防治】

（1）预防　采购牛饲料，尤其是植物性饲料时，应对当地的土壤、植被、水质等进行了解，防止微量元素缺乏。牛饲喂过程中，应根据牛的生理需求对饲料中的微量元素进行适时调整。当出现病牛时，应尽早确定缺乏的微量元素，注意缺什么元素补什么元素，不可什么元素都补充。

（2）治疗

①对锌缺乏症病牛　可向病牛一次性投喂硫酸锌2克，每周1次；或肌内一次性注射硫酸锌1克，每周1次。

②对硒缺乏症病牛　可向病牛肌内注射维生素E国际单位/千克体重和亚硒酸钠0.1~0.15毫克/千克体重；或向网胃投放硒丸或可溶性含硒玻璃珠补硒；或在饲料中补充维生素E和硒制剂；哺乳母牛和妊娠母牛应注射维生素E-硒合剂，以满足犊牛生长需要。

③对钴缺乏症病牛　可向病牛灌服氯化钴水溶液5~35毫克/天在饲料中添加维生素B_{12}；对于重症病牛，可肌内注射维生素B_{12}和右旋糖酐铁合剂4~6毫升，每3天1次；或肌内注射维生素B_{12} 1~2毫克，每天1次或隔天1次。

④对铜缺乏症病牛　可向成年病牛每天投喂2克硫酸铜或每周4克，犊牛病牛每天1克或每周2克；或静脉注射0.2%硫酸铜125~250毫升。

⑤对锰缺乏症病牛　每天饲喂锰含量2克的添加剂。

⑥对碘缺乏症病牛　可向病牛饲喂碘化钾含量高的盐（200毫克/千克）；或肌内注射40%结合碘油剂2毫升。

⑦对铁缺乏症病牛　可向病牛投喂硫酸亚铁，每天2~4克，连用2周；或肌内注射右旋糖酐铁、葡聚糖铁钴0.5~1.0克，每周1次。

参考文献：

[1] 于振国.浅谈常见营养性微量元素缺少对畜禽的影响[J].山东畜牧兽医,2018,39(02):46+50.

[2] 黄小合.肉牛营养缺乏性疾病的防治[J].中国畜禽种业,2015,11(12):128-129.

[3] 赵家平,韩秀军.牛铜缺乏症的病因、诊断和防治[J].当代畜禽养殖业,2015(07):32-33.

[4] 那春颖.牛羊钴缺乏症的诊断和治疗[J].畜牧兽医科技信息,2015(04):55.

[5] 王影,马景欣.动物铁缺乏症和铁中毒的症状与防治[J].养殖技术顾问,2014(11):144.

[6] 冒鸿梅.奶牛微量元素缺乏症的防治[N].河南科技报,2014-07-08(B06).

[7] 胡延涛.动物碘缺乏症的病因、发病机理与诊断[J].养殖技术顾问,2014(06):166.

[8] 王笃兰.牛微量元素缺乏的诊治[N].云南科技报,2012-09-07(003).

[9] 唐吉娟.牛铜缺乏症的防治[J].新疆畜牧业,2012(S1):37.

[10] 董勇,翟余,王昭,冯艳.硒缺乏症及其防治[J].中国畜禽种业,2011,7(09):66-67.

[11] 刘万奎.牛锌缺乏症的诊治[J].养殖技术顾问,2010

（08）：167.

[12] 卢忠波，刘生．牛几种微量元素缺乏症的防治措施 [J]．养殖技术顾问，2010（06）：57.

[13] 白水莉，刘大林．锌元素缺乏引起的代谢病 [J]．畜牧兽医科技信息，2007（09）：6-8.

[14] 闫风光．牛铜缺乏症的诊治 [J]．四川畜牧兽医，2002（12）：50.

[15] 许斌，韩博，梁俭，张一贤，张秀陶，马继东．奶牛碘缺乏症及其防治试验 [J]．畜牧与兽医，2000（01）：13-15.

[16] 尉雅范，肖忠红，王国红．牛硒缺乏症的诊疗 [J]．中国兽医杂志，1999（07）：19.

[17] 屈健．饲料微量矿物元素——锰 [J]．饲料与畜牧，1996（06）：14-16.

[18] 徐如意，熊谱成．家畜微量元素补充技术 [J]．饲料与畜牧，1996（02）：12-13.

[19] 朱楚屏．畜禽铜锌缺乏症及其防治 [J]．新疆农垦科技，1988（05）：14-15.

[20] 关亚农．锰及锰缺乏症 [J]．兽医导刊，1986（02）：44-47.

[21]L·Dkoller，徐保世．硒对家畜的影响 [J]．国外兽医学．畜禽疾病，1982（06）：23-24.

二十、铜缺乏症

铜缺乏症是由于动物体内微量元素铜不足而引起的一种营养缺乏病。临诊上以贫血、腹泻、被毛褪色、皮肤角化不全、共济失调、骨质异常和繁殖性能降低等为特征。各种动物均可发生，但主要发生在牛、羊、鹿、骆驼等反刍动物。曾被称为牛的癫痫病或摔倒病、羔羊晃腰病、羊痢疾、舔（盐）病、骆驼摇摆病等。

【病因】

通常分为原发性铜缺乏症和继发性铜缺乏症。

（1）原发性铜缺乏症　即单纯性铜缺乏症，是因饲草、饲料中含铜量不足或由于长期采食了铜缺乏土地上的牧草而发病。发病率可达40%以上。

（2）继发性铜缺乏症　即综合性或条件性铜缺乏症，是指饲料和饮水中铜含量较为充足，但机体组织对铜的吸收和利用受阻，导致机体肠管对铜吸收功能降低；或由于饲料中钼含量过高或含硫酸盐等微量元素时，因钼与铜具有颉颃性，饲料中锌、镉、铁、铅和硫酸盐等过多影响铜的吸收；或饲草中植酸盐含量过高，可与铜形成稳定的复合物，降低动物对铜的吸收；反刍动物饲料中的蛋氨酸、胱氨酸、硫酸钠、硫酸铵等含硫物质过多时也可降低铜的利用。

【临诊症状】

共同症状主要表现为贫血、骨和关节变形、运动障碍、被毛褪色、神经机能紊乱和繁殖机能下降。不同动物铜缺乏症的临诊特点也不同。牛以突然伸颈、吼叫、跌倒，并迅速死亡为特征，所以又称摔倒病，病程多为 24 小时，死因是心肌贫血、缺氧和传导阻滞所致。原发性缺铜的羊，被毛干燥、无弹性、绒化、卷曲消失，形成直毛或钢丝毛，毛纤维易断，颜色变浅。缺铜的母羊多产死羔，能存活的羔羊一般表现体温、呼吸、心跳正常。但早期表现为两后肢呈"八"字形站立，驱赶时后肢运动失调，跗关节屈曲困难，球节着地，后躯摇摆，极易摔倒，快跑或转弯时更加明显，呼吸和心率随运动而显著增加。严重者做转圈运动，或呈犬坐姿势，后肢麻痹，卧地不起，最后死于营养不良。羔羊随年龄增长，其后躯麻痹症状可逐渐减轻。

【诊断】

根据临床上出现的贫血、拉稀、消瘦、关节肿大、关节滑液囊增厚等症状及补饲铜以后疗效显著可做出初步诊断。诊断中应注意区别寄生虫性、细菌性、病毒性及霉菌性拉稀。骨骼的骨化推迟，易发骨折，严重时表现骨质疏松。地方性铜缺乏的最主要组织病变是小脑脊和脊髓背外侧束的脱髓鞘。在少数严重病例，脱髓鞘病变也波及大脑，蛋白质结构发生破坏，出现空洞。并且有脑积水、脑脊髓液增加和大脑回路几乎消失等病理变化。肝脏、脾脏和肾脏有大量含铁血黄素沉着。

【防治】

（1）预防　合理配制饲料，保证饲料中铜含量。缺铜的土壤，每年每公顷可施硫酸铜 5~6 千克(根据实际缺量确定)。平时用 2% 硫酸铜矿物质舔盐。舍饲牛群可皮下注射甘氨酸铜制剂 200 毫克（纯铜 60 毫克），历时 3~4 个月可收到预防效果。

（2）治疗　治疗原则是补铜。用硫酸铜口服，每千克体重20毫克，间隔7日1次，重复用药，一般连用3~5次。也可用甘氨酸铜皮下注射。或将硫酸铜按0.5%比例混于食盐内让病畜舔食。铜与钴合用，效果更好。在日粮中添加铜，使硫酸铜的水平达25~30微克/克，连喂2周效果显著。也可将矿物质添加剂舔砖中硫酸铜的水平提高至3%~5%，让其自由舔食，或按1%剂量加入日粮中饲喂。

参考文献：

[1] 王东，于迪，赵畅，白云龙，夏成，张洪友，徐闯. 血清铜蓝蛋白对泌乳奶牛铜缺乏症发生的风险预警作用 [J]. 中国兽医学报，2020，40（03）：646-649.

[2] 于迪，王东，张峰，赵畅，白云龙，夏成. 黑龙江省某集约化牛场奶牛铜缺乏症的调查分析 [J]. 畜牧与兽医，2020，52（01）：132-133.

[3] 王伟，马学芝. 羊铜缺乏症诊断与防治措施 [J]. 畜牧兽医科学（电子版），2019（19）：121-122.

[4] 鲍坤，王晓旭，王凯英，赵蒙，李光玉. 铜缺乏症梅花鹿体内矿物质元素含量分析 [J]. 特产研究，2019，41（03）：53-57.

[5] 刘福庆，王晓洁. 羊铜缺乏的诊断与防治措施分析 [J]. 中国动物保健，2019，21（07）：57-58.

[6] 赵家平，韩秀军. 牛铜缺乏症的病因、诊断和防治 [J]. 当代畜禽养殖业，2015（07）：32-33.

[7] 张艳雯，陆凤. 甘氨酸铜缓释注射剂对牛铜缺乏症的应用研究 [J]. 饲料研究，2015（07）：33-35.

[8] 孙晓华. 羊铜缺乏症的病因与诊治 [J]. 养殖技术顾问，2014（03）：156.

[9] 唐吉娟. 牛铜缺乏症的防治 [J]. 新疆畜牧业，2012（S1）：37.

[10] 毕克学. 犊牛铜缺乏症的防治 [J]. 畜牧兽医科技信息, 2008 (04): 64-65.

[11] 李光辉. 铜与奶牛健康 [J]. 乳业科学与技术, 2005 (03): 125-126.

[12] 段智勇, 吴跃明, 刘建新. 奶牛微量元素铜的营养 [J]. 中国奶牛, 2003 (04): 29-31.

[13] 闫风光. 牛铜缺乏症的诊治 [J]. 四川畜牧兽医, 2002 (12): 50.

[14] 杨志强. 反刍家畜缺铜病及其防治 [J]. 农业科技通讯, 1993 (09): 23.

[15] 袁振华. 牛的铜缺乏症（摘要）[J]. 浙江畜牧兽医, 1984 (02): 47.

[16] 李三强, 龙晶. 铜缺乏症与畜禽健康 [J]. 兽医科技杂志, 1984 (01): 38-41.

二十一、锌缺乏症

锌缺乏症是指由于饲草、饲料中缺锌或其他原因导致锌吸收障碍，引起以生长发育缓慢或停滞、皮肤角化不全、骨骼异常和繁殖性能障碍等为主要特点的微量元素缺乏症。

【病因】

机体组织器官中锌含量相当于铁含量的50%，铜含量的5~10倍，锰含量的近100倍。肌肉色泽及功能与其锌的含量有关，色泽较深、活动较强的肌群，锌含量要高。眼球脉络膜中锌含量最多，被毛中锌含量也和色泽有关，大多数被毛中锌含量在115~135毫克/千克。锌缺乏与其他微量元素缺乏一样，主要是饲料供应不足和其他导致其吸收障碍的因素所致，如过多的钙或植酸钙、磷、镁、铁、锰及维生素C等可影响锌的吸收和利用，不饱和脂肪酸缺乏对锌的吸收和利用也有影响。牛患慢性胃肠炎时，可妨碍对锌的吸收而引起锌缺乏症。

【辨证】

中兽医学中虽无锌缺乏症的论述，但其所表现的临床特点和典型症状与燥邪伤津颇为相似。所谓诸涩枯涸，干劲鞍裂，皆属于燥，即为此意。肺主宣发，外合皮毛，燥邪犯体，最易伤肺。口腔、鼻孔红肿发炎，鼻镜、后肢和颈部等处皮肤发生角化不全、鞍裂，被毛脱落。阴囊、四肢部位呈现类似皮炎的症状，皮肤瘙痒、脱毛、粗糙，蹄周、趾间皮肤皲裂等，皆为津伤液耗的突出表现，其证多由热盛伤津所致，当属津亏或血燥的范畴。

【临诊症状】

（1）全身性的变化 生长发育迟缓，消瘦，食欲减退，有异食癖，味觉、嗅觉减退或异常，免疫力下降。

（2）皮肤被毛的变化 皮肤角化不全或过度角化。牛发生皮肤呈鳞屑性湿疹状不全角化症；羊发生于颈、胸腰部的背侧及尾等部位，呈现皮肤干燥、粗糙、多鳞；羔羊和犊牛头部、胸、腹、背部会出现被毛脱落。

（3）骨骼的变化 幼龄动物常发生骨骼异常，关节僵硬，跗关节肿大。牛不太僵硬，后肢呈弓形。

（4）繁殖机能的变化 缺锌会影响生殖器官的发育，出现繁殖机能障碍。公畜睾丸萎缩，精子生成障碍，性机能减退；母畜卵巢萎缩，发情周期紊乱，受胎率降低，易发生早产、流产、死胎、畸形胎。

（5）创伤愈合能力降低 缺锌影响了成纤维期细胞的增生及胶原的合成，以及上皮细胞的增生，补锌会加速创伤、溃疡及手术创口的愈合。

（6）犊牛缺锌 犊牛缺锌则生长发育不良，增重率降低；口腔、鼻孔红肿发炎、流出大量唾液和鼻液；鼻镜、后肢和颈部等处皮肤发生角化不全，皲裂，被毛脱落。阴囊、四肢部位呈现类似皮炎的症状，皮肤瘙痒、脱毛，粗糙、蹄周及趾间皮肤皲裂。骨骼发育异常，后肢弯曲，关节肿大、僵硬，四肢无力，步态强拘。成年牛和犊牛一样也有典型的皮肤角化不全症状，此外，后腿球关节肿胀，蹄冠部皮肤肿胀、脱屑，被毛粗乱。

【诊断】

临诊上以皮屑增多、掉毛、皮肤开裂，经久不愈，骨短粗、采食量下降，生长发育缓慢，异食癖，消化不良，味觉、嗅觉迟钝或异常，机体免疫力下降为特征。

【防治】

（1）预防　改善饲养管理，饲喂日粮配比结构合理的饲料，根据动物不同的生理阶段及生长发育速度供给充足的锌。

（2）治疗　补锌的方法。可以在饲料中添加无机锌（硫酸锌、氧化锌、碳酸锌），有机锌（葡萄糖酸锌、蛋氨酸锌）。补锌时要适当补充维生素 A，以促进锌的吸收和利用。

参考文献：

[1] 朱明恩，王桂英．奶牛锌缺乏症 [J]．云南畜牧兽医，2016 (04)：30．

[2] 黄小合．肉牛营养缺乏性疾病的防治 [J]．中国畜禽种业，2015, 11 (12)：128-129．

[3] 王学英，马景欣．动物锌缺乏症和锌中毒的病因与防治 [J]．养殖技术顾问，2014 (11)：145．

[4] 闫治军．造成牛皮肤鳞屑增多和皮肤增厚的几种疾病的诊断 [J]．养殖技术顾问，2014 (11)：202．

[5] 冯宇春．动物锌缺乏症的病因、症状与诊治 [J]．养殖技术顾问，2014 (07)：191．

[6] 田玉祥．导致牛皮屑增多、皮肤肿胀疾病的鉴别诊断 [J]．养殖技术顾问，2014 (06)：188．

[7] 刘芳，张培艺．奶牛锌缺乏症的诊断与防治研究 [J]．畜牧与饲料科学，2012, 33 (03)：92-93．

[8] 刘万奎．牛锌缺乏症的诊治 [J]．养殖技术顾问，2010 (08)：167．

[9] 樊春波，李莉，朱建国．动物锌缺乏症研究进展 [J]．上海畜

牧兽医通讯,2010(01):29-31.

[10] 张君,郑世民,高琳.动物锌缺乏症[J].畜牧兽医科技信息,2005(05):55.

[11] 边四辈.奶牛对锌元素的营养需要[J].乳业科学与技术,2001(02):44-45.

[12] 柴希文.奶犊牛缺锌病[J].黑龙江畜牧兽医,1989(05):48.

[13] 朱楚屏.畜禽铜锌缺乏症及其防治[J].新疆农垦科技,1988(05):14-15.

[14] 曹家银,C.MEISKE.日粮配方的重要成分——微量元素[J].国外畜牧科技,1987(04):28-30.

[15] 李光辉.微量元素与畜禽疾病[J].微量元素,1987(01):55-57.

[16] 关亚农.锌及锌缺乏症[J].兽医导刊,1986(04):24-29.

[17] 祝玉琦.牛的微量元素缺乏症[J].吉林畜牧兽医,1984(06):26-27.

二十二、碘缺乏症

碘缺乏症是由动物机体内摄入碘不足引起的一种以甲状腺机能减退、甲状腺肿大、流产和死产为特征的慢性营养缺乏病，又称甲状腺肿。临诊上以甲状腺肿大、繁殖障碍、脱毛和幼畜发育不良为特征,病理特征为甲状腺功能减退、甲状腺肿大。各种家畜、家禽均可发生。

【病因】

通常分为原发性碘缺乏症和继发性碘缺乏症。

（1）原发性碘缺乏症　由于土壤、饲料和饮水中碘含量过少使牛碘摄取量不足所致。其中以土壤和水源中的碘含量不足最为关键，而饲草（料）中碘含量取决于土壤、水源、施肥、天气等诸多因素。

（2）继发性碘缺乏症　幼畜生长发育过程中，由于对碘需要量增多和致甲状腺肿的物质存在而引起。有些饲料中含碘拮抗物质，可干扰碘的吸收和利用，如芜菁、油菜、油菜籽饼、亚麻籽饼、扁豆、豌豆、黄豆粉等含拮抗碘的硫氰酸盐、异硫氰酸盐以及氰苷等。这些饲料如果长期喂量过大，可产生碘缺乏症。

【临诊症状】

主要表现甲状腺明显肿大，生长发育缓慢，脱毛，消瘦，贫血，繁殖力下降。碘缺乏时，奶牛皮肤干燥，被毛脆弱，甲状腺肿大，生产力和生殖力降低，容易流产和产死胎；公牛则性欲减退，精液不良；新生犊牛水肿，皮厚，毛粗糙、稀毛或无毛；幼犊衰弱，站立困难，甲状腺肿大，生长发育停滞成为侏儒牛。先天性甲状腺肿犊牛，多数死于窒息。碘缺乏时，羊表现甲状腺明显肿大，流产，发情率与受胎率下降。羔羊生长发育缓慢，脱毛，消瘦，贫血，呼吸困难。

【诊断】

通常以临诊呈现甲状腺肿大和生长发育缓慢为本病病性诊断基础，结合检测蛋白结合碘和甲状腺素含量等，有助于病性最终诊断。

【防治】

（1）预防　预防缺碘应在配制饲料时按动物机体对碘的需要量配制。妊娠、泌乳牛饲料中应含 0.8~1.0 毫克/千克（干重计），空怀牛、犊牛饲料中应含 0.1~0.3 毫克/千克碘，或在肚皮、四肢间，每周 1 次涂擦碘酊（牛 4 毫升，羊 2 毫升），都有较好的预防作用。通常情况下，动物对碘的需要量是：产奶牛（产奶量在 18 千克/天以上）需要 400~800 微克/天，干乳期牛 100~400 微克/天，绵羊 50~100 微克/天。羔羊出生后 4 周，一次给予碘化钾 280 毫克或碘酸钾 360 毫克；另一次在妊娠 4 月龄或产羔前 2~3 周时，以同样剂量给母羊口服，可预防新生羔羊死亡。在母畜妊娠后期，于饮水中加入 1~2 滴碘酊，产羔后用 3% 碘酊涂擦乳头，让仔畜吮乳时吃进碘，亦有较好的预防作用。

（2）治疗　补碘是治疗本病的根本措施。可口服碘化钾、碘化钠或复方碘溶液（含碘 5%、碘化钾 10%），亦可用含碘盐。

参考文献：

[1] 巩新廷. 羊微量元素硒、碘缺乏症的分析诊断及其防控 [J].

饲料博览, 2019(01): 80.

[2] 胡延涛. 动物碘缺乏症的病因、发病机理与诊断 [J]. 养殖技术顾问, 2014(06): 166.

[3] 张治军, 裴钟太. 一起绒山羊碘缺乏症的诊疗报告 [J]. 养殖技术顾问, 2007(09): 40.

[4] 李涛. 家畜碘缺乏病的防治 [J]. 湖北畜牧兽医, 2001(05): 45-46.

[5] 奶牛碘缺乏症的防治 [J]. 河南畜牧兽医, 2000(07): 49.

[6] 许斌, 韩博, 梁俭, 张一贤, 张秀陶, 马继东. 奶牛碘缺乏症及其防治试验 [J]. 畜牧与兽医, 2000(01): 13-15.

[7] 李自新. 碘缺乏对家畜生产性能的影响 [J]. 青海畜牧兽医杂志, 1996(01): 40-42.

[8] N. F. SUTTLE, 罗绪刚. 放牧家畜微量元素缺乏症的诊断和预测中存在的问题 [J]. 国外畜牧科技, 1987(03): 40-45.

[9] 祁周约. 环境中的碘与家畜碘缺乏症的防治 [J]. 畜牧兽医杂志, 1983(02): 45-49.

[10] 汤建国. 碘缺乏症的防治 [J]. 中国兽医杂志, 1981(07): 32.

第三部分　中毒性疾病

一、马铃薯中毒

马铃薯也叫土豆、山药蛋。它的外皮、萌发的芽和茎、叶内含有马铃薯毒素（龙葵素）和硝酸盐（硝酸盐可转化为亚硝酸盐而中毒）。马铃薯中毒是牛采食了富含龙葵素的马铃薯及其茎叶而引起，临诊上以神经系统功能紊乱、胃肠炎及皮疹为特征。

【病因】

主要是马铃薯中含有一种有毒的生物碱——马铃薯毒素（又名龙葵素）所引起。马铃薯毒素主要含于马铃薯的花、块根幼芽及其茎叶中。马铃薯营养价值较高，在正常情况下也含有极微量的龙葵素，但不会引起中毒。若马铃薯贮存时间过长，在阳光下暴晒过久，因保存不当而出芽、霉变、腐烂时，可使马铃薯内龙葵素增加，当牛羊采食后，就会引起中毒。此外，腐烂的马铃薯中还含有一种腐败毒，未成熟的马铃薯中含有硝酸盐，都对牛羊有毒害作用。

【临诊症状】

马铃薯中毒病牛主要呈现神经系统症状和消化机能紊乱的症状。根据中毒程度不同临床表现也有差异。轻度中毒或慢性中毒，以消化道的变化为主。其表现为病牛减食或废食，口腔黏膜肿胀，流涎、呕吐、瘤胃臌胀、便秘，随后剧烈腹泻，粪中混有血液。精神沉郁，肌肉松弛，体力衰弱，体温升高，嗜睡。此外，牛、羊常在口唇周围、肛门、尾根、乳房、四肢系凹部及母畜的阴道和乳房等处发生湿疹或水疱性皮炎（亦称马铃薯性斑疹）。特别是在前肢产生深部组织坏死性病变。绵羊则呈现贫血和尿毒症。症状重剧的中毒，通常呈急性过程，以神经系统症状为主。病初兴奋不安，狂躁，横冲直撞，不顾周围障碍。后期转为精神沉郁，四肢麻痹，后躯无力，运动失调。体躯摇晃，步态不稳，反应迟钝。结膜发绀，呼吸无力、次少，心力衰竭，瞳孔散大，全身痉挛。一般经过 2~3 天死亡。

【发病机理】

马铃薯毒素对胃肠黏膜呈刺激作用，引起重剧的胃肠炎症，吸收后侵害中枢神经系统（延髓和脊髓）而引起感觉和运动神经的麻痹；进入血液后，使红细胞溶解而发生溶血现象；作用于皮肤能使之发生湿疹样病变。

【诊断】

牛、羊有喂过马铃薯的情况（放牧时有见到土豆块，就抢着吃的现象），诊断本病以临床特征为神经症状、胃肠炎症状和皮肤湿疹，可结合饲料情况的了解以及病料检验，进行分析确诊。

【防治】

（1）预防　不要用发芽、变绿、腐烂、发霉变质的马铃薯喂家畜。如果需用马铃薯作饲料饲喂时，必须削去绿皮及幼芽，切除发霉、腐烂、变绿部分，挖去芽眼周围组织，剩下的薯块洗净，用水浸泡 30~60 分钟，并充分蒸煮后与其他饲料搭配饲喂。完整良好的马铃薯，应先少量逐步增加，饲喂量不宜超过日粮的50%。禁止用煮马铃薯的废水饮牛。

（2）治疗　发现中毒，应立即改换饲料，停喂马铃薯。为排出瘤胃内容物，可用 0.5% 高锰酸钾或 0.5% 鞣酸液洗胃，然后灌服盐类或油类泻剂。根据病情，应用镇静、强心利尿剂。要及时补液,可静脉注射 5% 葡萄糖溶液、5% 糖盐水、维生素 C 等。此外,对皮肤湿疹应采取相应的治疗。

对犊牛首先是更换草料,中毒时可以用 0.1% 高锰酸钾溶液进行洗胃,对兴奋不安的牛使用硫酸镁注射液静脉注射 100 毫升,增强肝脏解毒功能,尽快消除已被体内吸收的毒素,可用 10% 葡萄糖溶液 500 毫升,0.9% 氯化钠溶液 500 毫升,静脉注射;促进毒物尽快排出体外,口服大黄芒硝散 200 克,液体石蜡 500 毫升,消食健胃散 150 克,一次内服。成年牛发现中毒立即停喂马铃薯,为排除胃内容物可用浓茶水或 0.1% 高锰酸钾溶液或 0.5% 鞣酸溶液进行洗胃;用 5% 葡萄糖氯化钠注射液 1000~1500 毫升,5% 碳酸氢钠注射液 300~800 毫升,或加硫代硫酸钠 5~15 克或氯化钙 5~15 克或氢化可的松 0.2~0.4 克静脉注射,肌内注射强效解毒散 20 毫升。也可以使用缓泻剂。

对症治疗,当出现胃肠炎时,可应用 1% 鞣酸溶液,牛 500~2000 毫升,羊 100~400 毫升,并加入淀粉或木炭末等内服,以保护胃肠黏膜;狂躁不安的病畜,可应用镇静剂,如 10% 溴化钠注射液,牛 50~100 毫升,羊 10~20 毫升静脉注射。为增强机体的解毒机能,可注射浓葡萄糖注射液和维生素 C 注射液,心脏衰弱时可给予樟脑搽剂、安钠咖等强心药。

中药疗法

①治则　利尿排毒,清热泻火。

②方药

方剂一:金银花土茯苓解毒饮。金银花、土茯苓各 100 克,大黄 50 克,山豆根、山慈姑、枳壳、连翘、菊花、龙胆草各 50 克,黄连、黄芩、黄柏、蒲公英各 30 克,甘草 20 克。共研细末,开水冲调,待凉加蜂蜜 150 克,一次灌服。

方剂二:滑石、火麻仁各 120 克,黄连、黄柏、黄芩、知母、板蓝根、茵陈各60克，生地黄、栀子、牵牛子、泽泻、甘草、茯苓各45克，木通、龙胆草各30克，水煎服。

热犯营血

①治则　气血两清，清热解毒。

②方药

方剂一：石膏180克，水牛角（先煎）、生地黄、赤芍各60克，牡丹皮、黄连、黄芩、黄柏、连翘、知母各45克，栀子、甘草各30克。共研为细末，开水冲调灌服。

方剂二：滑石200克，地榆50克，黄连30克，黄芩30克，黄柏30克，甘草100克，党参30克，丹参40克，白术30克，大黄30克，茯苓30克，猪苓30克，茯神30克，远志30克。水煎3次，混合煎液分4次灌服，每6小时1次，连用3天。

参考文献：

[1] 杨文静.家畜马铃薯中毒诊治方法及预防措施 [J].中兽医学杂志,2018(06):52.

[2] 印明哲.肉牛几种中毒病的防治 [J].吉林畜牧兽医,2018,39(03):44-45.

[3] 杨发山.一例牛马铃薯中毒病例剖析 [J].中兽医学杂志,2017(06):47.

[4] 龚文华.浅析凉山半细毛羊马铃薯中毒诊治 [J].畜禽业,2017,28(06):113.

[5] 柳永麒.牛发芽马铃薯中毒的诊治 [J].中兽医学杂志,2017(03):63.

[6] 那春颖.牛马铃薯中毒的诊断和防治方案 [J].当代畜禽养殖业,2017(02):32.

[7] 蔡金贵.山羊马铃薯中毒救治 [J].四川畜牧兽医,2016,43

(08)：53.

[8] 张广义．腐败马铃薯中毒的危害与防治 [J]．养殖与饲料，2016(05)：48-49.

[9] 夏道伦．羊马铃薯中毒的救治 [N]．河北科技报，2016-01-26(B05).

[10] 马玉晖．中西结合疗法治羊吃马铃薯中毒 [J]．中兽医学杂志，2015(12)：83.

[11] 阮秀梅，黄翔芳，方秋色．水牛马铃薯中毒诊疗 [J]．农业与技术，2014, 34(04)：164.

[12] 夏道伦．羊吃马铃薯中毒的中西结合疗法 [J]．农家之友，2014(02)：50.

[13] 杨德忠．中西医结合治疗牛马铃薯中毒 [J]．畜禽业，2013(08)：97.

[14] 保广财．中西医结合治疗奶牛马铃薯中毒 [J]．山东畜牧兽医，2011, 32(08)：99.

[15] 陈双胡．中西结合诊治牛发芽马铃薯中毒 [J]．中兽医学杂志，2011(02)：26-27.

[16] 张金波，王涛，王鑫蕊，似红莲．羊马铃薯中毒的防治要点 [J]．吉林畜牧兽医，2009, 30(04)：38.

[17] 于利子，张国坪．牛采食马铃薯中毒机理与治疗方法探讨 [J]．当代畜牧，2007(06)：22-23.

[18] 吴金学．马铃薯中毒的预防 [J]．养殖技术顾问，2002(07)：29.

[19] 王国栋．中西结合治疗牛的马铃薯中毒 [J]．中兽医医药杂志，1988(02)：46.

二、氢氰酸中毒

氢氰酸中毒是指动物采食富含氰苷的饲料引起的以呼吸困难、黏膜鲜红、肌肉震颤、全身惊厥等组织性缺氧为特征的一种中毒病。本病多发于牛、羊，单胃动物较少发病。

【病因】

多种饲草及饲料均含有较多的氰苷，如木薯、高粱及玉米的鲜嫩幼苗（尤其是再生苗），亚麻籽及机榨亚麻籽饼（土法榨油时亚麻籽经过蒸煮则氰苷含量少），豆类中的海南刀豆、狗爪豆，蔷薇科植物如桃、李、梅、杏、枇杷、樱桃的叶和种子，牧草中的苏丹草、石茅和白三叶草等，当饲喂不当时引起牛、羊中毒。氰苷本身无毒，但当含有氰苷的植物被动物采食后，在有水分和适宜的温度及植物体内所含脂解酶的作用下，可产生氢氰酸，导致动物中毒的物质是氰离子。

【临诊症状】

动物通常在采食含氰苷植物的过程中或采食后不久突然发病。表现腹痛不安，呼吸加快，肌肉震颤，全身痉挛，可视黏膜潮红，流出白色泡沫状唾液；先兴奋，很快转为抑制，呼出气有苦杏仁味，随后全身极度衰弱无力，步态不稳，突然倒地，体温下降，肌肉痉挛，瞳孔散大，反射减少或消失，心动徐缓，呼吸浅表，很快昏迷而死亡。闪电型病程，一般不超过 2 小时，最快者 3~5 分钟死亡。

【病理变化】

血液凝固不良，各组织器官的浆膜和黏膜，特别是心内外膜，有斑点状出血，肺淡红色，水肿，气管和支气管内充满大量淡红色泡沫状液体，有时切开胃可闻到苦杏仁味。

【诊断】

根据采食氰苷植物的病史、起病的突然性、呼吸极度困难、神经功能紊乱等不难做出诊断，类症鉴别主要是与亚硝酸盐中毒区分。与亚硝酸盐中毒鉴别，除调查病史和毒物快速检验外，主要应着眼于静脉血色的改变不同。

【防治】

（1）预防　防止牛、羊采食幼嫩的高粱苗和玉米苗等；含氰苷的饲料，最好放于流水中浸渍24小时，或漂洗后再煮熟去毒。如果新鲜饲喂，可适量配合干草同喂。此外，不要在含有氰苷植物的地区放牧家畜。管理好农药，不可误食氰化物。

（2）治疗　治疗本病的特效解毒剂是亚硝酸钠和硫代硫酸钠，必须两药联用。发病后立即用亚硝酸钠，牛2克，羊0.1~0.2克，配成5%的溶液，静脉注射；随后再注射5%~10%硫代硫酸钠溶液，牛100~200毫升，羊20~60毫升。或亚硝酸钠3克，硫代硫酸钠15克，蒸馏水200毫升，混合，牛一次静脉注射；羊用亚硝酸钠1克，硫代硫酸钠2.5克，蒸馏水50毫升，混合，一次静脉注射。为防止胃肠内氢氰酸的吸收，可内服或向瘤胃内注入硫代硫酸钠，也可用3%过氧化氢洗胃。同时根据病情进行对症治疗：释放静脉血、静脉输氧；使用呼吸兴奋剂（尼可刹米）、强心剂（安钠咖、樟脑）等以缓解病情。

参考文献：

[1] 张守印. 如何预防牛氢氰酸中毒 [N]. 吉林农村报, 2018-10-26(003).

[2] 林清叶. 家畜氢氰酸中毒的防治 [J]. 山东畜牧兽医, 2018, 39(03): 95.

[3] 张守印. 如何防治羊氢氰酸中毒 [N]. 吉林农村报, 2017-06-02(B03).

[4] 申君. 一起奶山羊采食玉米幼苗中毒诊治报告 [J]. 山东畜牧兽医, 2016, 37(09): 93-94.

[5] 崔玉. 一例牛食玉米苗中毒的诊治 [J]. 畜牧兽医科技信息, 2015(11): 67.

[6] 朱贵民, 李士杰. 羊氢氰酸中毒的诊疗及综合防治措施 [J]. 农民致富之友, 2015(20): 283.

[7] 孙中伟. 家畜氢氰酸中毒的诊断与治疗 [J]. 中国动物保健, 2015, 17(08): 66-67.

[8] 王亚锴. 羊氢氰酸中毒的诊断和防治 [J]. 乡村科技, 2015(13): 33.

[9] 郭军林, 王喜凤. 一起黄牛氢氰酸中毒诊疗报告 [J]. 农业技术与装备, 2013(19): 32-33.

[10] 韦海勇, 罗桂流, 雷铎. 一例牛氢氰酸中毒的诊治 [J]. 养殖技术顾问, 2012(06): 185.

[11] 芮亚培, 邱刚. 牦牛氢氰酸中毒诊治 [J]. 四川畜牧兽医, 2011, 38(11): 54.

[12] 宋守明, 周庆民. 牛氢氰酸中毒的诊治 [J]. 养殖技术顾问, 2010(10): 148.

[13] 李爱琴, 袁思堃, 李玉龙, 张学炜. 奶牛饲喂亚麻粕引起氢氰酸中毒的诊治报告 [J]. 中国奶牛, 2008(03): 60-61.

[14] 韩伟明.肉牛氢氰酸中毒的防治 [J].畜牧兽医科技信息,2008 (02):52-53.

[15] 银少华.水牛氢氰酸中毒的诊治 [J].中国兽医杂志,2006 (11):65.

[16] 翟洪民,李庆臣.牛氢氰酸中毒的急救法 [J].北方牧业,2005 (12):20.

[17] 刘力,张美丽.青饲料中毒的救治 [J].当代畜禽养殖业,2005 (04):46-47.

[18] 尹福生.牛氢氰酸中毒的急救疗法 [J].湖北畜牧兽医,1999 (03):45.

[19] 聂成富,马保成.绵羊氢氰酸中毒的诊治 [J].山西农业科学,1990 (04):26-27.

[20] 关于家畜毒物中毒的问题 [J].吉林农业科学,1960 (06):57-61.

三、栎树叶中毒

栎树又称橡树，俗称青杠树、柞树，是显花植物双子叶门斗科（即山毛榉科）栎属植物。动物采食该属植物的树叶后，发生以前胃迟缓、便秘或下痢、胃肠炎、皮下水肿、体腔积水及血尿、蛋白尿、管型尿等肾病综合征为主要特征的中毒综合征，常发生于牛羊。

【病因】

本病发生于生长栎树的林带，尤其是乔木被砍伐后，新生长的灌木林带。据报道，牛采食栎树树叶占日粮的50%以上即可引起中毒，超过75%会中毒死亡。也有因采集栎树叶喂牛或垫圈而引起中毒者。尤其是前一年因旱涝灾害造成饲草、饲料缺乏或贮草不足，翌年春季干旱，其他牧草发芽生长较迟，而栎树返青早，这时常可大批发病死亡。

【临诊症状】

自然中毒病例多在采食栎树叶5~15天发病。病牛首先表现精神沉郁，食欲、反刍减少，厌食青草，喜食干草。瘤胃蠕动减弱，肠音低沉，很快出现腹痛综合征（磨牙、不安、后退、后坐、回头顾腹以及后肢踢腹等）。排粪迟滞，粪球干燥，色深，外表有大量黏液或纤维性黏稠物，有时混有血液，粪球常串联成念珠状或算盘珠样，严重者排出腥臭的焦黄色或黑红色糊状粪便。鼻镜干燥或龟裂。病初排尿频繁，量多，清亮如水，有的排血尿。随着病情发展，饮欲逐渐减退以至消失，尿量减少，甚至无尿。病的后期，会阴、股内、腹下、胸前、肉垂等部位出现水肿，触诊呈捏粉样。腹腔积水，腹围膨大而均匀下垂，病畜虚弱，卧地不起，出现黄疸、血尿、脱水等症状，最终死亡。体温一般无变化。妊娠牛、羊可见流产或胎儿死亡。尿蛋白试验呈强阳性，尿沉渣中有大量肾上皮细胞、白细胞及各种管型。

【病理变化】

全身性水肿、肾病、出血性胃肠炎和浆黏膜出血，尸僵完全，血液凝固良好、鼻镜龟裂。牛颌下、垂皮、前胸、腹下、包皮、臀、股、会阴、阴唇等部至数处皮下水肿，肾周围脂肪组织呈浆液性萎缩和出血。

【诊断】

可根据采食栎树叶或橡子的病史，发病的地区性和季节性，以及水肿，肝、肾功能障碍，排粪迟滞，血性腹泻等临床症状做出诊断。但是这些变化多数只能在发病中后期表现出来，而本病后期治愈率较低。

【防治】

（1）预防　栎叶中毒在山区较为常见，而且发病量大。早春应避免到栎树林放牧，不采集栎树叶喂牛，不采用栎树叶垫圈。并控制牛采食栎树叶的量。放牧前先饲喂草料，以免饥不择食或过食新鲜栎树叶。早春放牧期间，每天增饮草木灰水，或过低浓度的石灰水，也可在精料中加5%~10%的熟石灰，有良好的预防效果。发现中毒现象，尽早治疗，喝苏打水、服泻药等，能起到缓解作用。

（2）治疗　本病的治疗原则为排除毒物，解毒和对症治疗。为促进胃肠内容物的排除，可用1%~3%氯化钠溶液1000~2000

毫升，瓣胃注射；或用鸡蛋清 10~20 个，蜂蜜 250~500 克，混合 1 次灌服；或灌服菜籽油 250~500 毫升。碱化尿液，促进血液中毒物排泄，可用 5% 碳酸氢钠溶液 300~500 毫升，一次静脉注射。硫代硫酸钠 5~15 克，制成 5%~10% 溶液，每日 1 次，连续用 2~3 天，对初、中期病例有效。对机体衰弱、体温偏低、呼吸次数减少、心力衰竭及出现肾性水肿者，使用 5% 葡萄糖生理盐水 1000 毫升、林格氏液 1000 毫升、10% 安钠咖注射液 20 毫升，一次静脉注射。对出现水肿和腹腔积水的病牛，用利尿剂。晚期出现尿毒症的还可采用透析疗法。为控制炎症可内服或注射抗生素或磺胺类药物。

中药疗法

方剂一：金银花 50 克，连翘、麻仁、车前子 40 克，黄连 20 克，滑石粉 30 克，黄芩 30 克，蒲公英 40 克，党参 50 克，连翘 30 克，每日 1 次，共服 3 天。

方剂二：黄连 35 克，黄芩 35 克，黄柏 35 克，大黄 40 克，车前子 50 克，木通 50 克，茯苓 50 克，猪苓 40 克，桔梗 40 克，每日 1 次，连服 3 天。

参考文献：

[1] 姜春梅，吴岩，李佳霖，李欣禹，吴怡凡，徐晓琪，冷静，赵成龙，崔起超，盖苗苗，梁晚枫 . 牛栎树叶中毒病例的诊治 [J]. 中国畜牧业，2020 (05)：84.

[2] 万春梅 . 羊误食植物中毒的诊断和防治 [J]. 畜牧兽医科技信息，2019 (04)：63.

[3] 刘忠义 . 牛栎树叶中毒的诊断与治疗 [J]. 当代畜禽养殖业，2017 (07)：36.

[4] 黎成学，王明轩 . 牛栎树叶中毒的诊断和防治 [J]. 兽医导刊，2016 (11)：63.

[5] 邓泵九. 牛羊食青杠树叶中毒的防治 [J]. 中兽医学杂志, 2016 (01): 21-22.

[6] 刘磊. 牛青杠树叶中毒的诊断和治疗 [J]. 现代畜牧科技, 2016 (01): 81+149.

[7] 戴如男. 牛羊栎树叶中毒的诊治 [J]. 中国畜牧兽医文摘, 2014, 30 (05): 145.

[8] 马淑英, 郭素风, 张丽明. 牛栎树叶中毒的诊断与治疗 [J]. 当代畜牧, 2014 (03): 23.

[9] 史志诚, 牛德俊, 杨宝琦, 洪子鹏. 牛栎树叶中毒的诊断标准与防治原则 [C]. 毒理学史研究文集第十二集 - 栎属植物毒理学研究论文集. 西北大学生态毒理研究所, 2013: 28-31.

[10] 欧阳逵, 和林华. 牛栎树叶中毒的防治 [J]. 中国畜牧兽医文摘, 2013, 29 (06): 136.

[11] 卢小芳. 牛误食栎树叶中毒的诊断与防治 [J]. 草业与畜牧, 2012 (03): 54-55.

[12] 丁玉臣. 11 例牛栎树叶中毒的救治及预防措施 [J]. 今日畜牧兽医, 2006 (08): 13-14.

[13] 孔庆波. 中国牛栎树叶中毒防治措施的研究进展 [J]. 榆林学院学报, 2004 (03): 83-86.

[14] 王照运. 中西结合治疗牛栎树叶慢性中毒 [J]. 中兽医医药杂志, 2000 (05): 27-28.

[15] 李人俊, 叶飞. 中西医结合治疗耕牛栎树叶中毒 [J]. 浙江畜牧兽医, 2000 (03): 37.

[16] 胡大长. 耕牛栎树叶中毒的诊治 [J]. 湖南畜牧兽医, 1997 (03): 34-35.

[17] 熊天福, 胡忠祥. 水牛栎树叶中毒的调查与防治 [J]. 山东畜牧兽医, 1996 (03): 25-26.

[18] 黄保增，姜素珍，朱建忠. 牛栎树叶中毒的早期防治 [J]. 畜牧与兽医, 1996 (02): 89.

[19] 王成章，侯安祖，马清海，李玉兰，林东康，陈洪科. 牛栎树叶中毒防治试验研究 [J]. 化工建设工程, 1994 (01): 1-2.

[20] 李新东. 牛栎树叶中毒的疗法 [J]. 中国兽医科技, 1993 (11): 44.

[21] 毕运龙，张应国，叶卫，赵松年. 牛羊栎树叶中毒调查 [J]. 云南畜牧兽医, 1993 (02): 13-14.

[22] 和文佐，李晓英. 黄牛栎树叶中毒症状及防治 [J]. 云南畜牧兽医, 1993 (01): 27-28.

[23] 杨宝琦，杜养民，强世和，赵文亮. 牛栎树叶中毒的辨证分型与中药治疗试验报告 [J]. 中兽医医药杂志, 1988 (02): 9-12.

[24] 彭顺刚. 中西医结合治疗牛慢性栎树叶中毒 37 例 [J]. 湖北畜牧兽医, 1987 (03): 38-39.

[25] 冯泽光，张鸣谦，魏竹岩，吴旭东，陈长佑，王光相，杜茂林，王文仕，丁衡君. 牛栎树叶中毒研究报告 [J]. 畜牧兽医学报, 1981 (01): 1-8+3-4.

四、疯草中毒

"疯草"是棘豆属和黄芪属中有毒植物的统称，动物长期采食能引起中毒。临诊症状以精神沉郁、迟钝、头水平震颤、步态蹒跚、后肢麻痹等神经症状为主。故将这类草形象地称为疯草，由疯草引起的动物中毒统称为"疯草病"，或称"疯草中毒"病。发病动物主要是山羊、绵羊和马，牛少见。

【病因】

疯草中毒多因在生长有棘豆的草场放牧所致。疯草适口性不佳，在牧草充足时，动物并不主动采食，只有在可食牧草耗尽时才被迫采食。所以每年11月份动物开始发病，次年2~3月份达到高峰，死亡率上升，5~6月份停止发病。发病动物能耐过者，进入青草季节后，病情可逐渐好转。但在新发病区，或刚从外地购入的家畜不能识别这些有毒的牧草，全年任何季节均可发生中毒病。我国中毒危害严重的茎直黄芪及变异黄芪所含有毒成分为苦马豆素。发病与采食疯草数量有关，大量采食疯草，羊可在10余天内发生中毒，少量连续采食需1个月到数月才能表现临诊症状。

【临诊症状】

（1）山羊　病初精神沉郁，食欲下降，反应迟钝，站立时后肢弯曲；中期头部呈水平震颤，呆立时仰头缩颈，行走时后躯摇摆，步态蹒跚，追赶时易摔倒，被毛逆立，失去光泽；后期四肢麻痹，卧地不起，心律不齐，最终衰竭死亡。

（2）绵羊　症状与山羊相似，只是症状出现较晚。中毒症状尚未明显时，用手提绵羊的一只耳朵，便产生应激作用。头部震颤，头、颈皮肤敏感性降低，而四肢末梢敏感性增强，随着病情的发展，表现步态蹒跚如醉，失去定向能力，瞳孔散大，终因衰竭而死亡。妊娠母羊易发生流产，或产出畸形胎儿。公羊表现性欲降低，或无性交能力。

（3）牛　主要表现为视力减退、水肿及腹水，使役不灵活。牛对棘豆草的敏感性较低，中毒较少发生，症状也较轻。

【病理变化】

尸体极度消瘦，血液稀薄，腹腔有少量清亮液体，有些病例心脏扩张，心肌柔软。组织学检查，主要是神经及内脏组织细胞空泡化。

【诊断】

主要依据疯草中毒特有的临诊症状，如后躯麻痹，行走摇摆，头部呈水平震颤等，结合放牧和采食疯草的病史及运动障碍为特征的神经症状，不难做出诊断。当绵羊安静或卧地时，可能看不出中毒症状，当给予刺激或用手捏提一下羊耳，便立即出现摇头不止或突然倒地不起等典型疯草中毒症状。

【防治】

（1）预防

①围栏轮牧　禁止羊只在疯草特别多的草场上放牧，可代之以放牧对棘豆迟钝的牛，还可用以饲养对棘豆草有很强耐受性的家兔。

②化学防除　选择2，4-D丁酯、百草敌等除草剂单独使用或复配使用，对疯草有很好的杀灭作用。但是疯草种子在其草场上贮量很大（400~4300粒／平方米），要保持疯草密度低于危害

羊群的程度，定期喷药是必要的，应注意人工选择毒草施药。最好能结合草场改良及草场管理措施，才能取得良好效果。

③日粮控制法　疯草中毒主要发生在冬季枯草季节天然草场可食草甚少，家畜因饥饿被迫采食疯草而发病。冬季备足草料，加强补饲，可减少本病发生。

（2）治疗　对轻度中毒的病畜，及时转移到无疯草的安全牧场放牧，适当补饲，一般可不药而愈。严重中毒的病畜，目前尚无有效治疗方法。

参考文献：

[1] 马向红，张新建.羊萱草根、疯草中毒的诊断和防治方案 [J].现代畜牧科技，2019(05)：71+73.

[2] 于伟坤，刘丽娟，韩跃才，李春水.羊疯草中毒的定性诊断与防治 [J].养殖技术顾问，2013(09)：116.

[3] 周启武，赵宝玉，路浩，王姗姗，张樑，温伟利，杨晓雯.中国西部天然草地疯草生态及动物疯草中毒研究与防控现状 [J].中国农业科学，2013,46(06)：1280-1296.

[4] 张拥军，李小岩.羊疯草中毒的危害及防治措施 [J].兽医导刊，2012(04)：39-40.

[5] 魏菊红，徐向军，沙日夫.家畜"疯草"中毒病防治工作的回顾 [J].中国畜禽种业，2011,7(08)：36-37.

[6] 温泽星.家畜疯草中毒的临床诊治 [J].知识经济，2010(14)：71.

[7] 王占新，路浩，赵宝玉，马尧，陈基萍，刘忠艳.美国动物疯草中毒诊断与防治技术研究进展 [J].草业科学，2010,27(01)：136-143.

[8] 杨小平.动物棘豆属疯草中毒的临床症状 [J].武汉科技学院学报，2002(03)：25-28.

[9] 李勤凡，王建华，齐雪茹，谭远友，耿果霞.山羊冰川棘

豆中毒的血液学指标分析 [J]. 西北农林科技大学学报（自然科学版）, 2001 (01): 97-99.

[10] 王生奎, 安清聪, 王旭东. 绵羊实验性变异黄芪和黄花棘豆中毒的比较 [J]. 云南农业大学学报, 1998 (02): 46-50.

[11] 张洁, 刘绪川. 疯草中毒研究概况及其进展 [J]. 中兽医医药杂志, 1994 (01): 46-48.

[12] 肖志国, 王生奎, 黄有德, 陈怀涛, 黄莉, 王秋婵, 朱秀琴, 叶得河. 绵羊实验性变异黄芪中毒 [J]. 草与畜杂志, 1994 (01): 7-9.

[13] 孙启忠, 高淑静. 疯草与家畜疯草中毒 [J]. 草与畜杂志, 1993 (01): 32-34.

[14] 肖志国, 黄有德, 程雪峰, 李文范, 王生奎, 刘宗平, 王秋婵, 黄莉, 张尤嘉, 牛宗文, 张子廉. 绵羊实验性棘豆草中毒 [J]. 甘肃畜牧兽医, 1990 (03): 5-7.

[15] 戴洪奎. 牛的疯草中毒 [J]. 国外兽医学. 畜禽疾病, 1985 (04): 16.

[16] James L.F., 王建华. 家畜黄芪属植物中毒综合症 [J]. 国外兽医学. 畜禽疾病, 1982 (06): 19-22.

五、农药中毒

农药中毒是因牛羊误食了喷洒过农药的农作物或牧草，或者在杀灭体表寄生虫或驱赶蚊蝇时药物使用量过多或浓度过高所致。临床特征是腹泻、流涎、肌肉僵硬。

【病因】

引起中毒的原因主要是牛羊采食、误食或偷食了喷洒过农药的农作物或牧草；没有按规定保管农药和使用农药过程中没按要求操作。主要的中毒类型包括有机磷杀虫剂中毒、有机氯杀虫剂中毒、有机氟化物中毒，驱虫药使用不当发生中毒以及人为投毒等。

【临诊症状】

不同类型的农药中毒有不同的临床症状。但共同的症状是突然发病，体温一般不升高，食欲减退甚至废绝。

（1）有机磷农药可通过皮肤、消化道和呼吸道进入牛体而引起中毒　杀虫剂中毒流涎、流鼻涕、呻吟、磨牙，皮肤及末梢发凉，出冷汗，排带血粪便，结膜发绀，瞳孔缩小，面部、眼睑及全身肌肉震颤，步态强拘，心跳加快，呼吸困难，严重者因呼吸肌麻痹而导致窒息死亡。

（2）有机氯杀虫剂中毒　急性中毒表现为兴奋性增强，感觉过敏，起卧不宁，惊恐不安，到处乱撞，阵发性全身痉挛，严重者突然倒地，角弓反张，四肢划动，短暂的安静之后，又发生痉挛，反复发作，随着病情的加重，反复发作的间隔时间缩短，最后因呼吸衰竭而死亡。慢性中毒奶产量下降，精神沉郁，呈渐进性消瘦，全身无力，随着病情加剧，站立不稳，肌肉震颤，后肢麻痹，卧地。

（3）有机氟化物中毒　急性中毒者，病牛病羊突然倒地，抽搐，四肢痉挛，角弓反张，口吐白沫，最终因呼吸衰竭而死。慢性中毒者磨牙、呻吟、站立不稳、全身无力，心跳加快，心律不齐。

【病理变化】

消化道内容物有一种特殊的蒜臭味，胃肠黏膜充血、肿胀，易脱落。肺充血水肿，肝、脾大，肾肿胀，被膜易剥离。心脏点状出血，皮下、肌肉有出血点。

【诊断】

根据病牛病羊接触农药的可能性调查，以及流涎、肌肉震颤、呼吸困难、共济失调和胃肠炎的临床症状，可作出初步诊断。取胃内容物、肝、肾、可疑食物作毒物分析，可确诊。

【防治】

（1）预防　加强农药保管和使用，应专库专放，专人专管，妥善处理盛放农药和拌过农药种子的器具，防止污染饲料和饮水；严防采食用有机磷农药喷洒过的青草和作物，不滥用农药杀灭牛羊体表寄生虫，使用驱虫药时用量要恰当。

（2）治疗　该病的治疗原则是阻断毒物与牛羊接触的各种途径，加速毒物从体内排出，特效药物解毒，对症治疗。从体内排出毒物的方法有洗胃和泻下 2 种方法。洗胃常用的药物是1%~5% 碳酸氢钠溶液。泻剂以盐类为主，常用的有硫酸钠（镁）500~1000 克，加水一次灌服，或用人工盐 250~350 克，加水一次灌服。使用油类特别是植物油类作泻剂。吸附毒物，用活性炭250~300 克加水灌服。

特效解毒剂有如下几种：

①有机磷杀虫剂的解毒剂　阿托品，剂量为 0.25 毫克 / 千克体重，将此剂量的 1/3 制成 2% 溶液，缓慢静脉注射，其余进行肌内注射，如果症状再现，可每隔 4~5 小时重复注射，持续 24~48 小时，对重症效果较好；双解磷（TMB），剂量为 10~20 毫克 / 千克体重，皮下注射或腹腔注射。另外有效的药物还有解磷定、双复磷。

②有机氯杀虫剂的解毒剂　尚无特效解毒剂。据报道，中毒后内服苯巴比妥钠，能大大提高有机氯杀虫剂的排泄率。

③有机氟化合物中毒解毒剂　肌内注射解氟灵，每次剂量为 0.1 克 / 千克体重，每天 3~4 次，直到抽搐现象消除为止；灌服乙二醇、乙酸酯，配制方法为 100 毫升，加水 500 毫升；一次灌服 95% 酒精 100~200 毫升。

农药中毒的对症疗法

①解毒保肝　5% 葡萄糖生理盐水，复方氯化钠注射液、5%~10% 葡萄糖注射液，静脉注射，剂量为 2500~4000 毫升。

②解除酸中毒　5% 碳酸氢钠溶液 500~1000 毫升、辅酶 A、细胞色素 C。

③缓解兴奋不安的药物　有水合氯醛、盐酸氯丙嗪，静脉注射或肌内注射。呼吸困难时可使用尼可刹米、可拉明、山梗菜碱等。

参考文献：

[1] 谢秋红 . 家畜农药中毒的诊治 [J]. 养殖与饲料 , 2018 (04)：77-78.

[2] 王志通 . 奶牛有机磷中毒的治疗 [N]. 河北科技报 , 2017-06-15 (B07).

[3] 马达尼·达尼亚勒 . 牛、羊农药中毒原因、症状及其防治措施 [J]. 中国畜禽种业 , 2017, 13 (03)：26-27.

[4] 辛艳辉 . 牛有机磷中毒的病例报告 [J]. 中国畜牧兽医文

摘, 2016, 32 (11): 180.

[5] 南相镐. 牛羊甲拌磷农药中毒的调查报告 [J]. 吉林畜牧兽医, 2015, 36 (03): 52-53.

[6] 莫民, 田仁, 杨绒, 杨卫, 张静. 羊农药中毒的解救措施 [J]. 农业开发与装备, 2014 (10): 143.

[7] 李正悟, 王新贵, 汪建堂. 牛羊有机磷中毒的诊断与治疗 [J]. 农民致富之友, 2013 (02): 155.

[8] 陶永娴. 有机氯农药中毒的处理 [J]. 中国社区医师, 2007 (22): 57.

[9] 魏秋玉, 高献周. 牛农药中毒防治技术 [J]. 安徽农业科学, 2006 (10): 2157-2158.

[10] 李振波, 苏荣, 房金凤, 孙凯阳, 阮文达. 牛羊农药中毒的诊治 [J]. 动物保健, 2005 (08): 42.

[11] 钟卫兵, 吴家玲, 张伟. 奶牛有机磷中毒的救治 [J]. 广西畜牧兽医, 2004 (03): 136-137.

[12] 杨禄明. 黄牛有机磷中毒的诊治 [J]. 中国兽医科技, 2004 (01): 79.

[13] 孙荣华. 牛羊有机磷农药中毒的综合治疗 [J]. 湖北畜牧兽医, 1999 (01): 3-5.

[14] 古家齐. 畜禽常见农药中毒的解救法 [J]. 农家之友, 1998 (11): 3-5.

[15] 王义仁, 左秀峰, 王占军, 刘金刚. 奶牛呋喃丹农药中毒的抢救 [J]. 农村科技, 1994 (12): 34-35.

[16] 牛羊有机磷中毒的急救 [J]. 甘肃农业科技, 1991 (07): 4.

[17] 冯玉琤. 有机氟农药中毒 [J]. 辽宁畜牧兽医, 1983 (02): 38-41.

[18] 卢宗藩, 王宗元. 家畜有机氯农药中毒研究进展 [J]. 江苏农学院学报, 1981 (01): 60-65.

六、有机磷农药中毒

有机磷农药中毒是指畜禽接触、吸入或误食某种有机磷农药后发生的以呈现腹泻、流涎、肌群震颤为特征的一种疾病。各种动物均可发生。临诊上以体内胆碱酯酶活性被钝化、乙酰胆碱蓄积而出现胆碱能神经兴奋效应为特征。

【病因】

有机磷农药可通过皮肤、消化道和呼吸道进入动物体而引起中毒。引起中毒的原因主要是动物采食、误食或偷食了喷洒过有机磷农药的农作物或牧草；误食拌过或浸过农药的种子；误饮被农药污染的饮水；没有按规定保管农药和使用农药过程中没按要求操作等。有机磷农药是一种毒性较强的接触性神经毒，主要通过饲草的残存或因操作不慎污染，或因人为投毒等。

【临诊症状】

牛误食误饮或接触含有机磷农药的物质后，数小时内突然出现急性中毒症状。病初精神兴奋，狂暴不安，向前猛冲，向后暴退，无目的奔跑，以后高度沉郁，甚至倒地昏睡。瞳孔缩小，严重者成一线状。肌肉痉挛，先自眼睑、颜面部肌肉开始，以后逐渐至全身肌肉震颤。四肢肌肉痉挛时，病畜站立时频频踏步，横卧时做游泳样动作。消化系统症状：口腔湿润或流涎，食欲大减或废绝，腹痛不安，肠音高朗连绵不断，排稀水样类便，甚而排粪失禁，有时粪内混有黏膜和血液。重症后期，肠音减弱或消失，并伴发臌胀。全身症状：先在胸前、会阴、阴囊周围出汗，而后全身大汗淋漓。体温多升高，呼吸困难。心跳急速，脉搏细弱。血液中胆碱酯酶活性降低，一般降到 50% 以下，严重的中毒，则多降到 30% 以下。

羊病初表现神经兴奋，病羊奔腾跳跃，狂暴不安，其余症状与病牛基本一致。

【病理变化】

胃黏膜充血、出血、肿胀、黏膜易脱落，肺充血肿大，气管内有白色泡沫，肝脾肿大，肾脏混浊肿胀，包膜不易剥落。

【诊断】

根据有接触有机磷农药的病史，结合神经症状和消化系统症状，进行综合分析可以建立初步诊断。要确诊需进行胆碱酯酶活力测定和毒物检验。

【防治】

（1）预防　预防本病的根本措施是加强有机磷农药的保管和使用；喷洒过农药的田地或草场，在7~30天内严禁牛、羊进入采食，也严禁在场内刈割青草饲草喂牛、羊；使用敌百虫药驱寄生虫时应严格控制剂量。

（2）治疗　立即实施特效解毒，然后尽快除去尚未吸收的毒物。实施特效解毒，需同时用胆碱酯酶复活剂和乙酰胆碱对抗剂，才有确实疗效。胆碱酯酶复活剂，常用的有解磷定、氯磷定、双解磷、双复磷等。解磷定、氯磷定剂量为每千克体重 10~39 毫克，用生理盐水配成 2.5%~5% 溶液，缓慢静脉注射，以后每隔 2~3 小时注射 1 次，剂量减半，直至症状缓解。双解磷和双复磷的剂量为解磷定的一半，用法相同。乙酰胆碱对抗剂,常用硫酸阿托品，其一次用量牛为每千克体重 0.25 毫克，羊 0.5 毫克，皮下或肌内注射。中毒严重时以 1/3 剂量缓慢静脉注射，2/3 剂量皮下注射。经 1~2 小时症状未见减轻的，可减量重复应用，直到出现所谓"阿托品化"状态（即口腔干燥、出汗停止、瞳孔散大、心跳加快等）。"阿托品化"之后，应每隔 3~4 小时皮下或肌内注射一次一般剂量的阿托品。此外，山莨菪碱和樟柳碱的药理作用与阿托品相似，对有机磷农药中毒有一定疗效。除去尚未吸收的毒物，经皮肤沾污的可用 5% 石灰水、0.5% 氢氧化钠液或肥皂水洗刷皮肤；经消化道中毒的，可用 2%~3% 碳酸氢钠液或食盐水洗胃，并灌服活性炭。但须注意，敌百虫中毒不能用碱水洗胃和清洗皮肤，否则会转变成毒性更强的敌敌畏，还要进行对症治疗。治疗过程中特别注意保持患病动物呼吸道的通畅，防止呼吸衰竭或呼吸麻痹。

参考文献：

[1] 赵支国. 牛、羊农药中毒原因、症状及其防治措施 [J]. 中国畜牧兽医文摘, 2018, 34 (04): 193+248.

[2] 唐守营. 羊有机磷农药中毒的防治 [J]. 畜牧兽医科技信息, 2017 (10): 56.

[3] 李天亮. 一例牛有机磷中毒的诊治体会 [J]. 农民致富之友, 2017 (18): 224.

[4] 谢霞霞. 一例本地山羊有机磷中毒的诊治和体会 [J]. 福建畜牧兽医, 2016, 38 (05): 63.

[5] 丁生吉, 施欣, 施进文. 家畜有机磷农药中毒抢救的体会 [J]. 中国畜牧兽医文摘, 2016, 32 (09): 172.

[6] 严鹏. 家畜农药中毒诊治体会 [J]. 畜牧兽医杂志, 2016, 35 (03): 133+135.

[7] 张吉成. 一起小尾寒羊有机磷农药中毒的处置体会 [J]. 中兽医学杂志, 2015 (08): 61.

[8] 袁新平. 羊有机磷农药中毒的症状及解救措施 [J]. 农民致富之友, 2015 (10): 263.

[9] 韦于恒, 黄翔芳, 覃元锋. 牛有机磷中毒的诊疗 [J]. 当代畜牧, 2014 (09): 21.

[10] 赵志立, 张兆祥. 浅谈家畜有机磷中毒的救治 [J]. 中国畜禽种业, 2014, 10 (01): 79-80.

[11] 赵丽丽. 羊有机磷农药中毒的诊断与防治 [J]. 养殖技术顾问, 2013 (09): 123.

[12] 刘艳花. 家畜有机磷农药中毒救治中的几个关键技术 [J]. 贵州畜牧兽医, 2013, 37 (02): 51-53.

[13] 李正悟, 王新贵, 汪建堂. 牛羊有机磷中毒的诊断与治疗 [J]. 农民致富之友, 2013 (02): 155.

[14] 朱明军. 牛有机磷农药中毒及其防治 [J]. 新疆畜牧业, 2010 (05): 44.

[15] 马立刚, 马正忠, 毛航平. 舍饲羊误食有机磷农药引起中毒的治疗 [J]. 农村实用科技信息, 2008 (02): 40.

[16] 郭致林, 殷慧萍, 刘金川. 家畜农药中毒的诊断与治疗 [J]. 中国动物保健, 2006 (01): 33-35.

[17] 马立梅, 道力高, 张慧芳. 家畜有机磷农药中毒的原因及防治 [J]. 内蒙古兽医, 2001 (03): 30+32.

[18] 张国士. 家畜有机磷农药中毒救治中应注意的若干问题 [J]. 中国兽医杂志, 2000 (01): 60-61.

[19] 孙荣华. 牛羊有机磷农药中毒的综合治疗 [J]. 湖北畜牧兽医, 1999 (01): 18-19.

[20] 刘国敏, 杨锡兰. 阿托品化在家畜重度农药中毒中的治疗作用 [J]. 中国兽医杂志, 1998 (08): 20-21.

[21] 牛羊有机磷中毒的急救 [J]. 甘肃农业科技, 1991 (07): 4.

七、尿素中毒

尿素中毒是指家畜采食过量尿素引起的以肌肉强直、呼吸困难、循环障碍，新鲜胃内容物有氨气味为特征的一种中毒病。主要发生在反刍动物，多为急性中毒，死亡率很高。

【病因】

发病原因主要是尿素在用量和饲喂方法等方面存在问题。如将尿素溶解成水溶液喂给时，易发生中毒；饲喂尿素的动物，若不经过逐渐增加用量，初次就按定量喂给，也易发生中毒；不严格控制定量饲喂，或对添加的尿素未均匀搅拌等，都能造成中毒。将尿素堆放在饲料的近旁，导致发生误用（如误认为食盐）或被动物偷吃。个别情况下，动物因偷喝大量人尿而发生急性中毒。

【临诊症状】

中毒症状出现的迟早和严重程度与食入的尿素量有关。动物在食入中毒量尿素后 30~60 分钟即出现食欲减退或废绝、反刍停止、口中流涎、腹痛呻吟、瘤胃臌胀、排粪失禁、脉搏和呼吸加快，患牛精神紧张、兴奋不安、步态不稳、肌肉震颤、胸背部出汗等，最后衰竭、窒息死亡。血氨升高，红细胞压积增高，血液 pH 值在中毒初期升高，死亡前下降并伴有高血钾，尿液 pH 值升高。羊尿素中毒出现类似症状，痉挛发作时眼球震颤，呈角弓反张姿势。

【病理变化】

鼻孔内流出红褐色液体，眼球下陷，眼结膜发绀，阴道黏膜发绀，有白色胶样物，皮下淤血。腹腔内有强烈的腐败气味。瘤胃饱满，浆膜呈暗褐色，切开后有刺鼻的氨味，黏膜脱落，底部出血，胃内容物呈现红白相间。肠黏膜脱落出血，尤其是小肠前段的出血和溃疡严重。肝脏肿大，含血量多，质地变脆，胆囊扩张，充满胆汁。肾脏肿大，有大量的尿酸盐沉积。肺脏淤血，支气管内有粉红色泡沫状分泌物。心外膜有鲜红色弥漫性出血点。心室扩大，血凝块分层明显。隔膜有轻度充血和少量淤血。

【诊断】

结合病史，当牛、羊有饲喂尿素（突然食入大量尿素或饮用高浓度尿素的水），误食了硝酸铵、氨水、硫酸铵等一些非蛋白氮化合物，都能发生氨中毒。临诊症状（强直性痉挛，循环衰竭，呼吸困难等）和剖检变化进行诊断，必要时进行血氨测定。

【防治】

（1）预防　首先要注意初次饲喂尿素添加量要小。大约为正常喂量的1/10，以后逐渐增加到正常的全饲喂量，持续时间为10~15天，并要供给玉米、大麦等富含糖和淀粉的谷类饲料。一般添加尿素量为日粮的1%左右，最多不应超过日粮干物质总量的1%或精料干物质的2%~3%。其次注意使用尿素饲料要得当。不能将尿素溶于水后饲喂，也不能给反刍动物饲喂尿素后立即大量饮水；将添加的尿素要均匀地搅拌在粗精饲料成分中饲喂；尿素不宜与豆饼、南瓜等含有尿素酶的饲料同喂。再次必须严格遵守饲料保管制度。不能将尿素饲料同饲料混杂堆放，以免误用；在畜舍内应避免放置尿素饲料，以免被偷吃。

（2）治疗　发现中毒时应立即停喂尿素。可以灌服大量的弱酸性溶液来抑制瘤胃中酶的活性，中和分解产物。灌服食醋或1%

醋酸溶液（1000~1500 毫升），成年牛一次灌服。羊灌服食醋或 1% 醋酸 200~300 毫升，若有酸乳时，可灌服酸奶 500~750 克。肌肉抽搐时可肌注苯巴比妥。呼吸困难时可使用盐酸麻黄碱，成年牛 50~300 毫克，肌内注射。及时静注 10% 葡萄糖酸钙，或硫代硫酸钠，以及 5% 碳酸氢钠溶液，同时使用强心利尿药物如咖啡因、安钠咖等。

参考文献：

[1] 徐彤 . 奶牛尿素中毒的原因、临床症状、诊断和防治 [J]. 湖北农机化 , 2019 (24) : 108.

[2] 马海东 . 羊尿素中毒的临床症状、剖检变化、诊断方法及防治措施 [J]. 现代畜牧科技 , 2019 (12) : 123-124.

[3] 姜军 . 肉牛尿素中毒的临床症状与综合防治措施 [J]. 现代畜牧科技 , 2019 (10) : 129-130.

[4] 谢伦松 , 王艳 , 石春凤 . 一起牛误食尿素中毒的诊治 [J]. 广西畜牧兽医 , 2019, 35 (05) : 225.

[5] 黄盛兴 . 肉牛尿素中毒治疗效果初探 [J]. 中国动物保健 , 2019, 21 (08) : 56-57.

[6] 李代红 , 龚宜兴 . 牛尿素中毒解救 [J]. 四川畜牧兽医 , 2019, 46 (08) : 50.

[7] 张守印 . 牛尿素中毒防治方法 [N]. 吉林农村报 , 2019-08-09 (003).

[8] 杨洪斌 . 羊尿素中毒的临床表现和防治措施 [J]. 现代畜牧科技 , 2019 (06) : 144-145.

[9] 李尤龙 . 一例山羊误食尿素中毒的诊治 [J]. 畜牧兽医科技信息 , 2019 (03) : 50.

[10] 张颖 . 尿素在羊饲养生产中的使用技术 [J]. 中国畜禽种业 ,

2019, 15 (01): 109.

[11] 张杰. 奶牛尿素中毒的原因与药物诊治 [J]. 当代畜牧, 2018 (30): 8.

[12] 张波. 一起尿素过量引发肉牛中毒死亡的病例 [J]. 畜牧兽医科技信息, 2018 (10): 57.

[13] 杨锋, 陈伟, 王兴珍. 牛尿素中毒的救治体会 [J]. 中国牛业科学, 2018, 44 (02): 93-95.

[14] 石泽. 反刍动物尿素中毒的防治 [J]. 当代畜禽养殖业, 2017 (11): 27.

[15] 雷踊林, 张海萍, 蒋文发. 牛尿素中毒的治疗方法和体会 [J]. 当代畜牧, 2017 (27): 20-21.

[16] 王鑑. 尿素在羊饲养使用技术 [J]. 中国畜禽种业, 2017, 13 (09): 109.

[17] 张晶霞, 李建新. 反刍动物尿素及氨化饲料中毒的发生与诊治 [J]. 现代畜牧科技, 2017 (05): 55.

[18] 于丙坤. 反刍动物尿素中毒的治疗 [J]. 中兽医学杂志, 2016 (06): 46.

[19] 郑四清, 张小亮, 黄从菊, 朱曙光. 黄牛尿素中毒及其急救与预防 [J]. 中国动物保健, 2016, 18 (11): 52-53.

[20] 王朝兰. 牛羊尿素中毒的诊断与防治 [J]. 云南畜牧兽医, 2016 (02): 17.

八、黄曲霉毒素中毒

黄曲霉毒素中毒是指牛因食用经黄曲霉或寄生曲霉污染的饲料所导致的中毒性疾病。临床特征是消化功能紊乱、神经症状和流产。

【病因】

谷类饲料特别是玉米粉因保管和储存不当，极易遭到黄曲霉和寄生曲霉的污染。黄曲霉或寄生曲霉生长而产生黄曲霉毒素。动物食入受黄曲霉污染的饲料在动物体内代谢产生黄曲霉毒素。

【临诊症状】

临床表现为急性中毒和慢性中毒两种情况。

（1）急性中毒　突然发病，体温多正常，精神沉郁，食欲废绝，拱背，磨牙，口吐白沫，惊厥，转圈运动，站立不稳，易摔倒，肘部肌肉和臀部肌肉震颤，黏膜黄染，结膜炎甚至失明，出现光过敏反应;颌下水肿，腹痛，腹泻呈里急后重，甚至出现脱肛，48 小时内死亡。

（2）慢性中毒　犊牛表现食欲减退，生长发育缓慢，惊恐、转圈，腹泻，消瘦。成年牛表现奶产量下降，精神沉郁，采食量减少甚至废绝，黄疸，鼻镜干燥皲裂。妊娠牛流产、早产甚至生出足月的死胎。因奶中含有黄曲霉毒素，故可引起哺乳犊牛中毒。免疫系统受损，造成免疫抑制，奶牛抵抗力降低,易引起继发感染。

【病理变化】

主要表现为肝毒性病变，肝脏变性、坏死、纤维化，质地硬，似橡胶样；黄疸；心肌点状出血，皮下、食管、胃肠道出血。胃黏膜容易剥落。

【诊断】

疑似黄曲霉毒素中毒后，首先应当进行饲料调查，询问饲料的种类和饲喂量，观察饲料的储存情况，结合临床症状及病理变化，可初步作出诊断。检测胃内容物、血、尿和饲料中黄曲霉的含量可确诊，日粮中黄曲霉毒素含量应低于 20 微克 / 千克，乳中浓度应低于 0.5 微克 / 升。

【防治】

（1）预防　一是防止饲草、饲料发霉。加强饲料的收获和储存工作，精饲料含水率在 15% 以下才能储存，仓库要通风良好，防止潮湿、发热、霉变；定期检查，及时清除霉变部分，防止霉菌扩散。防霉法有气体防霉法、固体防霉剂法、药物防霉法等。二是霉变饲料的去毒处理。去毒法有氨熏蒸法、流水冲洗法（用 1.5% 苛性钠水溶液浸泡 12 小时，再用清水漂洗多次）、高温处理法（160℃~180℃）。霉菌毒素吸附剂有毒可脱、霉可吸、脱霉素等。在饲料中添加大蒜素，剂量为 100~1000 克 / 吨饲料，能有效减轻霉菌毒素对奶牛的毒害。

（2）治疗　当怀疑为黄曲霉毒素中毒时，应立停喂有问题的饲料，改换其他饲料。对牛群应加强检查，及时发现病牛，及时治疗。治疗原则是排毒、解毒、止痛、防止并发症。治疗时禁用磺胺类药物。

①排出毒素　硫酸镁 500~1000 克或人工盐 300 克,加水溶解，一次灌服。也可用植物油（豆油）500 毫升，熬开候温一次内服。

②对症治疗　缓解神经症状，肌内注射盐酸氯丙嗪 1 克；减

轻腹痛，肌内注射阿托品 10 毫升；降低脑压，可静脉注射 20% 甘露醇，剂量按 1~2 克/千克体重。

③保护肝肾　如果病牛出现腹水、出血、排稀粪或心脏衰弱时，5% 葡萄糖生理盐水 1000 毫升、20% 安钠咖 10 毫升、40% 乌洛托品 50 毫升、四环素 250 单位，静脉注射。内服泻药。

中药疗法　绿豆 300 克，甘草 100 克，煮成绿豆甘草汤让病牛饮用。

参考文献：

[1] 冯胜利. 牛黄曲霉素中毒的原因及防治措施 [J]. 山东畜牧兽医，2020, 41（05）：41-42.

[2] 吴明安，肖喜东. 奶牛因饲料所致的中毒性疾病及其防治 [J]. 中国乳业，2019（07）：59-60.

[3] 刘运平，陈丙沛. 一例羊黄曲霉毒素中毒的诊治 [J]. 畜牧兽医科技信息，2019（02）：80.

[4] 万盛文. 肉牛黄曲霉中毒的诊治报告 [J]. 畜牧兽医科技信息，2018（04）：68-69.

[5] 刘康，张佩华. 奶牛饲料中霉菌毒素的危害及对策 [J]. 湖南饲料，2018（02）：27-29.

[6] 朱喜发. 牛黄曲霉毒素中毒的诊治 [J]. 现代畜牧科技，2016（05）：109.

[7] 王丽娜. 畜禽黄曲霉毒素中毒的症状与防治 [J]. 养殖技术顾问，2014（11）：121.

[8] 黄伟，谌先明. 黄曲霉毒素的危害及预防措施 [J]. 畜禽业，2014（10）：38-41.

[9] 杨富. 黄曲霉毒素中毒及其综合防控措施 [J]. 中国畜牧兽医文摘，2014, 30（09）：126+133.

[10] 杨成权，许英民. 奶牛黄曲霉毒素中毒的诊断与治疗 [J]. 北方牧业，2014(11)：26.

[11] 杜杰亮. 奶牛黄曲霉毒素中毒防治 [C]. 中国奶业协会. 第四届中国奶业大会论文集. 中国奶业协会：中国奶牛编辑部，2013：375-376.

[12] 王桂英. 奶牛黄曲霉毒素中毒救治 [J]. 四川畜牧兽医，2011，38(12)：55-56.

[13] 韩杰，边连全，于宁. 饲料黄曲霉毒素对畜禽生产的危害及防治 [J]. 黑龙江畜牧兽医，2011(08)：103-104.

[14] 徐国华，杨立明，王胜利，祝云江. 猪、牛黄曲霉毒素中毒的检测及诊治 [J]. 养殖技术顾问，2011(03)：111.

[15] 李彦云. 饲料中黄曲霉毒素的危害及中毒的预防 [J]. 养殖技术顾问，2010(08)：38-39.

[16] 石达友，刘念，郭铭生，李鹏飞. 中药防治动物黄曲霉毒素中毒与机理研究 [J]. 中兽医医药杂志，2010，29(02)：27-28.

[17] 邰木俭，刘杰，邵洪运. 如何解决霉菌毒素中毒 [C]. 山东畜牧兽医学会. 2007山东饲料科学技术交流大会论文集. 山东畜牧兽医学会：山东畜牧兽医学会，2007：108-109.

[18] 周变华. 黄曲霉毒素对常见家畜的危害及防治 [J]. 畜牧兽医杂志，2006(05)：39-41.

[19] 孙明静. 饲喂不当导致山羊黄曲霉毒素中毒 [J]. 北方牧业，2006(06)：23.

[20] 刘庆才，耿元福，张俊宝，耿金繁，秦喜斌. 黄牛黄曲霉毒素中毒的诊治 [J]. 吉林畜牧兽医，2004(01)：60.

九、菜籽饼中毒

菜籽饼中含有粗蛋白41%~43%，是动物优良的蛋白质补充来源，但因菜籽饼内含芥子苷等，水解后可产生异硫氰酸丙烯酯，可引起动物中毒。多见于牛、羊、猪。

【病因】

长期大量使用菜籽饼作为饲料或者突然大量使用菜籽饼（未经加工处理）饲喂，引起中毒。菜籽经榨油后的饼中含有芥子苷或黑芥子酸钾、芥子酶、芥子酸、芥子碱等成分，特别是其中的芥子苷在芥子酶的作用下，可水解形成异硫氰酸丙烯酯或丙烯基芥子油、硫酸氢钾等物质，对畜禽具有很大的毒性作用，经吸收后引起微血管扩张，使血容量下降和心率减慢，同时伴有溶血及肝脏、肾脏损害。

【临诊症状】

中毒后的症状表现可分为四种类型，溶血性贫血和血红蛋白尿为特征的泌尿型；视觉障碍和狂躁不安等神经综合征为特征的神经型；肺水肿和肺气肿等呼吸困难为特征的呼吸型；精神委顿，食欲减退或废绝，瘤胃蠕动减弱或停止，明显便秘为特征的消化型。此外，菜籽饼尚有抗甲状腺功能的作用，导致甲状腺肿，抑制动物生长。孕畜妊娠期延长，并伴有新生幼畜死亡率增高。

【病理变化】

剖检可见胃肠道黏膜充血、肿胀、出血。肝肿胀、色黄、质脆。胸、腹腔有浆液性、出血性渗出物，有的病畜在头、颈；胸部皮下组织发生水肿。肾有出血性炎症，有时膀胱积有血尿。肺水肿和气肿。甲状腺肿大。

【诊断】

了解病史，是否有饲喂菜籽饼的病史，病畜中毒后烦躁不安，流涎，腹痛，下痢。呼吸加快，常有痉挛性咳嗽，鼻孔里流出泡沫状的液体。排尿次数多，且尿中带血，有时出现神经症状。病重者全身衰弱，心力衰竭，虚脱死亡。

【防治】

（1）预防　菜籽饼的毒性，随油菜的品系不同而有较大的差异，在饲用菜籽饼的地区，应在测定当地所产菜籽饼的毒性的基础上，严格掌握用量，并经过对少数家畜试喂表明安全后，才能供大群饲用，但对孕畜和仔畜最好不要用。为了安全使用菜籽饼，试用下列方法去毒：方法一，发酵中和：将菜籽饼经过发酵处理，以中和其有毒成分，约可去毒90%以上。方法二，浸泡、漂洗：将菜籽饼用温水或清水浸泡半天并漂洗数次，可使之减毒。方法三，坑埋：在向阳干燥处挖坑，深0.7~1米，长和宽根据菜籽饼的数量来定，坑底铺席后，先将菜籽饼按1∶1的比例加水浸泡，然后放入坑内，顶部用遮阳布遮盖后，覆土20厘米以上，经2个月后再饲喂。

（2）治疗　常采用综合解毒疗法，可用甘草60克，绿豆60克，水煎去渣，一次灌服，解毒效果较好。进行对症治疗。内服淀粉浆（淀粉200克，开水冲成糊状）、豆浆水等，也可用0.5%~1%鞣酸溶液洗胃或内服；皮下或肌内注射樟脑溶液20~40毫升，肌内注射止血敏20毫升。重病病例可输血500~1000毫升，输液输氧解毒用 25% 葡萄糖溶液和复方盐水各 1000 毫升，加入维生素 C 3~4 克、双氧水 100 毫升，静脉注射；轻型病例可静脉输入葡萄糖和维生素 C 溶液。

参考文献：

[1] 刘杰．牛菜籽饼中毒的诊断、鉴别和防治 [J]．当代畜禽养殖业, 2016 (11)：30.

[2] 于奇．一例牛菜籽饼中毒的诊治报告 [J]．畜牧兽医科技信息, 2016 (09)：42.

[3] 王国平．奶牛菜籽饼中毒的诊断和预防 [J]．畜牧兽医科技信息, 2016 (06)：43-44.

[4] 王鉴波．奶牛菜籽饼中毒的原因、诊断和治疗 [J]．现代畜牧科技, 2016 (05)：111.

[5] 胡霞．畜禽菜籽饼中毒防治措施 [J]．农村新技术, 2014 (09)：31-32.

[6] 王冬，庄文丽．羊菜籽饼中毒与菜籽饼的脱毒方法 [J]．养殖技术顾问, 2013 (07)：70.

[7] 洪雪．畜禽常见七种饲料中毒的救治 [J]．北方牧业, 2011 (19)：26.

[8] 罗生金，阿不来特甫，卡迪尔．奶牛菜籽饼中毒解救一例 [J]．中兽医学杂志, 2009 (05)：18.

[9] 郭继君．黄牛菜籽饼中毒的诊治 [J]．中国兽医杂志, 2008 (01)：75.

[10] 李有文．牛菜籽饼中毒的防治 [J]．上海畜牧兽医通讯, 2005 (04)：58.

[11] 陈亚玲．棉籽饼和菜籽饼简易脱毒方法 [J]．现代种业, 2005 (02)：53.

[12] 韩卫明. 畜禽常见饲料中毒治疗措施 [J]. 农家之友, 2004 (12): 44.

[13] 孟昭宁. 畜禽常用五种饼粕类饲料的处理方法 [J]. 湖南饲料, 2004 (04): 38+17.

[14] 吴桂英. 菜籽饼的脱毒与饲用 [J]. 河南科技, 2002 (08): 25.

[15] 韩华琼, 李伟格. 关于饲料菜籽饼粕中毒素监测 [J]. 中国药理学与毒理学杂志, 1997 (02): 48.

[16] 沈艳. 易引起畜禽中毒的几种生饲料 [J]. 致富之友, 1996 (07): 20.

十、棉籽饼中毒

棉籽饼是棉籽榨油后的副产品，含有36%~42%蛋白质，其必需氨基酸的含量在植物中仅次于大豆饼，可以作为全价的畜禽日粮蛋白质来源。由于棉籽饼中含有多种有毒的棉酚色素，棉籽饼中毒是长期或过量饲喂棉籽饼，其毒性物质棉酚在肝脏中蓄积而引起的一种中毒性疾病。临床特征是出血性胃肠炎、肝炎、血红蛋白尿、四肢水肿、心脏衰弱。

【病因】

棉籽或棉籽油、饼的萃取物中有很多棉酚色素或衍生物，包括棉酚、棉紫素和棉绿素等。棉籽饼中棉酚的含量因加工方法不同而异。100℃加热1小时或者70℃加热2小时，棉酚可失活。日粮中维生素和矿物质（尤其是维生素A及铁和钙）缺乏以及其他过度刺激均可促使中毒发生或使病情加重。犊牛因瘤胃发育不完全，对棉酚较为敏感，容易中毒，也可因哺乳而摄入棉酚，发生中毒；奶牛品种不同，对棉酚的敏感性也不同；奶牛日粮蛋白质水平低，对棉酚的敏感性则较高，易于中毒。

【临床症状】

临床症状分为急性和慢性中毒两种。

（1）急性中毒　急性发作，食欲缺乏，产奶量急剧下降，体温正常，神经兴奋不安，肌肉发抖，黏膜发绀，前胃弛缓，便秘有时腹泻，脱水，酸中毒。有的病例出现出血性胃肠炎、瘤胃臌气反复发作，四肢水肿。由于钾水平的变化引起心脏衰弱。

（2）慢性中毒　主要表现为维生素A缺乏症，消瘦，夜盲症，慢性肝炎，黄疸，尿呈红色，有的继发呼吸道症状。妊娠牛流产。由于心肌病出现心脏衰弱。犊牛中毒后，食欲下降，胃肠炎、腹泻，呈佝偻病症状，有些病例出现黄疸、夜盲症、尿结石。

【病理变化】

体腔积液，胃肠出血性炎症。瘤胃内充满大量食物，瓣胃干涸，肝、肾、脾等实质脏器质脆、变性甚至坏死。

【诊断】

根据饲喂棉籽或棉籽饼的病史，结合临床症状，胃肠炎、视力障碍、排红褐色尿液等临床症状及相应的病理学变化可作出诊断。一般犊牛日粮中含量达100毫克/千克时中毒，成年牛日粮中游离棉酚1000~2000毫克/千克时中毒。

【防治】

（1）预防　注意日粮配合，保证日粮供应平衡，防止饲料单一。限制棉籽饼的饲喂量，一般饲料中棉籽饼含量不要超过12%，高产泌乳奶牛每天棉籽饼摄入量不超过1.5千克，6月龄以下犊牛不饲喂棉籽饼。根据实践证明，在使用棉籽饼饲喂奶牛的过程中，饲料中不能降低豆粕的使用量，豆粕使用量应占饲料的10%。或者采取间隔饲喂的方法，防止蓄积中毒。对棉酚敏感的牛，停止饲喂棉籽饼。对棉籽饼进行脱毒处理，脱毒的方法有以下几种。

①加热减毒　将棉籽饼加水煮沸1~2小时，如果加入10%的麸皮同煮效果更好。

②干炒　将棉籽饼摊放在大锅内，在80℃~85℃加热干炒2小时或在100℃干炒0.5小时。

③加铁去毒　铁与棉酚结合成不被家畜吸收的复合物，使棉

274

酚的吸收大大减少。用0.1%~0.2%硫酸亚铁溶液浸泡棉籽饼24小时，然后用清水洗净。可使棉酚的破坏率达80%以上。

④碱处理　可用2%石灰水将棉籽饼浸泡24小时，然后用清水洗净。

⑤合理搭配饲料　饲料要多样化，营养均衡，保证饲料中维生素A、维生素D、维生素E和钙、磷的供给，增加日粮中蛋白质有利于预防棉籽饼中毒。

（2）治疗　无特效的治疗方法。一般是加速毒物排出，对症治疗。

①洗胃　加快毒素排出采用0.3%~0.5%高锰酸钾溶液或2%的碳酸氢钠溶液1000~2000毫升进行洗胃，洗胃后，将500克硫酸钠配成水溶液灌服或者灌服石蜡油1000毫升。滑石粉3克，甘草流浸膏250毫升，酵母粉300克，加水灌服。

②对症治疗　对于出现胃肠炎、四肢水肿症状的牛进行对症治疗，静脉注射葡萄糖、氯化钙、碳酸氢钠。减轻中毒症状，可采用10%葡萄糖溶液500毫升，生理盐水500毫升，维生素E、维生素A、维生素D各4克，静脉滴注，连用3天。

参考文献：

[1] 宋春梅. 奶牛常见中毒性疾病防治措施 [J]. 畜牧兽医科技信息, 2019 (07): 92.

[2] 阿地力江·肉索力. 兽医临床常见中毒性疾病的诊断和防治 [J]. 新疆畜牧业, 2016 (02): 57-61.

[3] 魏如辉, 丁红田. 如何治疗奶牛棉籽饼中毒 [J]. 北方牧业, 2015 (13): 31.

[4] 王中华, 方磊涵. 奶牛常见中毒性疾病的防治 [J]. 科学种养, 2012 (10): 46-47.

[5] 曹永芝, 马卫明, 邓立新, 牛绪东, 雷留真. 牛棉籽饼中毒的诊治 [J]. 中国兽医杂志, 2010, 46 (01): 78.

[6] 王岩. 几种牛中毒情况的救治 [J]. 黑龙江畜牧兽医, 2010 (02): 98.

[7] 贺秀媛, 张君涛, 陈丽颖, 李玉峰, 常晓华. 一例犊牛棉籽饼粕饲料中毒的分析研究 [J]. 中国动物保健, 2008 (11): 90-92.

[8] 刘兰英. 牛棉籽饼中毒的诊治 [J]. 农村科技, 2008 (07): 85.

[9] 奶牛棉籽饼中毒的诊治 [J]. 北方牧业, 2004 (10): 12.

[10] 孙延鸣, 张高轩, 周林. 反刍家畜棉酚中毒的诊治 [J]. 黑龙江畜牧兽医, 2004 (04): 40.

[11] 范振先. 牛棉籽饼中毒的诊治 [J]. 农业科技通讯, 2002 (06): 22-24.

[12] 王利, 汪开毓. 动物棉酚中毒的研究进展 [J]. 畜禽业, 2002 (05): 26-28.

[13] 李景芳, 李连江, 李戍江, 祁维忠, 张承选. 奶牛群棉籽饼慢性中毒一例 [J]. 草食家畜, 1998 (02): 3-5.

[14] 王兰令, 刘电杰, 阮元生. 新生犊牛棉籽饼中毒病例 [J]. 中国奶牛, 1992 (02): 48.

[15] 任士祚. 奶牛棉籽饼中毒 [J]. 中国兽医杂志, 1990 (08): 35.

[16] 王待聘, 龙彩云. 牛食棉籽饼中毒的防治 [J]. 中兽医学杂志, 1985 (04): 47.

[17] 丁锐. 牛羊棉籽饼中毒与防治 [J]. 新疆农业科学, 1983 (03): 42.

十一、硝酸盐和亚硝酸盐中毒

硝酸盐和亚硝酸盐中毒是指由于采食富含硝酸盐的饲草与饲料引起，如高粱、苏丹草、藜的茎、谷粒等饲草饲料，或者饮用了肥料（含硝酸盐）污染的水，牛瘤胃可将硝酸盐转化为亚硝酸盐而引起的中毒性疾病，也称"变性血红蛋白症"或"高铁血红蛋白症"。临床特征是血呈褐色、急性贫血性缺氧综合征，可视黏膜发绀，呼吸困难，窒息死亡。

【病因】

造成饲草饲料硝酸盐增高的原因：在饲草生长过程中大量施用家畜粪尿及氮肥和除草剂，以及饲喂白菜、青草、块根、玉米及其青贮、高粱等硝酸盐含量高的植物，作物日照不足造成硝酸盐不能转化为氨基酸；各种青绿饲草贮存不当，堆积、腐烂，发热，亚硝酸盐增多；饲料搭配不当；饮用被人、畜粪尿和垃圾所污染饮水。

【临诊症状】

当牛采食含有硝酸盐的青绿饲草饲料后，经消化系统转化为亚硝酸盐，引发中毒。一般情况下，牛采食后几小时突然发病，病牛出现流涎、磨牙、腹痛呻吟、呕吐腹泻、努责尿频、结膜呈蓝紫色、呼吸高度困难、心跳加快、趾端和末梢（耳尖、四肢、鼻端）及全身发凉、休温低、站立不稳、行走摇摆、震颤麻痹，严重时休克昏迷最后抽搐死亡。孕牛因胎儿缺氧引起流产。

【病理变化】

血凝呈暗红色、咖啡色甚至酱油色，凝固不全，暴露于空气中可转变为红色；全身血管扩张，充血；胃肠黏膜、气管、肺、心肌、肝出血，急性病例这些器官有时无明显病变。

【诊断】

根据饲草饲料的饲喂调查，结合临床症状和病理变化，可以诊断。可视黏膜发绀，鼻镜乌青，耳、鼻、四肢冰凉呈紫色。剪耳或断尾放血，血液呈酱油状凝固不良，具有特殊诊断意义。检测饲草、血液、尿液等中的亚硝酸盐可以确诊。急性中毒可能是由于饲料中硝酸盐水平大于 10000 毫克 / 千克或水中硝酸盐水平大于 1500 毫克 / 千克。有研究表明，饮用水中硝酸盐和亚硝酸盐含量分别不应超过 440 毫克 / 升、33 毫克 / 升。

【防治】

（1）预防　饲料要多样化。在青饲料和菜类收获季节，尽量饲喂新鲜的饲料，如果量比较大，要加强饲料保管，防止堆积发热，控制饲喂量，并要保证供应充足的糖类饲料、维生素 A、维生素 D 和碘盐等。必要时可加入抗生素添加剂。已发热、变质的饲料应放弃不要再喂。合理使用肥料，减少化肥对饲料、饮水的污染，防止误食。

（2）治疗　在收获季节，应限制动物过量采食青绿饲草饲料，或者在饲料、饮水中大量加入碳水化合物如葡萄糖、碳酸氢钠、淀粉、纤维素等，可有效避免发生亚硝酸盐中毒。发生中毒后迅速剪耳或断尾放血，使用特效解毒剂甲苯胺蓝或亚甲蓝。

①1% 亚甲蓝注射液，剂量为 0.1~0.2 毫升 / 千克体重，一次静脉注射。

②也可用维生素 C 和亚甲蓝配合使用。

③亚甲蓝缺乏时，对于反刍动物可立即灌服 0.05%~0.1% 的高锰酸钾溶液 2000~3000 毫升，同时静脉注射硫代硫酸钠和大剂量维生素 C 与高渗葡萄糖。如呼吸高度困难时，可使用 3% 双氧水与 10% 葡萄糖混合静脉注射。

中药疗法

方剂一：牛可用大黄苏打片 500~1000 片，红糖 500~1000 克，加水 2000 毫升，灌服。

方剂二：10~20 枚鸡蛋的蛋清，加水 2000 毫升，灌服。

参考文献：

[1] 魏世宝．奶牛硝酸盐中毒的防治 [J]．中国畜禽种业，2020，16（04）：45.

[2] 许世伟．一起母牛采食马铃薯皮引起亚硝酸盐中毒误诊案的思考 [J]．畜牧兽医杂志，2020，39（01）：87-88+90.

[3] 陈治银．牛亚硝酸盐中毒的诊断与防治 [J]．畜牧兽医科技信息，2019（07）：99-100.

[4] 用青绿饲料喂牛时需注意 [J]．甘肃畜牧兽医，2019，49（04）：52.

[5] 戴德学．牛亚硝酸盐中毒的诊治 [J]．贵州畜牧兽医，2018，42（01）：42-43.

[6] 陈跟定．亚硝酸盐中毒的综合防治 [J]．甘肃畜牧兽医，2017，47（10）：88+90.

[7] 王金华，李建荣，伍有才．肉牛亚硝酸盐中毒诊疗及预防 [J]．云南农业，2012（02）：54.

[8] 杨国海，张晓梅，王丽．如何防治奶牛亚硝酸盐中毒 [J]．畜牧兽医科技信息，2011（12）：39.

[9] 王金华，李建荣，伍有才，段银河，王文芬，郭忠昌，王建才．肉牛亚硝酸盐中毒的防治 [J]．中国畜牧兽医文摘，2011，27（05）：149.

[10] 陈小平，金朝东. 夏季应防亚硝酸盐中毒 [J]. 中国畜牧兽医文摘，2008 (04)：78.

[11] 苗俊涛，苗俊勇. 家畜亚硝酸盐中毒的诊断与治疗 [J]. 养殖技术顾问，2008 (06)：110-111.

[12] 刘红侠，胡广洲. 奶牛亚硝酸盐中毒的防治 [J]. 吉林畜牧兽医，2007 (12)：55.

[13] 董方伟，俞照正，陆建伟，史常勇，章哲明，孙昌松. 亚硝酸盐中毒病例诊断与分析 [J]. 现代农业科技，2006 (10)：141.

[14] 张健永，张会永. 牛亚硝酸盐中毒 [J]. 中国动物保健，2005 (05)：26.

[15] 胡发成，于天明，陶得和. 秋季家畜应预防亚硝酸盐中毒 [J]. 农业科技与信息，1999 (11)：3-5.

十二、食盐中毒

食盐中毒是指过量摄入氯化钠而引起的一种中毒性疾病。临床特征是饮水欲剧增、腹泻、脑水肿和神经症状。

【病因】

日粮中氯化钠过量或饮水不足，养殖户给牛加喂食盐时凭自己感觉随意添加；长期缺盐饲喂的牛突然添加食盐且量没限制；饮水不足；泌乳期的高产奶牛饲喂正常盐量有时也可中毒；泌乳期给牛饲喂腌菜的废水或酱渣可引起中毒；盐存放不当被牛偷食。

【临床症状】

主要表现为消化功能紊乱和胃肠道症状。病牛饮水欲剧增，精神不振，食欲缺乏，瘤胃蠕动减弱，腹痛、呕吐、便秘或腹泻，部分病例粪中带有凝血块；频频排尿，尿少；鼻镜干燥，眼窝下陷，结膜潮红，肌肉震颤，后期后肢麻痹，卧地不起。犊牛的主要症状是精神沉郁，衰弱，腹泻，晚期出现神经症状，乱跑乱跳，做圆圈运动，有时出现间歇性痉挛。严重者卧地不起，食欲废绝，呼吸困难，磨牙，多见高度衰竭和窒息而死。

【病理变化】

肠黏膜充血、出血，瘤胃、皱胃襞水肿，有溃疡。皮下和骨骼肌水肿，心包积液。肺充血、水肿。膀胱黏膜显著发红。

【诊断】

根据饲料中食盐的饲喂量和饮水的供应量，结合临床症状，可初步诊断。检测血清中的钠含量，钠含量增加可确诊。

【治疗】

（1）预防　加强日粮管理，保证有充足的饮水，控制食盐的供应量。通常混合料中食盐量是2%。

（2）治疗　立即停喂含盐高的饲料，控制饮水，饮水次数增加但饮用量要少，防止脑水肿。治疗原则是镇静解痉，利尿减压，防止脱水。

①调节血液中阳离子之间的平衡，补充钙制剂。5% 葡萄糖注射液 1000~2000 毫升，10% 葡萄糖酸钙注射液 500~1000 毫升，一次静脉注射。或 10% 葡萄糖酸钙注射液 1000~1500 毫升，静脉注射，每天 1 次。

②对症治疗。降低颅内压，缓解脑水肿，静脉注射 25% 山梨糖醇，或 20% 甘露醇 500~1000 毫升。如加速尿液排出，可使用速尿。病牛出现神经症状时，用 25% 硫酸镁 10~25 毫升肌内注射或静脉注射，以镇静解痉。心功能异常时，可以用 20% 安钠咖注射液 20 毫升肌内注射，每天 2 次。脱水严重时继续补液和适量补钾，腹泻严重时可投服药用炭，以助止泻。

③ 30% 安乃近注射液 30 毫升肌内注射。注射后发现病牛有好转，可以自行站立。第二天静脉注射 10% 葡萄糖注射液 1000 毫升，安溴 50 毫升，25% 葡萄糖注射液 100 毫升，10% 葡萄糖酸钙注射液 100 毫升，呋塞米 5 毫升。注射过程中病牛出现排尿现象，尿色初浓而黄，后逐渐变淡。

中药疗法

方剂一：内服中药金银花 30 克，连翘 25 克，板蓝根 25 克，蒲公英 25 克，黄药子 25 克，莪术 20 克，黄芩 20 克，甘草 15 克，每天 1 次。

方剂二：调整胃肠功能，可用健胃散 500 克，开水冲调，候温后一次灌服。

参考文献：

[1] 王正洪 . 牛羊食盐中毒的防与治 [J]. 畜牧兽医科技信息，2019 (10) : 93.

[2] 苏晓东 . 牛常见中毒病中西医结合治疗处方 [J]. 江西饲料，2018 (06) : 33-38.

[3] 王大为 . 奶牛食盐中毒的发生特点与综合诊治 [J]. 饲料博览，2018 (09) : 78.

[4] 于忠利 . 奶牛食盐中毒的临床症状、剖检变化、诊断及防治 [J]. 现代畜牧科技，2018 (09) : 81.

[5] 印明哲 . 肉牛几种中毒病的防治 [J]. 吉林畜牧兽医，2018，39 (03) : 44-45.

[6] 金鑫 . 畜禽钠盐中毒的诊治 [J]. 现代畜牧科技，2017 (03) : 71.

[7] 李庆吉 . 牛羊食盐中毒的诊断及防控措施 [J]. 养殖与饲料，2017 (01) : 57-58.

[8] 吕俊波 . 奶牛食盐中毒的临床症状及防治措施 [J]. 现代畜牧科技，2016 (06) : 151.

[9] 刘礼权 . 畜禽食盐中毒诊治探讨 [J]. 农技服务，2016，33 (03) : 193.

[10] 常占青 . 牦牛食盐中毒的诊治与体会 [J]. 黑龙江动物繁殖，2013，21 (04) : 50.

[11] 李权力 . 牛食盐中毒的诊治与预防 [J]. 中国畜禽种业，2012，8 (06) : 119.

[12] 格日才让 . 一例牦牛食盐中毒的治疗 [J]. 青海畜牧兽医杂

志，2008（05）：33.

[13] 孙玉海，秦文武，齐永明，秦威．黄牛大量采食变质咸菜引发急性瘤胃鼓气的救治 [J]．吉林畜牧兽医，2008（01）：43-44.

[14] 吴寿玉．牛食盐、尿素中毒诊治 [J]．山东畜牧兽医，2007（04）：45.

[15] 于永臣，周丽群．牛食盐中毒的诊治与预防 [J]．畜禽业，2006（06）：54.

[16] 王庆一，孙清波，赵远林．牛食盐中毒的解救措施 [J]．黑龙江畜牧兽医，2005（11）：96.

[17] 艾景利，李志民，王景阳．牛食盐中毒的诊治 [J]．动物保健，2004（05）：34.

[18] 董榕．畜禽饲料加盐要适量 [J]．湖南饲料，2004（05）：38.

[19] 于炎湖．畜禽饲粮中应用食盐的安全与标准问题 [J]．中国饲料，2004（17）：2-4.

[20] 杨宝江．奶牛食盐中毒 [J]．中国奶牛，2004（02）：46.

[21] 李明志，张睿，董秀英．奶牛食盐中毒的诊治 [J]．黑龙江畜牧兽医，2003（08）：74.

[22] 杜美丹．家畜常见食物中毒的中草药治疗 [J]．浙江畜牧兽医，2003（03）：31.

[23] 王铁军．治疗五种常见牛中毒的民间验方 [J]．黑龙江畜牧兽医，2003（05）：24.

[24] 钱家富．奶牛群亚急性食盐中毒的诊治报告 [J]．中国奶牛，2003（02）：44.

[25] 李明海．肉牛食盐中毒的诊治 [J]．养殖技术顾问，2002（07）：23.

十三、酒糟中毒

酒糟中毒是由于长期饲喂或突然大量饲喂酒糟而引起的牛中毒的疾病。临床特征是兴奋、共济失调、胃肠炎、呼吸困难、皮肤湿疹。

【病因】

酒糟因其所用的原料和酒曲种类不同，故所含成分不同，引起中毒的因素也有所不同。但引起发病的原因主要有酒糟喂量过多或者长期饲喂，酒糟管理不善发生酸败甚至霉变。

【临床症状】

（1）急性中毒　病牛兴奋不安、共济失调，呼吸急促、脱水、眼窝深陷、排出恶臭黏性粪便，步态不稳，四肢无力，卧地不起。

（2）慢性中毒　轻症的呈现消化不良，重症的呈现中毒性胃肠炎症状，表现顽固性的食欲缺乏，前胃弛缓，瘤胃蠕动弱，先便秘后腹泻、腹痛，消瘦，出现缺钙。有的病牛发生皮炎，皮肤潮红，后形成疱疹。严重病例可造成明显的全身症状，机体衰竭。母牛屡配不孕，妊娠牛流产。

【病理变化】

剖检可见胃黏膜充血、出血，肠黏膜出血水肿，肺水肿，脑部出血。

【诊断】

根据病史、临床症状可以确诊。

【防治】

（1）预防　合理饲养,控制酒糟喂量,限制在日粮的30%以内,并搭配一定量的青绿饲料；酒糟喂前最好加热,以除去酒糟内一部分乙醇；酒糟最好饲喂新鲜的, 不要储存时间过久,防止酸败霉变,及时检查。轻度酸败,可加入石灰水、碳酸氢钠中和后再喂；应废弃酸败严重和霉变的酒糟。

（2）治疗　停止饲喂酒糟,改用新鲜牧草和青草进行饲喂,至整个牛群恢复。治疗原则是解除脱水、解毒、镇静。

①解除酸中毒,加水一次灌服碳酸氢钠100~150克,也可用1%碳酸氢钠溶液灌肠。解除脱水,用5%葡萄糖生理盐水1500~3000毫升,25%葡萄糖溶液500毫升,5%碳酸氢钠溶液800~1000毫升,一次静脉注射。补钙,可用2%葡萄糖酸钙500~800毫升,一次静脉注射。镇静,一次静脉注射山梨糖醇或甘露醇溶液300~500毫升。另外,必要时还应配合使用抗生素、强心、维生素治疗。

②对全场稍微有精神症状的牛及现已发病的病牛,每头用鱼石脂40克,碳酸氢钠60克,大蒜12片（捣烂）,1%的温盐水3千克,一次灌服,每天1次,连用3天。对比较严重的牛,用20%的肝泰乐100毫升和10%的葡萄糖注射液1500毫升,一次静脉注射,每天1次,连续2天。对身上有烂斑的牛用凡士林涂擦。

③硫酸钠500克加水适量,一次灌服；25%葡萄糖注射液300~500毫升,加入20%氯化钙100~160毫升,静脉注射。对局部皮肤出现疹块和皮炎的病牛,可用0.1%高锰酸钾溶液冲洗患部。皮肤瘙痒可用3%苯酚酒精涂擦。采用中药葛根300克,甘草40克共同煎水,温凉后灌服。

④牛一旦出现酒糟中毒，可灌服 1% 苏打水或豆浆 1500~2000 毫升，并且用 5%~8% 的小苏打水灌肠，同时采取对症疗法，消除循环障碍和呼吸衰竭等；也可静脉注射 5% 葡萄糖溶液 500~1000 毫升，10% 安钠咖 5~10 毫升，维生素 C 5~8 毫升。

中药疗法 板蓝根 30 克，厚朴 40 克，茵陈 50 克，枳实 30 克，甘草 30 克，陈皮 30 克（体重 125 千克左右的牛一次量），研磨，按每头牛的体重加减进行灌服或者加饲料里面喂服，每天 1 次，连用 5 天。与上述西兽药治疗方法配合使用。

参考文献：

[1] 李丽 . 浅析牛酒糟中毒的防治 [J]. 山东畜牧兽医 , 2018, 39 (04): 82.

[2] 于桂阳，黄杰河 . 安格斯黑牛啤酒糟中毒的诊断与治疗 [J]. 畜牧兽医杂志 , 2017, 36 (06): 144-145.

[3] 谭世君，向勇 . 肉牛酒糟中毒的诊治 [J]. 畜禽业 , 2017, 28 (07): 134.

[4] 尹钦建 . 中西医治疗牛酒糟中毒型瘤胃积食初报 [J]. 中国牛业科学 , 2017, 43 (02): 90-93.

[5] 李拴平 . 家畜酒糟中毒和亚硝酸盐中毒的中西药结合治疗法 [J]. 农村百事通 , 2016 (16): 47.

[6] 李志忠 . 中西药综合治疗牛发霉酒糟中毒病例 [J]. 中兽医学杂志 , 2015 (06): 41.

[7] 陈龙 . 牛酒糟中毒的诊断与治疗 [J]. 中国畜牧兽医文摘 , 2014, 30 (11): 151.

[8] 龙章成，杨秀华，张庸萍 . 一例黄牛酒糟中毒诊断及防治 [J]. 湖南畜牧兽医 , 2014 (04): 25.

[9] 于灿军 . 家畜酒糟中毒的病因与防治 [J]. 养殖技术顾问 , 2014

(04)：162.

[10] 徐光峰，汤灵姿. 奶牛酒糟中毒的诊治 [J]. 新疆畜牧业，2014 (02)：52.

[11] 张宪强. 奶牛饲料中毒的诊治 [J]. 中国畜牧兽医文摘，2014，30 (01)：121.

[12] 唐黎标. 奶牛酒糟中毒的实例诊治 [J]. 中国奶牛，2013 (11)：57-58.

[13] 彭清洁，王冲，胡长敏，陈颖钰，晁金，姜鹏，郭爱珍. 一例肉牛发霉酒糟中毒的诊断与治疗 [C]. 国家肉牛／牦牛产业技术体系疾病控制研究室. 第四届全国牛病防治及产业发展大会论文集. 国家肉牛／牦牛产业技术体系疾病控制研究室：全国牛病大会组委会，2012：221-223.

[14] 王鸿岭. 奶牛酒糟中毒的诊治 [J]. 贵州畜牧兽医，2012，36 (01)：46.

[15] 奶牛饲料致病防治方法 [J]. 北方牧业，2011 (04)：21.

[16] 胡长敏，张敏敏，刘涛，石磊，郭爱珍. 酒糟作为饲料原料的营养与危害 [J]. 黑龙江畜牧兽医，2010 (17)：95-97.

[17] 王秀霞. 肉牛酒糟中毒的症状及诊治 [J]. 养殖技术顾问，2010 (09)：187.

[18] 陈彦慧，葛建军，韩军，何佳. 奶牛酒糟中毒的防治 [J]. 新疆畜牧业，2010 (06)：59.

[19] 李占平. 酒糟中毒不得不防 [J]. 北方牧业，2008 (16)：23.

[20] 李桂叶. 奶牛酒糟中毒的诊疗 [J]. 云南畜牧兽医，2007 (02)：24-25.

[21] 刘明华，温建国，周燕. 酒糟饲喂牛羊的相关事宜 [J]. 新疆农垦科技，2006 (01)：31-32.

[22] 杨伟，刘丕侣，李凤山. 肉牛过食腐败酒糟中毒的治疗 [J].

农民致富之友, 2005 (07): 29.

[23] 胡丁锐. 肉牛酒糟育肥的注意事项 [J]. 山西农业, 2002 (04): 44.

[24] 曲焱, 曲根军, 窦春旭. 中西药结合治疗奶牛霉酒糟中毒 [J]. 黑龙江畜牧兽医, 2002 (02): 55.

[25] 于金玲, 李祝田, 刘孝刚, 史丽华. 肉牛急性酒糟中毒的诊治 [J]. 肉品卫生, 1998 (11): 3-5.

[26] 杨宗亮. 家畜酒糟中毒 [J]. 黑龙江畜牧科技, 1996 (02): 28.

[27] 侯国芳. 酒糟作饲料须防止家畜中毒 [J]. 湖南畜牧兽医, 1994 (03): 20-21.

十四、霉烂甘薯中毒

霉烂甘薯中毒，也称甘薯黑斑病中毒、牛气喘病，是由于牛吃了大量的霉烂甘薯而引起的一种中毒性疾病。其特征是急性肺水肿、间质性肺泡气肿、气喘和皮下气肿。

【病因】

常发生于甘薯收获后经过一段时间的储藏而出现霉烂的季节。甘薯霉烂是由爪哇镰刀菌和茄病镰刀菌的感染造成的。霉烂的甘薯能产生甘薯毒素，这些毒素耐高温，通过蒸煮、火烤等处理也不易被破坏。所以霉烂甘薯生喂、熟喂都会发生中毒。

【临诊症状】

特征症状主要表现为不同程度的呼吸困难。病初气喘，呼吸次数增加，每分钟达 40~80 次，甚至达 100 次以上，呼吸音粗而强烈，似拉风箱。往往因呼吸急促而心音被其掩盖，难以听清。皮下气肿。在背部两侧皮下出现气肿，触诊呈捻发音，气肿可蔓延到胸侧、颈部、肩前和头部，胸部叩诊呈鼓音。其他症状主要表现为突然发病，初期体温正常，鼻黏膜潮红，眼结膜充血随着病情的加重，食欲减少或废绝，反刍停止，磨牙，粪便量少，粪便色黑而干硬，呈算盘子状，有时粪便表面有黏液和血液，病牛甚至便秘，有些病例为腹泻，瘤胃和肠蠕动减弱；病情严重者，可视黏膜发绀，站立不安，摇摆不稳，体温降至正常以下，倒地死亡。

【病理变化】

肺脏显著膨胀，肺膜紧张，肺膜下充满大小不等的气泡，肺小叶间质充气、增宽，肺表面因气泡而隆突。切面流出多量混有泡沫的黄色或血色水样液，小叶间质因充气扩大致使断面呈撕裂状。胸腔纵隔气肿，形成大小不等的气泡。胸、背、肩、颈部的皮下组织及肌膜中，有大小不等的气泡集聚。胃肠道黏膜弥漫性充血、出血或坏死，其中以皱胃、小肠和盲肠的损伤最为严重。肝肿大，呈现实质变性，切面似槟榔状，胆囊肿大，胆汁稀薄。脾、肾、膀胱等有不同程度的充血与出血。

【诊断】

根据病牛采食霉烂甘薯或其副产物的经历，再结合以喘和不发热为主的临床症状，即可诊断。

【防治】

（1）预防　消灭黑斑病菌，防止甘薯遭受其感染，种用甘薯在育秧时，用50%~70%的甲基托布津溶液或乙基托布津溶液，充分浸泡10分钟。收获甘薯时要细致，不要损伤甘薯的表皮，装卸要轻，加强甘薯的储藏工作，防止霉烂。加强饲养管理，随时检查，严禁饲喂霉烂甘薯；在饲喂甘薯粉渣、甘薯酒糟时，应慎重。必要时，可少量饲喂牛，如确实无不良后果时，再进行全群饲喂。

（2）治疗　一旦中毒发生，无特效疗法，只能对症治疗。治疗原则是加速毒物的排出，改善呼吸功能，解毒保肝。

①加速毒物排出　主要采用洗胃或下泻两种方法。对食入霉烂甘薯不久的患牛，用胃导管灌服大量的清洁温水或0.5%~1.0%高锰酸钾溶液，按摩瘤胃，使液体在胃内混合，然后将其从瘤胃中通过胃导管抽出，如此反复多次，排出毒物。或投服泻剂，用

硫酸镁 500~1000 克，人工盐 200 克，配成 10% 溶液，一次灌服。

②改善呼吸功能　根据病牛大小和体质健康状况，可静脉放血 1000~3000 毫升，然后用 5% 葡萄糖生理盐水 3000~5000 毫升，维生素 C 5 克，20% 安钠咖溶液 10 毫升，25% 葡萄糖注射液 1000~2000 毫升，缓慢地静脉注入。必要时经鼻输氧，输氧速度一般控制在 5~6 升/分钟为宜。地塞米松 50~150 毫克，25%~50% 葡萄糖注射液 500 毫升，40% 乌洛托品 50~100 毫升，5% 氯化钙 200~300 毫升，一次缓慢静脉注射，对肺水肿、肺气肿疗效明显。

③解毒，防止酸中毒　用 0.1%~0.5% 高锰酸钾溶液 1000~1500 毫升，一次投服，每 4 小时给药 1 次；用 5%~20% 硫代硫酸钠注射液 200~300 毫升，一次静脉注射；碳酸氢钠注射液 500~1000 毫升，一次静脉注射。

参考文献：

[1] 高博. 牛霉烂甘薯中毒的病因及诊治 [J]. 饲料博览，2019 (01)：75.

[2] 宋传德. 牛霉烂甘薯中毒的诊治 [J]. 农村新技术，2018 (05)：33-34.

[3] 马国占. 牛霉烂甘薯中毒的治疗措施 [J]. 今日畜牧兽医，2017 (09)：64.

[4] 林长江. 牛霉烂甘薯中毒的诊疗 [J]. 福建畜牧兽医，2017，39 (04)：37-38.

[5] 杨明中. 家畜霉菌毒素中毒和霉烂甘薯中毒症的鉴别诊治 [J]. 畜牧兽医科技信息，2016 (09)：31.

[6] 雷志刚，关鹏. 牛喘气病的综合防治措施 [J]. 农民致富之友，2015 (14)：273.

[7] 李鸿学. 牛霉烂甘薯中毒病例诊治 [J]. 中国兽医杂志, 2012, 48 (04) : 96.

[8] 张云霞. 牛霉烂甘薯中毒的诊治 [J]. 北方牧业, 2011 (18) : 22.

[9] 汪志铮. 牛吃黑斑病甘薯中毒的防治 [J]. 草业与畜牧, 2011 (07) : 51.

[10] 余永桃. 中西医结合治疗牛甘薯黑斑病中毒症 [J]. 浙江畜牧兽医, 2011, 36 (03) : 17.

[11] 唐思远, 苏英歌. 一起饲喂霉烂甘薯皮引起奶牛中毒的诊治 [J]. 广西畜牧兽医, 2010, 26 (05) : 296-297.

[12] 罗东发. 牛霉烂甘薯中毒的防治 [J]. 吉林畜牧兽医, 2008 (06) : 42-43.

[13] 李长梅. 奶牛霉烂甘薯中毒诊治一例 [J]. 北方牧业, 2005 (21) : 20.

[14] 蔡友忠. 黄牛霉烂甘薯中毒的防治 [J]. 福建畜牧兽医, 2005 (05) : 34-35.

[15] 范振先. 牛霉烂甘薯中毒 [J]. 农家参谋, 2002 (12) : 28.

[16] 周行. 耕牛霉烂甘薯中毒病人工造病试验 [J]. 福建畜牧兽医, 1994 (03) : 39.

[17] 戴伟民. 霉烂甘薯引起大批奶牛中毒 [J]. 饲料研究, 1986 (03) : 28-30.

[18] 戴伟民, 袁锦和. 奶牛的霉烂甘薯中毒 [J]. 畜牧与兽医, 1985 (04) : 170-171.

十五、淀粉渣中毒

淀粉渣中毒是指用淀粉渣（浆）喂牛，经过一段时间后，由于其所含亚硫酸的蓄积作用而引起奶牛中毒。临床特征是消化功能紊乱、出血性胃肠炎、奶产量下降、跛行和瘫痪。

【病因】

淀粉渣（浆）中的亚硫酸是引起发病的主要原因。但促进该病发生的原因有淀粉渣（浆）喂量过大，喂时过长，或变质；淀粉渣（浆）未经必要的去毒处理；日粮不平衡，钙、维生素不足或缺乏，粗饲料进食量不足。

【临诊症状】

根据淀粉渣（浆）饲喂时间、饲喂量及机体的生理状况不同，中毒程度各异。中毒较轻者：精神沉郁，采食量减少，只吃一些新鲜的青绿饲料，反刍不规则，呈现周期性前胃消化功能紊乱，奶产量下降。通常停喂淀粉渣（浆）一段时间，可自行康复。中毒严重者，食欲废绝，瘤胃蠕动微弱，出现啃泥土、舔食粪尿或褥草等异嗜现象。有些病牛便秘，有些病牛腹泻，全身无力，步态强拘，运步时，后躯摇摆，跛行，拱背，尾椎变软、缩小，卧地不起。如发生于分娩牛，多出现产后瘫痪。

【病理变化】

剖检呈一致性病变，真胃和肠道，特别是幽门、十二指肠、空肠前段和回盲口附近的肠段，发生以浆细胞大量浸润为特征的典型慢性卡他性炎。

【诊断】

根据饲喂用亚硫酸处理过的玉米淀粉渣（浆）病史以及胃肠消化功能紊乱、跛行、瘫痪来判断。确诊需要进行血尿、乳中硫化物含量的检测。

【防治】

（1）预防　严格控制淀粉渣（浆）喂量，未经去毒处理的淀粉渣（浆），其喂量每头每日不应超过 7~7.5 千克。为了防止中毒，最好间断饲喂。淀粉渣应进行脱毒处理后再饲喂。脱毒有水浸法和晒（烘）干法 2 种。日粮中补喂钙可减少亚硫酸对钙的消耗，补喂胡萝卜素可防止胡萝卜素缺乏而引起硫在体内的蓄积所致的中毒发生，增加优质干草的饲喂。

（2）治疗　无特效疗法。对病牛立即停喂淀粉渣（浆），并给予优质的青绿饲料、块根类及干草，增加进食量，促进自然康复。其他均为对症治疗，主要考虑补钙、解毒保肝、防止脱水、防止继发感染。

①缓解低钙血症，3%~5% 氯化钙，或 20% 葡萄糖酸钙 500 毫升，一次静脉注射，每天 1~2 次。

②解毒保肝，防止脱水。25% 葡萄糖注射液 500 毫升，5% 葡萄糖生理盐水 1500~2500 毫升，维生素 C 5 克，静脉注射。

③一次皮下注射 0.1~0.5 克维生素 B_1 可维持心脏、神经及消化系统的正常功能；静脉注射或肌内注射抗生素可防止继发感染和胃肠炎症；灌服氢氧化钙，或者碳酸氢钠中和瘤胃酸度，防止瘤胃 pH 值的下降。

参考文献：

[1] 张丽，高腾云．玉米淀粉渣在奶牛饲养中的应用 [J]．中国奶牛，2011(06)：21-25.

[2] 王岩．几种牛中毒情况的救治 [J]．黑龙江畜牧兽医，2010(02)：98.

[3] 滕英娟，蒋连芬．奶牛淀粉渣中毒的防治措施 [J]．养殖技术顾问，2008(08)：138.

[4] 郭顺元，夏志平，张乃生，杨勇军．过量饲喂淀粉渣引起母牛中毒性乳房炎及爬卧症 [J]．黑龙江畜牧兽医，2002(10)：36-37.

[5] 王燕蔚．奶牛饲喂玉米淀粉渣中毒病例 [J]．福建畜牧兽医，1998(04)：3-5.

[6] 梁巍．玉米淀粉渣不宜大量喂家畜 [J]．农民致富之友，1998(05)：3-5.

[7] 闫满顺．过量饲喂玉米淀粉渣对奶牛健康的影响 [J]．中国奶牛，1998(01)：3-5.

[8] 阎满顺．奶牛大量饲喂玉米淀粉渣可出现严重后果 [J]．畜牧兽医杂志，1997(03)：26.

[9] 梁巍．玉米淀粉渣不宜大量饲喂家畜 [J]．当代畜禽养殖业，1995(01)：15.

[10] 齐长明，刘宝泉，高振川．奶牛淀粉渣中毒的调查研究 [J]．中国奶牛，1994(02)：41-43.

[11] 刘鑫，花象柏，邵莹．乳牛淀粉渣慢性中毒诊断的研究 [J]．畜牧与兽医，1991(02)：57-59.

[12] 花象柏，刘鑫，邵莹．奶牛慢性淀粉渣中毒的病理学观察 [J]．江西农业大学学报，1990(03)：56-59.

[13] 刘鑫，胡国良，李汝庆，潘初明，熊益福，何员喜．乳牛淀粉渣中毒的调查 [J]．中国兽医科技，1987(06)：24-26.

十六、亚麻籽饼中毒

亚麻是一年生草本植物，亚麻籽富含蛋白质（23%）和脂肪（40%~48%），榨油后的饼粕可作为饲料，仅次于豆饼、棉籽饼和菜籽饼。常用于各种畜禽的蛋白质饲料。但长期大量饲喂，或调制不当可引起牛、羊中毒。亚麻籽饼中毒是指由于饲喂不合理或者亚麻籽饼粉碎过细，牛、羊采食后，亚麻籽饼释放氢氰酸的速度过快引起的中毒性疾病。临床特征是呼吸困难、肌肉震颤、惊厥和组织缺氧。

【病因】

亚麻籽、叶甚至全株都含有一种有毒的氰糖苷（亚麻仁苦苷），其在亚麻苦苷酶的作用下，释放出氢氰酸。亚麻苦苷酶是一种蛋白质，加热可失去活性，热榨法或亚麻籽堆积发热可使毒性减小。亚麻籽冷榨法比热榨法含毒量高；如用新鲜亚麻籽粉，或未经蒸煮而榨油，其中酶未被破坏，进入消化道后仍可使生氰糖苷放出氢氰酸而中毒。亚麻籽饼粉碎过细；饲料单一，大量饲喂亚麻籽饼等都可引起中毒。

【临诊症状】

病牛或病羊中毒后呈现不安，流泡沫状涎，肌肉震颤，可视黏膜、皮肤先鲜红后发绀，呼吸困难，呼气为苦杏仁气味，静脉血呈鲜红色、较黏稠、易形成泡沫，脉搏快而弱，剧烈腹痛和下痢;臌气,粪呈泡沫状、灰白色。随着病情的加重,全身极度衰弱,体温下降,后肢麻痹,卧地不起,牙关紧闭,瞳孔散大,四肢划动,呼吸停止,最后死亡。

【病理变化】

血液鲜红色、黏稠,甚至凝固;胃肠道黏膜充血、出血,内容物散发出苦杏仁气味;气管、支气管内有泡沫状液体,肺水肿。

【诊断】

根据牛、羊饲喂过食亚麻叶,亚麻籽或粉,并呈现呼吸困难,血液呈鲜红色,剖检后胸腹腔内常有红色血液,胃肠黏膜充血,皮下出血、肺水肿等可作出诊断。通过氰苷的检测可确诊。

【防治】

(1)预防 合理配制日粮,严格控制亚麻籽饼的饲喂量不超过5%;亚麻籽饼不可粉碎过细,也不可制成糊状。用亚麻籽、饼或粉作饲料时,需煮沸,破坏亚麻苦苷酶。采用加热法脱毒,在饲喂前,先将亚麻籽饼浸泡,再煮10分钟。喂量不宜过多,禁止在亚麻地放牧,以免采食鲜叶而中毒。

(2)治疗 静脉注射5%亚硝酸钠50~60毫升,然后静脉注射5%~10%硫代硫酸钠溶液100~200毫升。也可用亚甲蓝(1%)和硫代硫酸钠配合使用。对症治疗,使用静脉注射5%糖盐水和安钠咖等。

参考文献:

[1] 张守印.如何预防牛氢氰酸中毒[N].吉林农村报,2018-10-26(003).

[2] 王建军.绵羊氢氰酸中毒诊治[J].农业技术与装备,2017(08):91-92.

[3] 朱贵民,李士杰.羊氢氰酸中毒的诊疗及综合防治措施[J].农民致富之友,2015(20):283.

[4] 韩维娟. 牛羊氢氰酸中毒的防治 [J]. 中国畜牧兽医文摘, 2015, 31 (02): 124.

[5] 翟双双, 杨琳. 亚麻籽粕脱毒工艺及其在动物饲料中的应用 [J]. 中国饲料, 2014 (15): 31-34.

[6] 毛占强. 荷斯坦奶牛氢氰酸中毒的诊治 [J]. 中兽医学杂志, 2014 (03): 39-40.

[7] 周应良. 牛羊氢氰酸中毒抢救方法 [N]. 云南科技报, 2013-09-13 (003).

[8] 马金秀, 胡仓云, 王兴桂, 杨永奎. 黄牛氢氰酸中毒的报道 [J]. 上海畜牧兽医通讯, 2008 (02): 109.

[9] 韩伟明. 肉牛氢氰酸中毒的防治 [J]. 畜牧兽医科技信息, 2008 (02): 52-53.

[10] 张忠军, 赵金根, 闫江林. 绵羊亚麻籽饼中毒病例 [J]. 中国兽医杂志, 2006 (11): 59.

[11] 周帮会, 姜国均, 李清艳. 亚麻籽饼粕中毒的防治 [J]. 畜禽业, 2006 (04): 51-52.

[12] 黄玉兰, 杨焕民. 亚麻籽的营养成分及其在家禽日粮中的应用 [J]. 黑龙江畜牧兽医, 2005 (10): 32-33.

[13] 周小洁, 车向荣, 于霏. 亚麻籽及其饼粕的营养学和毒理学研究进展 [J]. 饲料工业, 2005 (19): 46-50.

[14] 翟洪民, 李庆臣. 牛氢氰酸中毒的急救法 [J]. 北方牧业, 2005 (12): 20.

[15] 亢兆麟. 奶山羊氢氰酸中毒 [J]. 中国兽医杂志, 1999 (03): 3-5.

[16] 张建华, 倪培德, 华欲飞. 亚麻籽中的生氰糖苷 [J]. 中国油脂, 1998 (05): 3-5.

[17] 聂成富, 胡守礼, 石青山. 绵羊氢氰酸中毒的诊断与防治 [J]. 动物检疫, 1990 (03): 49-50.

十七、氟中毒

经饲料或饮水持续摄取中毒量的氟所致的慢性中毒，称氟中毒。其特征是牙齿发生齿斑、过度磨损、骨质疏松及间歇性跛行。

【病因】

氟酸盐分布的某些盆地、盐碱地、板石和磷灰石矿区等高氟地区引起的地方性疾病；工业氟化物的三废处置不当对环境的污染，造成土壤和饮水的含氟量升高；日粮中的添加物质量不过关，氟含量高。

【临床症状】

（1）急性中毒　感觉过敏，空嚼磨牙，肌肉震颤、抽搐；食欲废绝，反刍停止，瘤胃蠕动停止，便秘或腹泻，虚脱，瞳孔散大；呼吸困难，常于几小时内死亡。

（2）慢性中毒　主要特征症状是牙齿、骨骼的损害，关节肿胀和跛行。牙齿失去光泽，呈淡黄色、棕色，有黑色斑点和斑块，严重者呈典型的氟斑牙，牙齿质地疏松；头部肿大，下颌骨肿胀，四肢变形，腕关节肿胀，尾骨多扭曲，严重病牛两侧肋骨有鸡卵大的骨赘；跛行，运步不灵活，可听见"咔咔"声，有痛感，常卧地不起。被毛无光，皮肤弹性降低，关节僵直，跛行或卧地；奶牛产奶量下降；采食量减少，反刍减少和瘤胃蠕动减弱，便秘或腹泻。幼畜发育不良，成年牛营养不良，易发酮病。

【病理变化】

各种黏膜和其他组织普遍发绀。肝和肾色暗，高度充血，心肌变软，心包下及内膜出血。牛以弥漫性内脏出血多见。

【诊断】

根据临床症状容易诊断，对饲料、饮水、血、尿、毛氟含量分析测定，其所含氟量都超出正常范围。

【防治】

（1）预防　对氟未污染区，应加强饲草、饲料、矿物质特别是磷酸钙中含氟量的测定，严防因饲料中氟含量过高而长期饲喂导致发病。饲料中含氟量每千克日粮中不应超过100毫克。对放牧牧场的平均氟含量超过60毫克/千克是高氟地区，严禁放牧；采用轮牧方式在低氟和危险区域，时间不超过3个月，牛场建设应远离污染区。对氟区牛群，在饲料中拌入生滑石粉，剂量是每天30~40克；也可在饮水中加入新鲜的熟石灰，水中含量为500~1000毫克/千克，静置几天后饮用。另外，保证充足的钙、磷，可缓解氟中毒的发生。

（2）治疗　急性氟中毒立即服用明矾（硫酸铝）30~50克，加入大量水溶解，一次灌服。每天1次，连用数天。补钙用20%葡萄糖酸钙注射液和25%葡萄糖注射液各500毫升，一次性静脉注射，每天1~2次，连用5~7天。生滑石粉40~50克，分2次拌入饲料中饲喂，连用数天。慢性氟中毒的关键是防止氟继续进入体内，改变饲料和饮用水，供给优质饲料，适当增加蛋白质水平，增加采食量，增强机体体质，日粮中添加乳酸钙，剂量为每天50克。也可投服乳酸钙10~30克，碳酸钙50~120克，磷酸二氢钠60克。

中药疗法　用中药（如黄芪、木瓜、防己、乌头、杜仲、当归等）通过活血化瘀和利尿作用，增加动物的排氟量，对慢性氟中毒起到一定的预防作用。

参考文献:

[1] 刘伟红.海晏县部分地区牛羊牙齿异常磨损和脱落病的调查报告 [J].青海畜牧兽医杂志,2019,49(04):51-52.

[2] 盖冶.羊硒、铜、氟中毒的病因分析、诊断和防治方案 [J].现代畜牧科技,2019(04):130-131.

[3] 刘卫星.以相伴症状对引发牛咀嚼、吞咽障碍的几种病的鉴别与诊断 [J].养殖技术顾问,2014(11):212.

[4] 蒙睿,王文杰.牛慢性氟中毒的预防与治疗 [J].畜牧兽医科技信息,2014(06):71.

[5] 马军,董航,张晋钊,张黎黎,李元浩.慢性氟中毒引发荷斯坦奶牛跛行防治 [J].吉林畜牧兽医,2014,35(03):58.

[6] 皇甫和平,张华,赵传壁.饲喂草坪收割草引起奶牛有机氟中毒 [J].畜牧与兽医,2013,45(08):124-125.

[7] 王冬宝,李长志,梁甲明.羊氟中毒的诊断与防治 [J].养殖技术顾问,2013(08):153.

[8] 滕传孝.牛氟中毒的诊断及防治 [J].现代农业科技,2011(08):325+328.

[9] 邓元.养牛防氟中毒 [J].农家之友,2011(02):21.

[10] 王明月,王政东,郭子君.一起黄牛有机氟中毒的诊疗 [J].养殖技术顾问,2009(09):93.

[11] 吕品.奶牛慢性氟中毒的诊治 [J].今日畜牧兽医,2006(05):14.

[12] 韩彦东.高氟地区氟中毒的预防 [J].国外兽医学.畜禽疾病,1996(01):18-19.

[13] 王伟,康良,王林安,孟宪荣,李欣.哈尔滨市郊某奶牛场奶牛慢性氟中毒调查诊断报告 [J].黑龙江畜牧兽医,1995(10):30-

31.

[14] 王新平.慢性氟中毒牛的病理学——一项综述 [J].地方病译丛,1993(06):66.

[15] 郭玉详,崔坤,许建国.放牧牛群慢性氟中毒的调查 [J].兽医导刊,1988(Z1):16-20.

[16] 章康民,邱伯根,舒望喜.大悟县磷矿污染区耕牛慢性氟中毒的调查报告 [J].华中农业大学学报,1987(04):391-394.

[17] 张力新,崔海.牛慢性氟中毒病的综合诊断 [J].吉林畜牧兽医,1986(01):22-24.

[18] ZennarT.Krook,朱家驹.牛齿氟中毒 [J].农业环境与发展,1985(03):25-30.

[19] 吴长玺,杨万录.奶牛氟中毒的情况报告 [J].黑龙江畜牧兽医,1984(09):20-22.

[20] 郭秀礼,李燕珠,田德生,李克勤,常向东,刘淼生,苏强,任金铎,吴琮琦,蒲才仁.家畜氟中毒的研究 [J].河南农林科技,1983(07):32-33.

[21] 张友思.水牛慢性氟中毒的初步研究 [J].湖南农学院学报,1979(01):131-135.

十八、硒中毒

硒中毒是由于摄食硒含量过高的饲料或硒制剂而发生的中毒性疾病。急性硒中毒表现为神经系统损伤和失明，又称为"瞎撞病"，慢性硒中毒表现为消瘦、蹄壳变形和脱落、跛行和脱毛，又称为"碱病"。

【病因】

长期而大量饲喂含硒量高的饲料；土壤中富含硒，且 pH 值偏高，当饲料干物质中硒含量超过 5 毫克/千克可引起慢性硒中毒；在防治硒缺乏时，错误添加过量的硒；硒矿企业和冶炼厂的环境治理差，废水、废气和废料处理不严，导致饲养环境和牧草种植污染；日粮中钴缺乏和蛋白质不足时更易发生。

【临诊症状】

（1）急性硒中毒 病牛精神沉郁，四肢无力，卧地回头观腹，呼吸困难，流涎，腹痛，瘤胃臌胀，可视黏膜发绀甚至失明，转圈，无目的地游走，常以头抵住固定物体。数小时内因呼吸衰竭而死亡。

（2）慢性硒中毒 病牛食欲减退，渐进性消瘦，贫血，前胃弛缓，腹痛，腹泻；共济失调，步态不稳，无目的地徘徊，转圈；视力减退甚至失明，到处瞎撞；被毛粗乱，尾基部被毛和尾端长毛脱落；四肢跛行，蹄部肿胀、畸形甚至蹄匣脱落，最终因呼吸衰竭而死亡。犊牛生长发育不良。妊娠母牛多流产甚至死胎。

【病理变化】

急性硒中毒：全身出血，皱胃和小肠充血、坏死和溃疡；脑充血、出血、水肿或变软；肺充血、水肿；肝充血和坏死。慢性硒中毒：肝脏萎缩、坏死和硬化；脾脏肿大并见局灶性出血；心肌萎缩与心扩张；肾变性，脑充血、出血、水肿或变软。

【诊断】

根据饲料中硒含量以及硒添加量的分析，结合临床症状和病理变化作出诊断。

【防治】

（1）预防　降低饲料中硒的含量，严格控制硒添加剂量；在硒含量高的地区，治理土壤，用硫酸铵肥料降低植物对硒的吸收，在饲喂时饲料中添加含硫酸盐的化合物；口粮中增加高蛋白质饲料，并加亚麻籽油，可增强动物对硒的耐受性。

（2）治疗　立即停喂含硒的饲料或饮水；饲料中添加解毒剂对氨基苯胂酸，剂量为 10 毫克 / 千克。另外，注意解毒保肝，对症治疗。

参考文献：

[1] 刘九生 . 牛硒中毒病例分析与预防 [J] . 中国畜牧业，2019（23）：75.

[2] 门宝江，王廷斌 . 家畜硒中毒的诊断和防控措施 [J] . 饲料博览，2019（11）：74.

[3] 孙业卿 . 畜禽常见微量元素中毒 [J] . 现代畜牧科技，2017（06）：86.

[4] 秦廷洋，李蓉，李夕萱，杨晓明，齐智利 . 硒在反刍动物营养中的研究进展 [J] . 饲料工业，2016, 37（21）：52-57.

[5] 孙文明，刘淑侠，曹秋实，李忠惠．动物硒中毒的临床症状与诊治 [J]．养殖技术顾问，2013(10)：93.

[6] 关海峰．羊硒中毒的诊断与防治措施 [J]．养殖技术顾问，2013(06)：173.

[7] 杨文平，李彩桃．硒对畜禽的影响及机体内硒状况的评估 [J]．饲料研究，2011(04)：47-49.

[8] 陈赛娟，刘子伟，付新城．硒与动物营养代谢病 [J]．动物医学进展，2010, 31(S1)：275-277.

[9] 毛怀志，刘永清．微量元素硒的生物学功能及对动物健康的影响 [J]．山西农业（畜牧兽医），2007(09)：16-18.

[10] 贺建忠．硒中毒的研究进展 [J]．饲料研究，2007(06)：37-38+48.

[11] 邵树勋，郑宝山，王名仕，李晓燕，刘晓静，凌洪文，罗充．河西走廊地区硒的环境地球化学与牲畜毒草中毒原因探讨 [J]．矿物学报，2006(04)：448-452.

[12] 邓英，付德强，杨艳梅，刘文庆．硒中毒的研究与防治 [J]．现代畜牧兽医，2005(07)：43.

[13] 徐琪，刘博，肖小珺．硒毒症的研究进展 [J]．饲料广角，2003(16)：38-40.

[14] 程德元，黄权钜．畜禽缺硒病与硒中毒病（上）[J]．农村养殖技术，1999(05)：3-5.

[15] 富硒饲料中毒原因已探明 [J]．农民致富之友，1997(11)：13.

[16] 张丽华，A. J. Edmondson．美国动物硒缺乏及硒中毒的调查 [J]．四川畜牧兽医学院学报，1995(01)：76.

[17] 侯江文，祁周约，刘斌峰，董庆爱．山羊天然富硒饲料中毒时毛、血及组织中硒含量的变化 [J]．畜牧兽医学报，1994(05)：400-405.

[18] 李国勤，王建华，曹光荣，李绍君．硒中毒奶山羊血液与组

织硒含量变化的研究 [J]. 西北农业大学学报, 1994 (03): 44-48.

[19] 王建华. 硒对动物的毒性作用研究进展 [J]. 国外兽医学. 畜禽疾病, 1994 (02): 9-14.

[20] Kyle.R., 宋晓平. 绵羊硒中毒 [J]. 国外兽医学. 畜禽疾病, 1991 (04): 13-14.

[21] 张才骏. 硒与家畜疾病 [J]. 青海畜牧兽医杂志, 1990 (01): 25-30.

[22] 邹太. 地区性人畜硒中毒 [J]. 中国兽医杂志, 1989 (08): 17-18.

[23] 李丽立. 家畜的缺硒症和硒中毒及其防治 [J]. 农业现代化研究, 1986 (01): 62.

[24] 李国奕. 羔羊硒中毒引起死亡的报告 [J]. 中国兽医杂志, 1983 (09): 34.

[25] 薛泽云. 新生犊牛的急性硒中毒 [J]. 国外兽医学. 畜禽疾病, 1983 (01): 12-14.

[26] 翟旭久. 硒中毒病及其防治 [J]. 中国兽医杂志, 1981 (06): 45.

十九、铅中毒

铅中毒是由于牛羊误食、误饮了含铅物质及被铅污染的饲料或饮水引发的中毒性疾病。临床表现主要以外周神经功能紊乱、共济失调和贫血为特征。

【病因】

铅中毒为蓄积性毒物，小剂量持续地进入体内能逐渐积累而呈现毒害作用。主要见于牛吃了含铅的油漆与颜料及含铅机油、润滑油，采食了被含铅农药，含铅废气、废水污染的牧草或者废弃的蓄电池等；养殖区域有与铅相关的工厂，三废处置不规范，造成饮水或土壤污染。牧草中或水中的铅含量提高，造成蓄积中毒。青饲料中含铅量达 140 毫克 / 千克体重即可引起中毒。

【临床症状】

本病的主要症状是神经症状和消化功能紊乱，早期表现为泡沫状流涎，磨牙，全身肌肉震颤，舌翻滚和对外反应过敏。症状重时，会出现眼睛失明、横冲直撞，对人有攻击行为。甚至出现癫痫、面部痉挛、嘶叫。站立或侧卧姿势异常，严重者死亡。有时出现瘤胃臌气，腹痛、腹泻或便秘。犊牛铅中毒，神经症状明显，全身发生明显的节律性震颤，瞳孔散大，视力减弱甚至失明。

【病理变化】

脑软膜充血、出血，脑沟回变平、水肿，脑脊液增多，外周神经节段性脱髓鞘、肿胀、断裂或溶解；肾脏肿大且质脆。

【诊断】

根据发病调查、症状表现和实验室对血、肝和胃内容物的铅含量分析，可以确诊。病羊有长期或短期接触铅或含铅日粮的病史，结合神经症状、贫血等症状即可初步诊断。分析饲草料、血液、被毛、肝脏、肾脏和骨骼的铅含量可确诊本病。正常健康牛的血铅浓度为 0.05~0.25 毫克 / 千克，当血铅浓度大于 0.6 毫克 / 千克时可诊断为铅中毒。

【防治】

（1）预防　防止牛接触含铅的物质，应加强对含铅涂料、油漆及盛过油漆的容器保管和处理，刷拭畜舍、围栏时，避免使用带铅油漆或涂料。严禁在工业环境下铅污染区及其附近放牧；饲养过程中，要供应平衡日粮，特别要注意矿物质钙、磷及微量元素的供应，减少异食癖的发生，最大限度地防止因异食将铅食入而发生中毒的可能性。

（2）治疗　对已经确诊的铅中毒病牛，应立即抢救，其治疗原则是解除惊厥，增加铅的可溶性，消除有毒物，加速铅的排除。

①为缓解惊厥，可使用戊巴比妥钠，剂量为 15~20 毫克 / 千克体重，配成 3%~5% 注射液，静脉注射，使患牛镇静。

②为促使铅离子形成可溶性铅络合物，促进排泄，可用乙烯二胺四乙酸钙二钠 3~6 克，配成 12.5% 溶液静脉注射。若用于皮下注射，以 5% 葡萄糖溶液稀释成 1%~2% 浓度；也可在 12 小时内连续滴注，剂量为每千克体重 110~220 毫克。此药毒性甚小，但可引起暂时性肾病，不要口服。

③二巯基丙醇，剂量为 4 毫克 / 千克体重，静脉注射；硫酸镁 500~1000 克，配成 10% 溶液灌服，促使形成不溶性硫酸铅，加速排除。也可用 1%~2% 硫酸镁溶液洗胃，以排除胃中的铅。

④对症疗法，脱水和厌食时，可补充葡萄糖生理盐水；体温升高者，可应用抗生素；贫血时，可采用输血治疗。

⑤硫胺可用于反刍动物铅中毒治疗和预防，剂量为250~1000毫克，每天2次，连用4~5天。内服硫酸镁，沉淀可溶性铅，促进铅排泄。

参考文献：

[1] 陈欣. 畜禽铅中毒的分析诊断和治疗 [J]. 饲料博览，2019 (11)：75.

[2] 张海君. 以神经紊乱为共症的牛病及定性诊断 [J]. 畜牧兽医科技信息，2019 (05)：62-63.

[3] 何剪太，朱轩仪，巫放明，肖平. 铅中毒和驱铅药物的研究进展 [J]. 中国现代医学杂志，2017，27 (14)：53-57.

[4] 杜磊，杨义明，孙振云，刘明达. 牛常见中毒症的鉴别诊治 [J]. 当代畜牧，2016 (14)：71.

[5] 郭春艳. 铅中毒肉牛血铅含量的测定与分析 [J]. 中国畜牧兽医文摘，2015，31 (03)：40-41.

[6] 吴民. 牛铅中毒的诊治 [J]. 畜牧兽医科技信息，2014 (10)：64.

[7] 朱成玉. 牛中枢神经兴奋伴有其他症状疾病的鉴别与诊断 [J]. 养殖技术顾问，2014 (10)：100-101.

[8] 钱礼春. 家畜铅中毒的病因与发病机理 [J]. 养殖技术顾问，2014 (10)：158.

[9] 蒋南龙，李春雨. 二例奶牛铅中毒的诊治 [J]. 养殖技术顾问，2014 (09)：201.

[10] 李光辉. 环境污染物对家畜健康的危害及其对策 [J]. 安徽科技学院学报，2012，26 (05)：5-10.

[11] 侯绚丽. 一起奶牛铅中毒的防治和体会 [J]. 山东畜牧兽医，

2012, 33 (03)：37-38.

[12] 李万财，王光明．高原牦牛铅中毒病的诊断与防治 [J]．畜牧与兽医，2012, 44 (03)：102-103.

[13] 陈福．黑白花奶牛慢性铅中毒的诊治 [J]．中国畜禽种业，2010, 6 (03)：97.

[14] 崔助国，王亚民．牛铅中毒的诊断要点及防治措施 [J]．畜牧兽医科技信息，2007 (09)：40-41.

[15] 齐长明，谷虎军，李凯伦，郭洪生，李铁栓，李润德，徐丰勋．奶牛铅中毒的诊治 [J]．中国兽医杂志，2006 (03)：46-47.

[16] 双根，巴图，李广平，陈晓华．黄牛铅中毒 [J]．中国动物检疫，2005 (06)：35.

[17] 朱卫生，华麦娥．犊牛铅中毒的诊治 [J]．中国奶牛，2004 (06)：45-46.

[18] 李鹏，崔玉苍，李凯伦，谷军虎，张永辉．奶牛铅中毒的诊断与防治 [J]．畜牧与兽医，2004 (07)：33-34.

[19] 和松义．牲畜铅中毒诊治 [J]．云南畜牧兽医，1994 (03)：46.

[20] 辛奋勇，刘立芳，高宝全．大牲畜慢性铅中毒病诊断 [J]．甘肃畜牧兽医，1994 (03)：16.

[21] 邬成，巴特尔，索春明．黑白花奶牛铅中毒五例 [J]．兽医导刊，1986 (04)：22-24.

[22] J.Zmvudski，郭立力．牛的铅中毒最小口服中毒剂量的再测定 [J]．农业环境与发展，1985 (01)：26-27.

[23] 吕更生，李秀山，杨孝济，张骏生，龙呈祥，马忠禹，杨枫，佟显堂．奶牛急性铅中毒的临床诊疗报告 [J]．中国兽医杂志，1985 (03)：13-15.

[24] 李文魁，张骏声，李秀山，吕更生，杨效济，龙呈祥，马忠禹，杨欲飞，杨枫，佟显堂，曲亚祥，郭怀吉，张玉春，孙殿波，秦昌，

包连生，李金文．大群奶牛急性铅中毒的临床诊疗 [J]．黑龙江畜牧兽医，1984(05)：1-5.

[25] 郭建钦．环境污染使饲料中铅含量增高 [J]．农业环境科学学报，1983(06)：29.

二十、铜中毒

铜中毒是由于动物摄入过量的铜而发生的以腹痛、腹泻、肝功能异常和贫血为特征的一种中毒性疾病。其临床特征是严重肠胃炎、黄疸、血红蛋白尿、虚脱和休克。

【病因】

饲料中添加铜盐过多，或长期食用含铜较多的以猪粪、鸡粪为肥料的农作物秸秆。急性铜中毒一般是由于牛羊采食了喷洒过杀真菌药物硫酸铜的牧草等，均可引发本病。犊牛摄入铜 20~100 毫克/千克体重，成年牛摄入 200~800 毫克/千克体重即可中毒。慢性铜中毒多发生于土壤含铜量高的地区，主要是由于铜矿厂或铜冶炼厂"三废"处理不当，污染了周围的土壤和水源。日粮或机体内缺乏钼、锌、硫、铁等元素时，可增强铜对机体的损害。

【临床症状】

本病分为急性和慢性两种。

（1）急性铜中毒　有大量摄入硫酸铜的病史，主要症状是严重胃肠炎伴发腹痛，剧烈的腹泻，粪便中混有黏液，呈绿色或蓝色，后期发生溶血，出现血红蛋白尿。其他表现为精神沉郁，食欲明显下降或废绝，呕吐，流涎，体温低，心跳快，脱水，可视黏膜淡染或黄染，肾衰。多因麻痹和虚脱、休克而死亡。

（2）慢性铜中毒　病牛突然发病，发病初期临床症状不明显，发生溶血后病情发展迅速，食欲剧减甚至废绝，瘤胃蠕动停止，但饮欲大增；可视黏膜苍白或黄染，排出的粪便变黑，血红蛋白尿；虚弱无力，肌肉震颤，不能起立，但无胃肠炎症状，多在症状出现后1~2天死亡，常死于贫血、肝功能不全或尿毒症。耐过的也会因肾衰而死，死亡率较高。

【病理变化】

急性铜中毒，可造成真胃变性、溃疡，消化道食糜呈蓝绿色，严重溶血，肾肿大呈乌黑色或黄金色，尿呈葡萄酒色。脾肿大，呈浓黑褐色，软化，易碎。肝脏色黄、肿大、质脆。

【诊断】

急性铜中毒，有大量投入铜盐的病史。慢性铜中毒，考虑多饲喂高铜饲料史，根据突然发生血红蛋白尿、黄疸、休克，但缺乏胃肠炎的症状，应怀疑为铜中毒。饲草料、粪便、血液和组织铜含量分析可提供诊断依据。慢性铜中毒以肝、肾变性与坏死为主。肝脏肿大、呈黄色；肾肿胀，表面呈暗褐色；脾易碎，且髓质变软；膀胱内一般有血红蛋白尿；胃内容物和粪便呈蓝绿色。

【防治】

（1）预防　防止农药硫酸铜污染饲草；严禁饲喂喷洒过硫酸铜的农作物和饲草；饲喂铜饲料添加剂时应充分混匀，在铜含量高的地区，添加钼、锌及硫，可预防铜中毒；治理由铜工业造成的土壤污染和饮水污染。

（2）治疗　首先应把病畜置于安全处所，停止有毒饲料饲草的摄入，改为易消化的饲料，加强护理，对急性病例应尽加速排毒和解毒。促进毒物排出的方法：洗胃，可灌服牛奶、鸡蛋清、豆浆或活性炭等保护剂，保护肠黏膜，减少铜盐的吸收。对慢性病例，连续3周每天在日粮中加一定数量的钼酸铵和硫酸钠，可减少发病和死亡，然后使用盐类泻下剂。

①缓慢静脉注射三硫（或四硫）钼酸钠溶液，剂量为 0.5 毫克/千克体重，配合肌内注射二巯基丙醇，剂量为 2.5~5 毫克/千克体重。

②为增强肝脏的解毒功能，应用肝泰乐 10 毫升（含葡萄糖醛酸内酯 0.5 克），每天 1 次，肌内注射，连用 3 天；应用 10% 葡萄糖注射液 500 毫升，三磷酸腺苷二钠注射液 60 毫克，辅酶 A300 单位混合静脉注射。为纠正电解质紊乱和酸碱平衡，应用复方氯化钠溶液 500 毫升和 5% 碳酸氢钠注射液 250 毫升，分别静脉注射。为防止细菌继发感染，应用氨苄青霉素 3 克加入 0.9% 氯化钠注射液 200 毫升，静脉注射。为抑制机体对毒物的反应性，增强抗病能力，应用 0.5% 氢化可的松注射液 20 毫升、2.5% 维生素 B$_1$ 注射液 5 毫升和 5% 葡萄糖注射液 200 毫升，混合后静脉注射。对贫血严重的病畜，应用健康家畜血液 300~500 毫升静脉输入。对食欲减退的应用健胃剂。

参考文献：

[1] 陈欣. 家畜铜中毒的分析诊断和治控方案 [J]. 饲料博览，2020(01)：79.

[2] 王鹭钧，王长征. 湖羊铜中毒的诊断体会及防治措施 [C]. 中国畜牧业协会、兰考县人民政府. 第十五届（2018）中国羊业发展大会论文集. 中国畜牧业协会、兰考县人民政府：中国畜牧业协会，2018：203-205.

[3] 许汉荣，李斌，顾国庆. 畜禽铜中毒及诊治 [J]. 现代畜牧科技，2017(04)：120.

[4] 张静霞. 畜禽铜中毒的特点及诊治方法 [J]. 畜牧兽医科技信息，2017(03)：31.

[5] 马芬. 草食家畜铜中毒的鉴别诊治 [J]. 畜牧兽医科技信息，

2016（09）：44-45.

[6] 关定国，马黎明. 牛常见中毒症的鉴别诊治 [J]. 黑龙江畜牧兽医，2016（04）：115-116.

[7] 刘晓华. 动物铜中毒途径与防治策略 [J]. 中国畜牧业，2015（04）：86.

[8] 刘文静. 家畜铜中毒防治 [J]. 四川畜牧兽医，2014，41（03）：54.

[9] 关海峰. 羊铜中毒的诊断与防治措施 [J]. 养殖技术顾问，2013（07）：128.

[10] 鲍坤，李光玉，钟伟，刘佰阳. 微量元素铜与反刍动物营养关系的研究进展 [J]. 黑龙江畜牧兽医，2010（13）：25-27.

[11] 翟建起，齐长明，马翀. 小尾寒羊慢性铜中毒的诊治报告 [J]. 中国兽医杂志，2005（06）：30.

[12] 李岁寒，赵国先，张晓云，宋智娟. 肉牛微量元素铜的营养 [J]. 饲料研究，2005（06）：27-29.

[13] 杨德才，王哲，姜玉富. 家畜铜中毒研究进展 [J]. 动物医学进展，2005（04）：27-30+57.

[14] 段智勇，吴跃明，刘建新. 奶牛微量元素铜的营养 [J]. 中国奶牛，2003（04）：29-31.

[15] 王利，汪开毓. 动物铜中毒及防治 [J]. 四川畜牧兽医，2002（11）：21-23.

[16] NestorJ.Auza，王守忠，张晓萍. 反刍家畜铜中毒的诊断与治疗 [J]. 国外畜牧科技，2000（03）：46-49.

[17] 杨红建. 肉牛微量元素铜的营养 [J]. 饲料博览，1999（05）：3-5.

[18] 杨云林，王捍东，王宗元，吴维芬，史德浩. 慢性铜中毒山羊临床症状、血液及肝脏变化的观察 [J]. 中国兽医科技，1990（04）：26-29.

[19] Banton，M.I，N1chc1sch，s.s.，杨龙骐. 牛饲喂嫩稻草引起铜中毒 [J]. 郑州牧业工程高等专科学校学报，1989（Z1）：28.

[20] В Д 卡尔尼茨基，丁近勇．家畜日粮中微量元素的最高容许含量和中毒量 [J]．粮食与饲料工业，1989 (03)：46-53.

[21] N. R. Berwer，董玉京．铜的代谢 [J]．国外畜牧科技，1988 (06)：27-29.